中等职业教育国家规划教材
全国中等职业教育教材审定委员会审定
中等职业教育农业农村部"十三五"规划教材

禽病防治

第三版

李生涛　主编

中国农业出版社

内容简介

中等职业教育国家规划教材《禽病防治》第三版,较第二版内容有较多更新。本教材共分5个模块,模块一介绍禽病的发生、流行与防控,模块二至四分别介绍禽的传染病、寄生虫(原虫、蠕虫、外寄生虫)病和由营养与代谢障碍、中毒、管理等引起的非传染性疾病,模块五介绍禽病综合征与类症鉴别。本教材针对性、实用性强,文字简练,图文并茂,及时反映国内在禽病诊断和防治上的新技术与新方法。

本教材适用于中等职业学校畜牧兽医等相关专业,也可作为养禽场技术人员与基层畜牧兽医人员的参考书。

第三版编审人员

主　编　李生涛（南阳农业职业学院）

副主编　孙玉华（辽宁省朝阳工程技术学校）

　　　　　董海岚（河南省南阳市动物疫病预防控制中心）

参　编　（按姓名笔画排序）

　　　　　韦桂进（广西柳州畜牧兽医学校）

　　　　　李祖文（广东省高州农业学校）

　　　　　张雪雅（河南省南阳市动物疫病预防控制中心）

　　　　　罗佩先（广西玉林农业学校）

　　　　　顾　洁（河南省南阳市卧龙区动物疫病预防控制中心）

审　稿　徐建义（山东畜牧兽医职业学院）

　　　　　吴庭才（河南科技大学动物科技学院）

第一版编审人员

主　编　李生涛（河南省南阳农业学校）

编　者（按姓名笔画排序）

　　　　李生涛（河南省南阳农业学校）

　　　　杨德凤（黑龙江省北安农业学校）

　　　　宋庆林（山东省畜牧兽医学校）

　　　　姜书龙（河南省镇平县第一职业高中）

主　审　张秀美（山东省畜牧兽医研究所）

参　审　王川庆（河南农业大学牧医工程学院）

　　　　徐建义（山东省畜牧兽医学校）

第二版编审人员

主　编　李生涛（河南省南阳农业学校）
副主编　孙玉华（辽宁省朝阳市农业学校）
参　编（按姓名笔画排序）
　　　　　刘国兴（广西百色农业学校）
　　　　　劳创波（广西柳州畜牧兽医学校）
　　　　　康艳红（四川省水产学校）
审　稿　徐建义（山东畜牧兽医职业学院）
　　　　　吴庭才（河南科技大学动物科技学院）

中等职业教育国家规划教材出版说明

为了贯彻《中共中央国务院关于深化教育改革全面推进素质教育的决定》精神，落实《面向21世纪教育振兴行动计划》中提出的职业教育课程改革和教材建设规划，根据教育部关于《中等职业教育国家规划教材申报、立项及管理意见》（教职成〔2001〕1号）的精神，我们组织力量对实现中等职业教育培养目标和保证基本教学规格起保障作用的德育课程、文化基础课程、专业技术基础课程和80个重点建设专业主干课程的教材进行了规划和编写，从2001年秋季开学起，国家规划教材将陆续提供给各类中等职业学校选用。

国家规划教材是根据教育部最新颁布的德育课程、文化基础课程、专业技术基础课程和80个重点建设专业主干课程的教学大纲（课程教学基本要求）编写，并经全国中等职业教育教材审定委员会审定。新教材全面贯彻素质教育思想，从社会发展对高素质劳动者和中初级专门人才需要的实际出发，注重对学生的创新精神和实践能力的培养。新教材在理论体系、组织结构和阐述方法等方面均作了一些新的尝试。新教材实行一纲多本，努力为教材选用提供比较和选择，满足不同学制、不同专业和不同办学条件的教学需要。

希望各地、各部门积极推广和选用国家规划教材，并在使用过程中，注意总结经验，及时提出修改意见和建议，使之不断完善和提高。

教育部职业教育与成人教育司
2001年10月

第三版前言

中等职业教育国家规划教材《禽病防治》第二版自2008年出版至今已使用6年了,由于我国家禽疾病流行出现许多新特点,学者们在防治禽病的研究实践中也提出了许多新观念。为了适应教学和生产的需要,在中国农业出版社的组织下,我们对第二版教材进行了修订。

第三版与第二版不同的是内容编排打破章节体例,改用模块、项目、任务体例,新增"禽病综合征与类症鉴别"模块。内容有较多更新,全书共分5个模块,模块一介绍禽病的发生、流行与防控,模块二至四分别介绍传染病、寄生虫病和非传染性疾病,模块五介绍禽病综合征与类症鉴别。最后是附录。本教材力求针对性、实用性强,文字简练,图文并茂,及时反映国内在禽病诊断和防治上的新技术、新方法。本课程参考教学时数为80学时。

使用本教材时,要以养禽场兽医和门诊兽医工作岗位知识及技能需求为目标,以培养学生禽病诊、防、治能力为主线,以学生职业能力不断提升为方向,坚持以学生为本,体现以应用为目的、以能力为本位的教学要求,以常发且危害较大的群发病为重点,各校可根据当地禽病的实际情况及学生情况选定授课内容,教师平时要注意材料和教学资源收集,如病例保存、视频、教学课件等,充分利用养禽场、兽医门诊禽病病例,在实训室、多媒体教室,对典型病例边学边做,讲练结合,逐步实现教学做一体化教学。

本教材由李生涛、孙玉华、韦桂进、李祖文、罗佩先、顾洁、董海岚、张雪雅共同编写,彩色图片由李祖文、韦桂进、李生涛提供,由李生涛、孙玉华统稿。

本教材由山东畜牧兽医职业学院徐建义教授、河南科技大学动物科技学院吴庭才博士审定。另外,也收到了许多兄弟学校教师提出的宝贵意见,谨在此一并表示衷心感谢。

由于时间和能力所限,教材中难免会有缺点和错误,恳请广大读者批评指正。

编 者
2015年9月

第一版前言

《禽病防治》是根据教育部2000年12月颁发的全国中等农业职业学校《畜牧兽医专业教学计划》和《禽病防治教学大纲》编写的。供全国中等农业职业学校畜牧兽医专业招收具有初中文化程度的学生使用。

本教材分四个单元：第一单元，禽常见传染病；第二单元，禽常见寄生虫病；第三单元，禽常见普通病；第四单元，禽的防疫程序。第一、二、三单元为本教材的主要内容，讲授禽常见病的病因、诊断和防制（治）措施，每个单元中根据致病因素不同，又分成几类疾病，每类疾病的教学由教学目标、知识部分、实验实习和复习思考题组成。第四单元为禽病防疫实用技术，包括禽的免疫程序、药物预防程序和禽舍的消毒程序，供实际工作时参考。

在编写过程中，我们本着以能力为本位，强化职业技能训练，提高全面素质的指导思想，在众多的禽病中选择国内常发且危害较大的群发病为重点，所编入的实验实习，均是生产中较实用的诊断和防治技术。由于我国地域辽阔，家禽生产的规模和管理水平不尽相同，加之禽病防治技术发展很快，在教学过程中，各地可根据当地情况及时调整和更新教学内容，以保证本教材的适用性和先进性。在教学中要坚持以学生为主体，充分利用现场病例、标本、音像等进行直观教学，注重加强学生的实践技能训练。

本教材编写的具体分工如下：第一单元由李生涛、杨德凤（编病毒病）、宋庆林、姜书龙（编细菌病）编写，第二单元由杨德凤、李生涛编写，第三单元由宋庆林编写，第四单元由姜书龙编写。全书由李生涛进行统稿。

本教材在编写过程中得到河南农业大学牧医工程学院王川庆博士、山东省畜牧兽医学校徐建义高级讲师的热情指导和帮助，并承蒙山东省家禽研究所张秀美研究员审定，另外，也收到了许多兄弟学校教师提出的宝贵意见，谨在此一并表示衷心感谢。

由于我们的学术水平和编写能力有限，书中难免会有缺点和错误，恳请广大师生和读者批评指正。

编　者
2001年3月

第二版前言

本教材是中等职业教育国家规划教材，第一版自2001年出版至今已使用7年了，期间我国家禽生产及禽病出现了许多新变化，带来许多新问题，国家陆续颁发了动物防疫方面的法律、法规和规章以及国家标准和行业标准，为了适应教学和生产的需要，在中国农业出版社的组织下，我们对第一版教材进行了全面的修订。

本版较第一版做了如下修订：

（1）在内容上参照国家最新颁布的《中华人民共和国动物防疫法》《重大动物疫情应急条例》及动物防疫标准和技术规范等，其章节编排在第一版的基础上做了较大的调整，将原第四章改为第一章，内容做了扩充，将原第一章分为病毒病和细菌病两章，以突出传染病的重要地位，将分散在各章的实训集中放在最后，各章疾病做了增减，内容均有全面更新。第二版《禽病防治》共分五章，第一章介绍禽病的预防和控制措施，详细介绍了免疫接种、消毒和药物预防等知识，第二至第五章分别介绍家禽病毒病、细菌病、寄生虫病和非传染性疾病，最后是实训指导和附录。由于禽病的种类越来越多，而且老病在不断发生新变化，也为了方便学生自学，新版教材字数有所增加。

（2）在体例上增加了章前的"学习目标""学习提示"，章后的复习思考题全为选答题，不要求学生死记硬背，重点在于对知识的理解。此外，还利用"相关链接"介绍了有关背景知识，以加深理解并增加趣味性。

（3）增加了彩色图片，以加深对症状和病理变化的理解。附录中增加了家禽参考免疫程序。

使用本教材时，要坚持以学生为本，体现以应用为目的、以能力为本位的教学要求，各校可根据当地禽病的实际情况及学生情况选定授课内容，以常发且危害较大的群发病为重点，充分利用禽病病例、标本等进行直观教学，创造条件加强实训教学，除教材外，学生还应结合教师提供的多媒体课件、网络资源等资料，深入学习。

本教材编写的具体分工：康艳红编写第一章，李生涛编写第二章及附录，劳创波编写第三章，孙玉华编写第四章，刘国兴编写第五章，全书由李生涛进行统稿。

本教材由山东畜牧兽医职业学院徐建义教授、河南科技大学动物科技学院吴庭才博士审定，另外，也收到了许多兄弟学校教师提出的宝贵意见，谨在此一并表示衷心感谢。

由于我们的学术水平和编写能力有限，书中难免会有缺点和错误，恳请广大师生和读者批评指正。

编 者

2008 年 8 月

目 录

中等职业教育国家规划教材出版说明
第三版前言
第一版前言
第二版前言

模块一 禽病的发生、流行与防控 …………………………………… 1

项目一 禽病的发生 ………………………………………………… 1
任务1 禽病发生的原因 ………………………………………… 1
一、内因 ……………………………………………………… 1
二、外因 ……………………………………………………… 1
任务2 禽病发生的条件 ………………………………………… 2
一、机体的防御能力降低 …………………………………… 2
二、机体的适应能力降低 …………………………………… 2
三、体质及机体反应性改变 ………………………………… 2
四、诱因 ……………………………………………………… 3
任务3 禽病的分类 ……………………………………………… 3
一、传染性疾病 ……………………………………………… 3
二、非传染性疾病 …………………………………………… 3

项目二 家禽疫病的流行 ………………………………………… 4
任务1 家禽疫病流行的基本条件 ……………………………… 4
一、传染源 …………………………………………………… 4
二、传播途径 ………………………………………………… 4
三、易感禽群 ………………………………………………… 6
任务2 影响家禽疫病流行的因素 ……………………………… 6
一、自然因素 ………………………………………………… 6
二、社会因素 ………………………………………………… 6
任务3 我国禽病发生和流行的特点 …………………………… 7
一、禽病种类增多，以传染病的危害最大 ………………… 7
二、常见传染病病症复杂化 ………………………………… 7
三、免疫抑制性疾病危害严重 ……………………………… 7
四、多重感染频发和多因素疾病增多 ……………………… 7
五、细菌耐药性普遍，药物抗菌面临挑战 ………………… 7
六、营养代谢及中毒病增多 ………………………………… 8

项目三 禽病的预防和诊治 ……………………………………… 9

任务1 禽病的预防 ·· 9
　一、养禽场卫生防疫体系 ··· 9
　实训1-1 禽舍消毒技术 ·· 13
　二、家禽免疫接种 ··· 14
　实训1-2 家禽免疫接种技术 ·· 20
　实训1-3 养鸡场免疫程序的制订 ·· 22
任务2 禽病的诊断 ·· 23
　一、临床诊断 ·· 23
　二、病理学诊断 ··· 25
　三、实验室检验 ··· 27
　实训1-4 家禽病理剖检技术 ·· 28
任务3 禽病的治疗 ·· 30
　一、家禽常用药物 ··· 30
　二、用药方法 ·· 33
　三、用药量的计算方法 ··· 34
　四、保健品添加剂 ··· 34
　五、兽药残留 ·· 36
思考题 ·· 36

模块二 传染病 ·· 39

项目一 病毒性传染病 ·· 39
　一、新城疫 ··· 39
　实训2-1 鸡新城疫的抗体监测 ··· 42
　二、禽流感 ··· 44
　实训2-2 禽流感防控技术 ··· 47
　三、传染性法氏囊病 ·· 48
　四、马立克氏病 ·· 50
　实训2-3 鸡马立克氏病的诊断及免疫接种 ································· 53
　五、鸡传染性支气管炎 ··· 56
　六、鸡传染性喉气管炎 ··· 58
　七、禽网状内皮增生病 ··· 60
　八、禽白血病 ··· 61
　九、禽痘 ··· 63
　十、鸡产蛋下降综合征 ··· 64
　十一、禽脑脊髓炎 ··· 65
　十二、鸡病毒性关节炎 ··· 66
　十三、鸡传染性贫血 ·· 67
　十四、鸡出血性肠炎 ·· 68
　十五、鸡大肝大脾病 ·· 68

十六、鸭瘟 ………………………………………………………………………… 69
　　十七、鸭病毒性肝炎 ……………………………………………………………… 70
　　十八、小鹅瘟 ……………………………………………………………………… 71
　　十九、番鸭细小病毒病 …………………………………………………………… 73
　思考题 ……………………………………………………………………………… 74
 项目二　细菌性传染病 ……………………………………………………………… 79
　　一、大肠杆菌病 …………………………………………………………………… 79
　　实训2-4　鸡大肠杆菌病的诊断 ………………………………………………… 81
　　实训2-5　鸡大肠杆菌药敏试验 ………………………………………………… 82
　　二、禽沙门氏菌病 ………………………………………………………………… 83
　　实训2-6　鸡白痢的检疫 ………………………………………………………… 87
　　三、鸡传染性鼻炎 ………………………………………………………………… 87
　　四、禽霍乱 ………………………………………………………………………… 89
　　五、葡萄球菌病 …………………………………………………………………… 91
　　六、坏死性肠炎 …………………………………………………………………… 92
　　七、鸭传染性浆膜炎 ……………………………………………………………… 93
　　八、鸡支原体病 …………………………………………………………………… 95
　　九、禽曲霉菌病 …………………………………………………………………… 97
　思考题 ……………………………………………………………………………… 98

模块三　寄生虫病 ……………………………………………………………………… 101

 项目一　禽原虫病 …………………………………………………………………… 101
　　一、球虫病 ………………………………………………………………………… 101
　　实训　鸡球虫病的诊断 …………………………………………………………… 107
　　二、鸡住白细胞虫病 ……………………………………………………………… 108
　　三、鸡组织滴虫病 ………………………………………………………………… 109
 项目二　禽蠕虫病 …………………………………………………………………… 111
　　一、鸡蛔虫病 ……………………………………………………………………… 111
　　二、禽绦虫病 ……………………………………………………………………… 112
 项目三　禽外寄生虫病 ……………………………………………………………… 115
　　一、鸡虱病 ………………………………………………………………………… 115
　　二、鸡螨病 ………………………………………………………………………… 115
　思考题 ……………………………………………………………………………… 117

模块四　非传染性疾病 ………………………………………………………………… 120

 项目一　中毒性疾病 ………………………………………………………………… 120
　　一、聚醚类抗生素中毒 …………………………………………………………… 120
　　二、喹诺酮类药物中毒 …………………………………………………………… 121
　　三、痢菌净中毒 …………………………………………………………………… 121

四、甲醛中毒 ………………………………………………………………………………… 122
　　五、磺胺类药物中毒 …………………………………………………………………………… 123
　　六、黄曲霉毒素中毒 …………………………………………………………………………… 123
　　七、赭曲霉毒素中毒 …………………………………………………………………………… 125
　　八、食盐中毒 …………………………………………………………………………………… 125
　　九、氟中毒 ……………………………………………………………………………………… 126
　　十、高锰酸钾中毒 ……………………………………………………………………………… 127
　　十一、一氧化碳中毒 …………………………………………………………………………… 128
　　十二、氨气中毒 ………………………………………………………………………………… 128
　项目二　营养代谢病 ………………………………………………………………………………… 130
　　一、维生素缺乏症 ……………………………………………………………………………… 130
　　二、矿物质缺乏症 ……………………………………………………………………………… 138
　　三、硒缺乏症 …………………………………………………………………………………… 140
　　四、肉鸡腹水综合征 …………………………………………………………………………… 141
　　五、肉鸡猝死综合征 …………………………………………………………………………… 142
　　六、脂肪肝综合征 ……………………………………………………………………………… 143
　　七、笼养鸡疲劳症 ……………………………………………………………………………… 144
　　八、痛风 ………………………………………………………………………………………… 145
　思考题 ………………………………………………………………………………………………… 146

模块五　禽病综合征与类症鉴别 ……………………………………………………………… 149

　项目一　禽病综合征 ………………………………………………………………………………… 149
　　一、鸡呼吸道综合征 …………………………………………………………………………… 149
　　二、家禽多病因肠道疾病 ……………………………………………………………………… 151
　　实训5-1　禽病混合感染病例的诊断 ………………………………………………………… 151
　项目二　鸡的类症鉴别与防治 ……………………………………………………………………… 154
　　一、免疫抑制性疾病 …………………………………………………………………………… 154
　　二、鸡的肿瘤性疾病 …………………………………………………………………………… 155
　　三、鸡呼吸道病 ………………………………………………………………………………… 156
　　四、鸡群产蛋下降 ……………………………………………………………………………… 157
　　五、鸡的腺胃肿大或腺胃炎 …………………………………………………………………… 160
　　实训5-2　禽病症状及病理变化的识别 ……………………………………………………… 162
　思考题 ………………………………………………………………………………………………… 162

附录 ………………………………………………………………………………………………… 165

　附录1　鸡的类似疾病的鉴别诊断 ………………………………………………………………… 165
　附录2　参考免疫程序 ……………………………………………………………………………… 170

主要参考文献 ……………………………………………………………………………………… 172

禽病的发生、流行与防控

项目一 禽病的发生

任务1 禽病发生的原因

禽病发生的原因总体分为两大类，即内因和外因。

一、内因

与疾病发生紧密相关的内因主要是遗传因素和免疫反应。

1. 遗传因素 遗传因素在某些疾病的发生上具有决定性作用，主要通过染色体异常和基因突变直接致病。

2. 免疫反应异常 是指机体对某种特异性抗原（如病原微生物、异种蛋白质或异体组织器官等）所发生的免疫应答。此种反应特性可分为免疫反应性和变态反应性两大类。免疫反应不足时可以引起或促进疾病的发生。例如，当体液免疫反应不足时，容易发生细菌特别是化脓性细菌的感染；而细胞免疫不足时，则易引起病毒和某些细胞内寄生菌的感染，同时还易导致恶性肿瘤的发生。变态反应表现为免疫异常的疾病过程。例如，接触某些抗原可使动物发生致敏，当再次接触上述抗原物质时就容易发生荨麻疹、青霉素过敏等变态反应性疾病。

二、外因

外因概括起来可分为机械性、物理性、化学性以及生物性致病因素和饲养管理因素。

1. 机械性致病因素 机械性致病因素主要指引起机体损伤的各种机械力，如打、压、刺、砍、咬、摔和擦等。

2. 物理性致病因素 物理性致病因素一般包括高温、低温、电流、光线、电离辐射、气压等。

3. 化学性致病因素 对家禽有致病作用的化学物质很多，包括强酸、强碱、重金属盐类、农药、化学毒剂、某些药物等。

4. 生物性致病因素 主要包括各种病原微生物和寄生虫。它们可引起禽的各种传染病、寄生虫病、中毒病和肿瘤等疾病。此类致病因素是禽病病因中最重要的一类。

5. 饲养管理因素 主要指各种营养物质的摄取不足和营养过剩，还包括在管理方面诸如密度过大、光照和通风不足、惊吓、长途运输等因素。

此外，禽病发生的原因也可分为致病因子因素、宿主因素和环境因素，又称三联因素。致病因子可分为生物因素（如细菌、病毒、寄生虫等）、化学因素（如有害气体、药物、毒素等）和物理因素（如温度、湿度、光线、声音、机械力等）三大类，它们是疾病发生的外因。宿主即动物机体，包括遗传因素和机体的免疫力，是疾病发生的内因。环境因素包括地理位置、气候（大气候、小气候）、植被、地质水文、饲养管理、应激等，环境变化是疾病发生的诱因。疾病是病因、宿主、环境三者相互作用的结果，这就是三个因素学说。

任务 2　禽病发生的条件

疾病发生的条件是指病因作用于机体后，决定或影响着疾病发生的因素。条件本身并不直接引起疾病，但可以影响或促进疾病的发生。

一、机体的防御能力降低

动物机体的防御能力是由一定的防御性组织结构及相应的功能所形成的。防御结构的破坏或其功能障碍，都可导致机体防御能力降低，其包括两个方面：外部屏障结构破坏及机能障碍，如皮肤、黏膜的结构或功能被破坏；内部屏障结构及机能障碍，如淋巴结、吞噬细胞、免疫细胞、血管屏障、血脑屏障、胎盘屏障、解毒器官等的结构和功能被破坏。

二、机体的适应能力降低

动物机体各器官系统的功能活动保持着密切联系，并能随着外界环境的变化而改变，以适应新的情况。机体的各种适应能力，多数是通过神经及体液活动来实现的。当机体神经反射功能紊乱或激素代谢障碍时，常引起机体适应能力降低。

三、体质及机体反应性改变

1. 体质　体质是机体在遗传基础上与外界环境条件相互作用所形成的比较稳定的功能、代谢及形态结构特性的总和，它在一定条件下能决定机体对外界刺激起反应的特点。有的机体抵抗力强，不容易遭受外界致病因素的侵害；有的则表现易感性高，容易受到外界致病因素作用而发病。

2. 机体反应性　机体反应性是机体以一定方式应答外界各种刺激的反应能力。机体反应性同样是在遗传基础上与外界环境条件相互作用而形成的特性。机体反应性受种属、性别、年龄、个体因素影响等。

（1）种属。不同种属的动物，对同一刺激的反应性是不一样的。例如，马不感染牛瘟，牛不感染鼻疽；雏鸭对黄曲霉毒素很敏感，而绵羊、山羊和小白鼠则有抵抗力等。这是机体在进化过程中获得的一种天然的非特异性的种属免疫性。

（2）个体。不同个体由于营养状况、机体抵抗力等不同对外界同一刺激的反应也不一样。如同一畜群发生某种传染病时，有的病重，有的病轻，有的带菌或带毒而不发病。

（3）年龄。幼龄动物，由于神经系统发育不完全，血液中免疫球蛋白含量较低，防御能力较弱，所以容易感染，且病情较重。成年动物抵抗力较强，抗感染能力较新生动物强。老龄动物由于神经系统反应机能低下、屏障能力减弱、抗体形成减少、吞噬细胞机能减弱，对外界刺激的反应性低下，感染后病情较重，且不易恢复。

（4）性别。机体性别不同，组织器官结构不一样，内分泌的特点也不同，所以感染疾病的状况也不一样。

四、诱因

诱因或诱发因素是指能加强某一病因作用的因素，从而可促进疾病的发生。如肝功能障碍时，机体的解毒能力降低，容易诱发中毒性疾病。

任务3　禽病的分类

在生产实践中，通常根据疾病是否具有传染性将其分为两大类。一类是由生物因素引起的，而且具有传染性，称为传染性疾病；另一类是非生物因素引起的，没有传染性，称为非传染性疾病。

一、传染性疾病

传染性疾病又称疫病，包括由病毒、细菌、支原体、真菌等引起的传染病和由寄生虫引起的寄生虫病。常见的传染性疾病分为：

1. 病毒性疾病　如新城疫、禽流感、马立克氏病、传染性法氏囊病、鸭瘟、小鹅瘟等。

2. 细菌性疾病　如沙门氏菌病、大肠杆菌病、禽霍乱、鸭传染性浆膜炎、支原体感染、禽衣原体病等。

3. 真菌性疾病　如曲霉菌病等。

4. 寄生虫病

（1）原虫病。如球虫病、住白细胞虫病、组织滴虫病等。

（2）蠕虫病。如吸虫病、绦虫病、线虫病等。

（3）外寄生虫病。如禽羽虱、螨病等。

二、非传染性疾病

非传染性疾病又称普通病，是指由一般性病因（如机械性、物理性和化学性因素）的作用或由于某些营养物质的缺乏所引起的疾病。常见的普通病分为：

1. 营养代谢性疾病　包括蛋白质营养代谢病、脂肪营养代谢病、矿物质营养代谢病、维生素营养代谢病、微量元素营养代谢病，如维生素A、维生素B缺乏症，钙、磷、锰、铜缺乏症，痛风病和脂肪肝，出血综合征等。

2. 中毒性疾病　包括饲料中毒、农药及化学物质中毒、矿物类物质中毒、有毒植物中毒、真菌毒素中毒、动物毒中毒，如黄曲霉毒素中毒、马杜霉素中毒、食盐中毒等。

3. 管理和（或）应激性疾病　如热应激、啄癖、肉鸡腹水综合征、肉鸡猝死综合征等。

4. 其他普通病　如消化不良、嗉囊阻塞、肌胃腐蚀、血管瘤、卵巢腺癌、输卵管囊肿等。

5. 外科疾病　如骨折、关节畸形等。

项目二　家禽疫病的流行

任务1　家禽疫病流行的基本条件

疫病的流行过程也就是疫病在禽群中发生和发展的过程。疫病在禽群中的传播，必须具备3个条件，即传染源、传播途径和易感禽群，三者缺一不可，只有同时存在才能形成疫病的流行。

一、传染源

传染源是指有某种病原体在其中寄居、生长、繁殖，并能排出体外的活的动物机体。具体来说传染源就是受感染的禽只，包括病禽和带菌（毒）禽。传染源一般可分为2种类型：

1. 病禽　病禽是重要的传染源。不同发病期的病禽，其作为传染源的意义也不相同。前驱期和症状明显期的病禽能排出病原体且具有症状，尤其是在急性过程或者病情加剧阶段可排出大量毒力很强的病原体。因此，作为传染源的意义也最大。潜伏期和恢复期的病禽则随病种不同而异，同样具有传染源和潜在传染源的作用。

2. 病原携带者（禽）　病原携带者是指外表无症状但携带并排出病原体的禽只。病原携带者排出病原体的数量比已发病禽要少，但因缺乏症状不易被发现，有时可成为十分重要的传染源。病原携带者一般分为潜伏期病原携带者、恢复期病原携带者和健康病原携带者3类。

（1）潜伏期病原携带者。是指感染后至症状出现前能排出病原体的禽只。在这一时期，大多数传染病的病原体数量还很少。同时，此时一般不具备排出条件，因此，不能起到传染源的作用。但在少数传染病的潜伏期后期，病禽能够排出病原体，且有传染性。

（2）恢复期病原携带者。是指在症状消失后仍能排出病原体的禽只。一般来说，这个时期病原体的传染性已逐渐减少或已无传染性。但在不少传染病的恢复期，病禽仍能排出病原体。在很多传染病的恢复阶段，禽机体免疫力增强，虽然外表症状消失，但病原体尚未清除，对于这种病原携带者除考查其病史外，还应做多次病原学检查。

（3）健康病原携带者。是指过去没有患过某种传染病但却能排出该种病原体的禽只。一般认为这是隐性感染的结果，通常只能靠实验室方法检出。这种携带状态一般较短，作为传染源的意义有限。但是巴氏杆菌病、沙门氏菌病等的健康病原携带者为数众多，可成为重要的传染源。

二、传播途径

病原体由传染源排出后，经一定的方式再侵入其他易感禽只所经历的路径称为传播途径。它包括外界环境中的各种媒介，如空气、水源、土壤、饲料、精液、卵胚、用具、节肢动物、野生动物、非本种动物和人类以及呼吸道、消化道、泌尿生殖道、皮肤黏膜创伤和眼结膜等。

病原体由传染源排出后，经一定的传播途径再侵入其他易感禽只所表现的形式称为传方式。它可分为两大类：一类是水平传播，即传染病在群体之间或个体之间以水平形式横向平行传播；另一类是垂直传播，即从亲代到其子代之间的纵向传播形式，垂直传播途径包括胎盘传播、经卵传播和产道传播。可经卵传播的病原体有禽白血病病毒、禽腺病毒、鸡传染性贫血病毒、禽脑脊髓炎病毒、鸡白痢沙门氏菌等。

水平传播在传播方式上可分为直接接触传播和间接接触传播两种：

（1）直接接触传播。是在没有任何外界因素的参与下，病原体通过被感染的禽（传染源）与易感禽直接接触（交配、啄咬等）而引起发病的传播方式。这种方式使疾病的传播受到限制，一般不易造成广泛流行。

（2）间接接触传播。必须在外界环境因素的参与下，病原体通过传播媒介使易感禽只发生感染的方式，称为间接接触传播。间接接触传播一般通过以下几种途径：

①经空气传播。空气不适于任何病原体的生存，但空气可作为传染的媒介物，它可作为病原体在一定时间内暂时存留的环境。病原体主要是以飞沫、飞沫核或尘埃为媒介传播的。所有的呼吸道传染病主要是通过飞沫而传播的，如鸡传染性喉气管炎等。

②经污染的饲料和水传播。以消化道为主要入侵门户的传染病，如新城疫、沙门氏菌病等，其传播媒介主要是被污染的饲料和饮水。传染源的分泌物、排出物和病禽尸体及其流出物污染饲料、饮水，或由某些污染的管理用具、禽舍等辗转污染饲料、饮水而传给易感动物。因此，在防疫上应特别注意防止饲料和饮水的污染，防止饲料仓库、饲料加工厂、禽舍、水源、禽场有关人员和用具的污染，并做好相应的消毒卫生管理。

③经污染的土壤传播。随病禽排泄物、分泌物或尸体一起落入土壤而能在其中生存很久的病原微生物可称为土壤性病原微生物，它可以在土壤中存活数天或更长。经污染的土壤传播的传染病，其病原体对外界环境的抵抗力较强。因此，应特别注意病禽排泄物和尸体的处理，防止病原体进入土壤，以免造成隐患。

④经活的媒介物传播。

A. 节肢动物。节肢动物中作为禽传染病媒介者的主要有蚊、蠓、家蝇、蜱等。传播主要是机械性的，它们通过对病禽和健康禽之间的刺螫吸血而散播病原体，亦有少数是生物性传播。

B. 野生动物。野生动物的传播可以分为两大类。一类是本身对病原体具有易感性，受感染后再传染给禽类。如鼠类可传播沙门氏菌病、钩端螺旋体病等，实际上是起了传染源的作用。另一类是本身对病原体无易感性，但可机械传播病原体。

C. 人。人是造成疾病传播的潜在因素之一。往往因人们管理禽群时大意，而造成疾病传播。人的衣物、鞋子和手是最容易传播疾病的媒介物。在检查病变和禽排泄物时，手会被污染；衣服和鞋子则会受到灰尘、羽毛和粪便的污染；注射器、针头以及其他器械如消毒不严也可能成为疾病的传播媒介。已经发现至少有一种鸡的病原体（新城疫病毒）能在人呼吸道黏膜上存活数天，并已从痰里分离到病毒。

养禽者互相走访、检查疾病常常会传播疾病。因此，邻近禽群患有罕见疾病时，最好通过电话沟通。禽群正发病时，应禁止参观。

禽场的很多工作，如血检、断喙、免疫接种、授精、性别鉴定、称重以及转运禽群等需要临时雇佣一些人员，这些人员出入禽场，并且要与禽群接触，也是传染病的潜在传播者。

三、易感禽群

易感性是指禽只对某种传染病病原体感受性的大小。该地区禽群中易感个体所占的百分率和易感性的高低，直接影响到传染病是否能造成流行以及传染病的严重程度。只有禽群中易感禽所占比例较大时，才能使传染病流行。影响禽群易感性的因素主要有以下几个方面。

1. 禽群的内在因素 不同种类、不同品系和不同年龄阶段的禽类对同一病原体的易感性不同。如通过选种培育而成的白来航鸡对雏鸡白痢沙门氏菌的抵抗力较强；幼禽对大肠杆菌、沙门氏菌的易感性较高；小鹅瘟、鸭病毒性肝炎只有幼龄时发病，成年则不发病。

2. 禽群的外在因素 传染病的流行与外在环境因素有重要的关系，如饲养密度过大、禽舍通风不良、温度过高或过低、禽舍卫生较差、粪便处理不当、饲料质量低下、营养不良等都可促进传染病的发生和流行。

3. 禽群的特异性免疫状态 动物康复后会产生特异性免疫，所以老疫区传染病流行会变得较缓慢或停息；对某种传染病用有效的疫苗进行免疫接种，且免疫合格率高，则该病发生和流行的几率就小。可见，为了预防传染病的发生，必须选择抗病能力强的优良品种、改善饲养管理条件、定期免疫接种，以降低禽群的易感性。

任务2　影响家禽疫病流行的因素

构成疫病流行的3个基本环节只有相互联结，协同作用时，疫病才有可能发生和流行。保证这3个基本环节相互联结、协同起作用的因素是家禽所在的环境和条件，即各种自然因素和社会因素。它们对流行过程的影响是通过对传染源、传播途径和易感禽群的作用而发生的。

一、自然因素

影响家禽疫病流行过程的自然因素包括气候、温度、湿度、阳光、降水量、地形、地理环境等，它们对上述3个环节的影响是相当复杂的。例如，一定的地理条件（海、河、高山等）对传染源的转移产生一定的限制，成为天然的隔离条件，选择有利的地理条件设置养禽场，可保护禽群不被传染源感染；炎热的夏季有利于蝇、蚊、库蠓等吸血昆虫滋生和活动，故由其传播的疫病都易发生，如禽痘、禽住白细胞虫病等。小气候对家禽疫病的发生有很大影响。例如，鸡舍密度大或通风换气不足，常会发生慢性呼吸道疾病。饲养管理制度对疫病发生有很大影响。例如，肉鸡生产采用全进全出制替代连续饲养，疫病的发病率会显著下降。

二、社会因素

影响家禽疫病流行过程的社会因素主要包括社会制度、生产力和经济、文化、科学技术水平以及贯彻执行法规的情况等。它们既可能是促进家禽疫病广泛流行的原因，也可以是有效消灭和控制疫病流行的主要关键。

综上所述，家禽传染病流行的基本条件可归纳为传染源、传播途径和易感禽群3个环节同时存在并相互联系，同时还受自然因素和社会因素的影响，这就是3个环节两个因素学说。

任务 3　我国禽病发生和流行的特点

随着集约化养禽生产的不断发展，家禽主要疾病的发生与流行不断地变化，呈现出了新特点。

一、禽病种类增多，以传染病的危害最大

在我国出现并得到正式确认的禽病种类为 78 种（截至 2004 年），涉及传染病、寄生虫病、营养代谢病和中毒性疾病。其中以传染病最多，占禽病总数的 75% 以上，在已经发生的传染病中，又以病毒性传染病发生较多，占传染病总数的 70%～75%，所造成的损失也最大。在一定时段、某些地区、少数场（户），疫病的暴发和流行还是相当严重和复杂的。

二、常见传染病病症复杂化

在有益环境或选择性压力下，高致病性、非典型性、流行病学特征改变的疾病时常出现。如非典型新城疫；传染性法氏囊病和马立克氏病超强毒株；传染性法氏囊病变异株；呼吸道型、肾病变型和腺胃型鸡传染性支气管炎。

三、免疫抑制性疾病危害严重

马立克氏病、传染性法氏囊病、禽白血病、传染性贫血病、网状内皮组织增生症、新城疫、传染性喉气管炎、传染性腺胃炎、病毒性关节炎、禽霉菌毒素中毒，这些是家禽的 10 种主要的免疫抑制性疾病。它们都可以造成禽只的免疫功能下降、疫苗预防接种失败。其中一部分可直接表现病症。然而，问题更为严重的是有一部分一是能够经种蛋垂直传播（蛋传染性疾病），如网状内皮组织增生症病毒、鸡传染性贫血病毒、呼肠孤病毒；二是呈隐性感染，如鸡传染性贫血病毒、网状内皮组织增生症病毒等感染后经常不是显性的，不易被发觉，只有通过血清学检测或病原分离才能证实。另外，还有一些其他的经蛋传播疾病危害也较大。

四、多重感染频发和多因素疾病增多

除个别零星发病外，在我国禽场实际发生的传染性疾病病例中，基本上都存在混合感染、并发或继发感染。当前许多禽病是由多种致病因子的共同作用造成的复合性疾病，包括多种微生物组合及微生物与营养或环境因素协同作用。如多种呼吸道病原体、某些免疫抑制性病原体和一些不利环境因素联合作用的结果引起的多病因呼吸道病在我国各种类型的鸡场中普遍存在，其危害极为严重且难以控制。

五、细菌耐药性普遍，药物抗菌面临挑战

在禽病的药物防治过程中，长期低剂量的使用抗生素，使禽场中的耐药菌株越来越多。盲目的使用新药和广谱药，人为的培育了致病菌的多重抗药性，一旦用药环节出现纰漏，就会出现发病时无药可用的尴尬局面。细菌耐药性的形成远远快于新药研制的速度。

六、营养代谢及中毒病增多

在一些养禽业比较发达或养殖水平较高的地区,传染病得到了较好的控制,而营养代谢病和中毒病占发病总数的比例已从过去的百分之几上升到百分之十几,最高的可达百分之三十几,应引起技术服务人员和养禽业者的重视。由营养缺乏症、药物过量使用或霉菌毒素引起的中毒性疾病所造成的损失并不亚于一次大的疫情。

项目三 禽病的预防和诊治

任务1 禽病的预防

一、养禽场卫生防疫体系

1. 场址的选择及布局要求 养禽场应远离居民区、集贸市场、铁路、交通干线及其他动物生产场所和相关设施等,离市区最少15~20km,与附近的居民区、旅游点及工厂、畜产品加工厂、屠宰场等距离应在500m以上。种禽场距离最近的家禽饲养区或易污染的设施至少2km以上,最好要有树林、河山、水库等天然屏障,应尽力避开使用鸡粪的农田、菜园和果园等。养禽场的地势要高燥、背风向阳、朝南或东南方向,地面应开阔、平坦并稍有坡度,以利于场区布局、采光、通风和污水排放;场址要求土质透气、透水性好,抗压性强,以沙壤为好;水源充足,水质良好,无异臭或异味;电力充足,交通便利,环境清静。养禽场布局应重点考虑卫生防疫问题,着重考虑风向(尤其夏、冬季的主导风向)、地势和各区建筑物间的距离。

以养鸡场为例,养鸡场根据功能应划分为生产区和生活区,生产区应安排在上风向,根据主导风向,按照育雏舍、育成舍、成鸡舍或种鸡舍的顺序排列建舍,鸡舍间应保持20~30m的间距,以利通风和光照。生活区包括职工宿舍和其他服务设施,生活区与生产区之间应保持一定间距和隔离带。种禽场中禽舍和孵化厅必须严格分开,最好单独建立。场内道路应设净道(料道)和污道(粪道),并互不交叉,有粪污排放处理设施。进出口要有消毒池和冲洗消毒设施,生产区要设洗澡更衣间,禽舍入口处要有消毒盆。禽舍的设计和建筑应注意相对密闭性,便于对温度、湿度、通风、光照、气流大小及方向等影响家禽生产性能和传染病防制的因素进行控制和调节,禽舍建筑的地面、墙壁、天花板要有利于消毒,同时要求建筑物要有防鸟、防鼠和防虫设施。

2. 培育健康种禽群

(1) 疫病净化。种禽场必须定期对可以通过卵垂直传播的鸡白痢、鸡毒支原体感染、禽白血病等传染病定期检疫,采取净化措施,清除带菌禽,建立健康种禽群。

(2) 引种时防止病原传入。要从管理水平高、质量信誉好、具有种禽经营许可证、没有垂直传播疾病(鸡白痢、新城疫、禽流感、支原体、禽结核、白血病等)的种禽场引入种蛋和雏禽,最好不要同时从两个以上种禽场引种,以防止交叉感染。新进禽群经隔离检疫、健康检查,经兽医确认安全后方可入场继续饲养。若是刚出雏的雏禽,要监督按规程接种马立克氏病疫苗,并了解其后代马立克氏病的发病情况。

(3) 严格执行科学有效的卫生消毒程序。消毒可以极大地降低禽舍内外环境中病原微生物的数量,降低禽场的污染程度,从而阻断病原从禽群外部的传入和在禽群内部扩散,显著降低细菌性疾病及病毒性疾病的发生率。

(4) 饲料卫生控制。除了保证饲料的营养指标外,还要注意饲料卫生,并且防止使用过程中的污染。要采取的措施包括:使用无鱼粉饲料,以防携带沙门氏菌。使用颗粒或颗粒破碎料。饲料中细菌数、霉菌数及真菌含量不能超标。在每次充料之前彻底清扫贮料仓库,充料后立即熏蒸消毒。防止饲料被老鼠粪便污染,污染的饲料不得使用。饲料贮存期不要超过15d。

(5) 水质控制。定期对水质进行监测，如种鸡饮用水应符合以下两项指标：一是每毫升饮水中细菌总数小于 100 个；二是每升水中大肠杆菌群数少于 3 个。用氯制剂进行饮水消毒，饮水中加 3μL/L 有机氯，饮水器末端余氯保持在 1μL/L。另外，选用密闭式管道乳头饮水器，可以防止病原经饮水在群内扩散，但这种饮水系统无法彻底清洗，尤其是在使用饮水系统投药之后，很多沉积物滞留在系统中很难被清除。所以清扫禽舍时，饮水系统的清洁十分重要。

(6) 做好种禽群的免疫接种。种禽场应根据周边疫情动态、疫苗特性、禽群用途以及防制经验制订出本场的免疫计划。同时要按要求保管疫苗，按规范操作接种，定期检测免疫状态和免疫效果。种禽的免疫不仅使本场种禽得到保护，还会使下一代雏禽具有高而整齐的母源抗体，这对提高雏禽成活率有重要意义。

(7) 种禽舍内环境的控制。舍内环境主要包括舍内的温度、湿度、通风、采光、有害气体的含量等，应特别注意禽舍内氨气的浓度。

3. 全进全出的饲养制度 全进全出是指在一个相对独立的饲养单元内，饲养同样日龄、同样品种和同样生产功能的家禽，在生产结束或需要淘汰时同时出栏。这种饲养制度为疫病控制提供了一个难得的空间，便于采取各种有效措施，最大限度地消灭场内病原体，防止传染病的恶性循环。空场后应进行房舍、设备、用具等彻底清扫、冲洗、消毒，闲置两周以上，然后进下一批禽。

4. 免疫接种 有计划、有组织地进行免疫接种，是预防和控制家禽传染病的重要措施之一。

5. 消毒 消毒是禽病防治工作中最常用也是最重要的技术之一，是防止外来有害生物侵入的重要环节。

(1) 进出口的消毒。

①禽场进出口的消毒。消毒池要宽于大门，长于最大车轮周长 1.5 倍，深度不低于 20cm，常年有干净有效的消毒剂；配备高压消毒冲洗设施，对外来车辆进行高压冲洗消毒，要事先告知进厂车辆对所载物品做好防护，以便于彻底冲洗消毒；进入人员要更换胶靴并消毒。

②进入生产区的消毒。禁止非工作人员进入禽场生产区，工作人员要洗澡、更衣、换上生产区专用服装方可进入。

③进入禽舍消毒。没有特殊情况，非本禽舍饲养人员不能进入禽舍，进入禽舍人员必须消毒胶靴。

(2) 禽舍的消毒。禽舍消毒是禽场消毒的重要组成部分，严格执行消毒制度，建立高效合理的消毒程序是保证家禽健康的一项重要措施。

①空禽舍的消毒程序。整幢禽舍实行全进全出的制度，对禽舍实行严格的消毒，是消除继续传染的有力措施，具体做法如下：

清扫：清扫时为防止细菌、病毒的扩散，可先喷洒消毒液以减少作业中尘埃飞扬，再将舍内的粪便、垫料、顶棚上的蜘蛛网、尘土等清扫出禽舍，粪便污染的墙壁、设施难以扫除时要逐点刮除，不留死角。清除的粪便、灰尘集中处理。平养地面沾着的禽粪，可于前一天洒水使粪便软化，这样比较容易清除。可移动的设备和用具也应搬出禽舍，在指定的地点暴晒、清洗和消毒。

冲洗：冲洗是用水去除清扫后舍内剩下的有机物的一种方法，可提高消毒效果。高压水枪冲洗时，必须以单向水流冲洗，污水流向同一方向。用水量为每平方米面积6L以上，水压必须在每平方厘米30kg以上。对禽舍的墙壁、地面、地网、笼具和屋顶等，应从上至下，应从里至外彻底冲洗干净，床面、墙壁和门窗等宜水冲与手刷并用。注意对角落、缝隙和设施背面的冲洗，达到无禽毛、无粪便、无灰尘、无蜘蛛网等。

干燥：水洗后因水泥地面的细微小孔和空隙都充满水，会妨碍消毒药物的渗透而降低消毒效果，所以应空置1d以上，待禽舍干燥后才能喷洒消毒药。

药物消毒：消毒液的用量为每平方米地面1.5~1.8L，消毒顺序为自上而下，不要漏掉隐蔽的地方。通常喷洒2次，待第1次干燥后再喷洒第2次，第2次主要是对第1次药液作用不充分的地方作重点喷洒。第1次使用碱性消毒剂（2%氢氧化钠溶液），第2次使用表面活性剂、含氯消毒剂和酚制剂等。

甲醛熏蒸：熏蒸前将舍内所有的孔、缝、洞、隙用纸糊严，关闭门窗和风机，提高室内湿度（60%~80%）与温度（20℃以上），按每立方米空间用40%甲醛溶液20mL，加水20mL，然后在小火上加热蒸发（或不加热，按甲醛溶液20mL加入10g高锰酸钾，使之氧化蒸发），密闭熏蒸12~24h。有条件的禽场，经上述消毒后，可将禽舍闲置2周，再接禽入舍。禽舍消毒要有一定的程序，消毒程序必须根据各禽场具体情况、周围环境、传染病流行情况、饲养管理，特别是清洁卫生措施等来制订，制订的程序要合理、切实可行，并严格执行。

②禽舍内有家禽时的消毒程序。

禽舍消毒：以地面消毒为主，顺序是：清粪—冲洗—喷洒消毒液。因消毒液可能附着于禽体或被吸入，故应避免使用有毒性（吸入毒性）及强刺激性的消毒剂。

带禽消毒：是指禽入舍后至出舍整个饲养期内定期使用有效的消毒剂对禽舍环境及禽体表喷雾，以杀死悬浮在空气中和附着在物体表面的病原菌。一般10日龄以后即可实施带禽消毒，以后可根据具体情况而定。育雏期宜每周1次，育成期7~10d 1次，成禽15~20d 1次，发生疫情时每天消毒1次。重点是禽舍环境（料槽、水槽和地面）的消毒，而对禽体表的消毒效果很差。有条件的种禽舍要装备消毒剂雾化设施，经常进行带禽空气消毒。带禽消毒时应选择无残留、无异味、刺激性小和杀菌力强的消毒剂，如过氧乙酸、次氯酸钠、百毒杀、抗毒威等，喷雾雾滴大小一般为80~100μm，小型禽场可使用一般农用喷雾器，大型禽场建议使用电动喷雾装置。喷雾量在冬季为每平方米0.3L，夏季为每平方米0.6L，春秋季为每平方米0.45L。但要根据禽舍结构、换气条件等做适当调整。

（3）孵化厂的消毒程序。

①人员消毒。孵化厂的工作人员进入孵化室要洗澡更衣，由于手接触种蛋最为频繁，所以要经常洗手消毒。

②孵化设备的清洗和消毒。孵化设备主要有孵化器和出雏器。孵化出雏结束后，首先对设备进行清扫，将残存的死胚、蛋壳、绒毛等装入塑料袋清除；再用高压水冲洗，用季铵盐类消毒剂喷洒并擦洗每一个角落。也可按每立方米用福尔马林20mL、高锰酸钾10g密闭熏蒸。出雏器消毒相对方便，但孵化器由于存胚蛋时间长，臭蛋（爆蛋）污染严重，特别是巷道式孵化器连续有胚蛋存在，给消毒带来不便。在大型孵化厂，要尽力留出消毒的空间，并避开孵化的敏感期（12~96h）用甲醛熏蒸消毒。

③种蛋的消毒。种蛋的验收和消毒十分重要。首先要剔除畸形蛋、破裂蛋和脏蛋；其次是在熏蒸室对种蛋按每立方米空间用福尔马林40mL、高锰酸钾20g进行熏蒸。消毒后的种

蛋要保存在适当的地方，孵化室物品和气流要有一定走向，洁净区和污染区要分开。孵化室地面要保持整洁，勤清洁地沟。

6. 饲料的卫生管理 饲料的污染主要来自3个方面：第一，动物饲料原料，特别是鱼粉、肉粉、骨粉及蛋壳粉；第二，啮齿类动物及鸟类的粪便；第三，饲料的加工和运输等。

要控制饲料的污染，必须严格遵守饲料厂的卫生防疫制度：

（1）控制原料水分，防止霉变。

（2）制成颗粒料，利用加工过程中的高温杀死病原体，制粒温度不能低于85℃。

（3）加强饲料加工和运输过程中的管理。配料人员在进饲料厂时，淋浴更衣消毒，换工作服、鞋，脚踩消毒池，定期消毒饲料运输车辆，采用一次性饲料袋，饲料包装袋要专场专用，送料车不能进入禽场生产区，送料车返回要消毒。

7. 杀虫和灭鼠 采用毒饵和机械等方法杀灭老鼠；用化学药物杀灭苍蝇和吸血昆虫，防止疾病传播。

8. 废弃物及污物处理 粪便、污水、尸体、其他废弃物是防止疾病传播的主要控制对象，是病原体的主要集存地。粪便应及时运到指定地点，进行堆积生物热处理或干燥处理后作农业用肥，不得作为其他动物饲料，所有的废弃物必须进行无害化处理。病死禽严禁食用或乱扔，更不能出售，严禁禽贩进场收购，要在离禽场较远的地方进行高温处理。禽场污水的处理可根据情况采用物理、化学或生物方法进行净化。

9. 建立完整的检疫监测预报制度

（1）细菌病的检疫。养禽场对细菌病的检疫，重点检测鸡毒支原体和鸡白痢，这2种疫病可经种蛋垂直传播，尤其是种禽场，应予以高度重视。每隔1个月对种禽按0.2%～0.5%的比例抽样，监测鸡毒支原体和鸡白痢的感染动态，并根据感染情况和种禽群的要求采取淘汰或预防性投药，及时消灭传染源。

（2）免疫状况的监测。对新城疫、禽流感、传染性法氏囊病、产蛋下降综合征、禽痘等传染病，在免疫接种后的10～15d，监测血清中的抗体水平或接种反应（禽痘），以检验疫苗免疫的效果，若抗体水平达不到要求，要及时寻找原因及解决方法。必要时对禽群进行补种，确保禽群免疫力。

（3）消毒效果的检测。

①禽舍空气中细菌含量的检测。可以反映有禽环境细菌污染的程度和空舍消毒后的消毒效果。空气中细菌含量的检测有2种方法，即空气采样器法和平板暴露法。

②孵化厅的检测。孵化环境的病原微生物污染，特别是大肠杆菌、葡萄球菌、沙门氏菌的污染，是导致雏禽早期死亡的主要原因。所以要对种蛋表面、孵化器和孵化室空气、物体表面和雏禽绒毛等进行微生物学检测。

③消毒液的检测。消毒液微生物学监测是指消毒液使用过程中的效果测定。

（4）药物敏感性检测。定期测定病原菌对常用抗菌药物的敏感性，可以帮助筛选敏感药物，避免盲目用药，减少无效药物的使用，节约药费开支。

（5）当地及周边地区疫情信息通报。当周边地区有疫情发生时，要立即通报所有受威胁的禽场，做好防范。必要时对禽场进行封锁，防止外来人员车辆进入和限制场内人员流动，将疫病控制在场外。

（6）病死禽的早期诊断与报告。养禽场要对死亡的病禽在隔离条件下由技术人员剖检，发现疑似传染病应立即送化验室确诊，并由技术人员签发报告单提出处理意见。注意一类动物疫病的流行动态和特点，及时诊断，尽快采取针对性的有效防疫措施。

10. 树立全员防疫意识　生产经营者必须树立强烈的防疫意识，贯彻"预防为主"的方针。

（1）人员培训。加强防疫宣传，做好防疫培训，使各级各类人员，包括场长、经理、饲养员、后勤人员、防疫人员等都认识到防疫在养禽生产中的重要性和自己在禽病防疫中所起的重要作用，掌握家禽防疫的基本原则和基本技术，增强防疫意识。

（2）建立严格的人员防疫管理制度，并严格执行。养禽场工作人员的家中，不得饲养家禽和鸟类，也不得从事与家禽有关的商业活动；管理人员要带头遵守防疫制度；饲养人员应固定岗位，发生疫病禽舍的饲养员必须严格隔离；严格管理勤杂人员，拒绝来访。

（3）建立有效的奖罚制度，对违反规定者根据情节给予处罚。

✅ 实训 1-1　禽舍消毒技术

【目的要求】使学生学会常用消毒剂的配制和禽舍的消毒方法。

【材料】

1. 器材　扫帚、铲子、冲洗用水管、高压清洗机、喷雾器、火焰喷射枪、推车、瓷盆、塑料桶、口罩、胶靴、橡胶手套、防护服、护目镜、量筒、天平等。

2. 消毒剂　氢氧化钠溶液、来苏儿、漂白粉、福尔马林、高锰酸钾等。

【方法步骤】

（一）消毒器械

1. 喷雾器　指用于喷洒消毒的器具，是最常用的消毒器械。喷雾器有 2 种：一种是手动喷雾器；另一种是机动喷雾器。手动喷雾器有背携式、手压式 2 种，常用于小面积的消毒。机动喷雾器有背携式、担架式 2 种，常用于大面积的消毒。喷雾用的消毒液装入喷雾器之前，应充分溶解过滤，以免可能存在的残渣堵塞喷雾器的喷嘴。

2. 火焰喷灯　是利用汽油或煤油作为燃料的一种工业喷灯，喷出的火焰直接灼烧被污染的金属笼具、食槽及饮水槽等，但火焰消毒时不要喷烧太久，以免烧坏消毒物品，应按一定顺序进行，以免发生遗漏。

（二）消毒剂的配制

（1）3%来苏儿溶液。取来苏儿 3 份，放入量器内，加清水 97 份，混匀即可。

（2）2%的氢氧化钠溶液。取氢氧化钠溶液 1kg，加水 49L，充分溶解后形成 2%的氢氧化钠溶液。氢氧化钠溶液有较强的腐蚀性，应避免直接接触，不能用于金属制品、衣服、毛巾等的消毒。

（3）20%漂白粉。漂白粉主要成分是次氯酸钙，其有效氯含量为 25%～30%。但有效氯易散失，因此，漂白粉应保存于干燥容器中。按 1 000mL 水加漂白粉 200g（含有效氯 25%）配制，先在漂白粉中加少量的水，充分搅拌均匀成糊状，然后再加全部水，搅拌均匀即可。

（三）消毒程序

消毒程序必须按各禽场发病的具体情况、周围环境和传染病流行情况、平时饲养管理特别是清洁卫生措施等来制订，制订的消毒程序要合理、切实可行，并严格执行。

1. 清扫 清扫时为防止细菌、病毒的扩散，可喷洒消毒液以减少作业中尘土飞扬，再将舍内的粪便、垫料、顶棚上的蜘蛛网、尘土等清扫出禽舍。清除的粪便、污物应进行集中堆积发酵、掩埋或焚烧等无害化处理。其他器具如饮水器、料槽、产蛋箱、笼具等，可移动的器具要搬出舍外，并在指定地点暴晒、清洗和消毒。

2. 冲洗 用冲洗水管或高压水枪冲洗屋顶、地网、笼具、墙壁、地面等。对黏着牢固的污物应用铲子人工刮除干净。冲洗时按由上到下、由里到外的顺序进行，做到不留死角。

3. 干燥 水洗后因水泥地面及孔隙都充满水，会妨碍消毒药物的渗透而降低消毒效果。因此，冲洗后应空置1d以上，待禽舍干燥后才能喷洒消毒药。

4. 消毒液消毒 用消毒液喷洒时，消毒液用量一般是每平方米面积用1 000~2 000mL药液。消毒时按先里后外、先上后下的顺序进行，不要漏掉隐蔽的地方。通常用消毒药喷2次，待第1次干燥后再喷洒第2次，第2次主要是对第1次药液不充分的地方作重点喷洒。第1次使用碱性消毒剂（2%氢氧化钠溶液），第2次使用表面活性剂、含氯消毒剂和酚类消毒剂等。

5. 熏蒸消毒 常用福尔马林配合高锰酸钾进行熏蒸消毒。按每立方米空间用福尔马林28mL、高锰酸钾14g、水10mL来计算整个禽舍的药品用量。消毒方法是先密闭禽舍，在耐腐蚀的陶瓷内加入水，再加高锰酸钾与水混匀，然后缓慢加入福尔马林，使气体蒸发，密闭熏蒸12h。

育雏舍的消毒要求更为严格，平网育雏时，在育雏舍冲洗晾干后用火焰喷灯对平网育雏室的水泥地面、铁笼、围栏及铁质料槽等进行火焰消毒，然后再进行药物消毒。

思考：现有一空禽舍，你准备如何实施消毒？

二、家禽免疫接种

家禽免疫接种是指将某种致弱或灭活的疫苗引入活的家禽体内，通过激发免疫反应使该家禽获得对特定病原的免疫力。养禽生产中使用疫苗，一方面是为了使家禽产生主动免疫力，包括全身性免疫和局部免疫，预防和减少野毒感染；另一方面是高免疫水平的母禽可最大限度地将母源抗体经卵传给刚孵化的幼雏。母源抗体对幼雏的保护作用一般可持续3周，在这段时间内幼雏的免疫系统发育成熟，之后如果再接触到具有潜在危害的病毒或细菌时，能诱导有效的主动免疫反应。

（一）免疫程序

免疫程序即免疫预防接种的方案，包括接种疫苗的类型、次序、时间、次数、途径、时间间隔等。制订免疫程序时，应考虑以下9个方面的因素：当地家禽疾病的流行情况和规律；母源抗体水平；上次免疫接种引起的残余抗体水平；禽的免疫应答能力；疫苗的种类；免疫接种的方法；各种疫苗的配合和干扰；免疫对禽健康及生产能力的影响；风险管理和成本效益。这9个因素是互相联系、互相制约的，必须统筹考虑。

没有一个免疫程序是通用的，由于情况不断地变化，也没有固定不变的免疫程序。一个免疫程序使用一段时间后，应根据实际情况及时加以调整，切忌生搬硬套。免疫程序的制订和完善需要进行科学的检测、跟踪和总结。凡是有条件做免疫监测的，最好根据免疫监测结果，即抗体水平变化，结合实际经验来指导、调整免疫程序。

(二）疫苗的类型

家禽疫苗分为活苗和灭活苗（死苗）两大类。疫苗的一般特点见表 1-1。

表 1-1　禽类活苗和灭活苗的一般特点

（塞弗，引自《禽病学》，第 11 版，2005）

活　苗	灭　活　苗
用量小	用量大
可多种方法免疫，使用方便	几乎全是注射免疫
一般无佐剂	需要佐剂
受体内存在的抗体干扰	在体内存在抗体时，免疫诱导作用更强
对有免疫力的禽加强免疫无效	对有免疫力的禽，可诱导再次免疫反应
刺激产生局部免疫和全身免疫	不引起局部免疫（作为加强免疫，可刺激产生局部免疫）
刺激产生细胞免疫和体液免疫	细胞免疫作用弱
有疫苗污染的危险性	无疫苗污染危险
在各种组织中可发生疫苗反应	不出现反应，体表的反应是佐剂造成的结果
多种微生物同时使用可能出现相互干扰，联合使用相对受限制	联合使用干扰较小，可制成联苗

(三）疫苗的选择和使用

1. 疫苗选择的一般原则

（1）要取决于当地流行的或有可能流行的疾病种类。经过调查和了解，对当地流行的或可能受到威胁的疾病，才进行疫苗接种。对当地没有威胁的疾病可以不接种，尤其是毒力强的活苗，更不应当轻率地引入本地对从未发生此病的鸡群进行接种。

（2）要根据疾病流行的程度。一般流行较轻的可选用温和的疫苗，如鸡新城疫可用Ⅱ系、Ⅲ系等缓发性疫苗。在疾病严重流行的地区，则要选用效力较强的疫苗，如用鸡新城疫Ⅰ系疫苗。

（3）要看初次接种还是重复接种。一般来说，初次接种应该选择毒力弱的疫苗，而重复接种（又称强化接种）则应选用毒力较强的疫苗，例如鸡新城疫疫苗，初次接种可选克隆-30 疫苗，而重复接种可选Ⅳ系或Ⅰ系疫苗。

（4）要考虑疫苗接种后对家禽产生的不良反应。鸡新城疫疫苗、鸡传染性支气管炎疫苗等的接种（气雾免疫），可能造成本来不明显的鸡毒支原体病暴发。

2. 疫苗的使用

（1）疫苗的保存。活疫苗中的冷冻苗要低温保存，-15℃通常保存 2 年，0~4℃ 8 个月，10~15℃ 3 个月，20~30℃ 10d；冷藏苗要求 2~8℃保存；灭活苗应在 2~8℃（4℃最佳）冷藏保存，不可冷冻，以防破乳分层。冷冻苗通常需真空保存或充氮保存。细胞结合性疫苗如马立克氏病疫苗，必须在液氮中冻存，要求不能离开液氮面。进口疫苗无论是活苗还是灭活苗，均应贮存在 2~8℃条件下（冰箱的冷藏区）。现在有的国产活疫苗内含有耐热保护剂，2~8℃可保存 2 年以上。

（2）疫苗的运输。活苗和灭活苗均要在冷链系统中运输，即置于冷藏车、冷藏箱、保温瓶中运输，不可在高温和日光暴晒下运输；灭活苗除防止冻结和暴晒外，在运输过程中还要防止过分颠簸，以免出现油、乳分层现象。液氮苗要随液氮罐同时运输，要有防倾斜措施，做好标记。凡经运输的疫苗收货后要首先验证保温措施。

（3）疫苗的稀释。各种疫苗使用的稀释剂、稀释倍数和稀释方法都有一定的规定，必须严格按使用说明书处理，否则，疫苗的滴度会下降，影响免疫效果。

（4）疫苗的使用。疫苗用前要检查是否真空状态；现用现配，稀释后应尽快使用（活疫苗一般应在2h内用完，马立克氏病疫苗应在半小时内用完，当天未用完的疫苗应废弃）；器具必须洗涤干净，煮沸消毒，无消毒药残留；免疫过程中注意低温保存；注意禽群状况；接种前2d和后2d禁止饮用消毒药或带禽消毒；做好记录；销毁疫苗瓶。灭活苗用前要在室温预热12～24h，用前充分摇匀。

（四）疫苗的免疫途径

免疫接种途径可归纳为两类：注射免疫和黏膜免疫，前者包括：肌内注射免疫、皮下注射免疫、翼膜刺种。后者包括：口服免疫（饮水免疫）、点眼免疫、滴鼻免疫、气雾免疫、擦肛。其中，气雾免疫和饮水免疫为群体免疫法，点眼、滴鼻、注射、擦肛为个体免疫法。

（五）免疫失败的原因及对策

1. 免疫失败的原因 免疫的禽群在免疫期内不能抵抗相应病原体的侵袭，仍发生了该种传染病，或者效力检查不合格均可认为是免疫失败。免疫失败在临床上有不同的表现形式，如免疫后较短时间内仍然发生传染病；免疫后虽然没有典型病例的发生，但是仍有温和型或隐性感染的发生；免疫群体没有明显的症状，但是生产性能下降等。

免疫失败有许多原因，这些原因可归纳为疫苗因素、动物因素和人为因素。其中最为常见的是人为使用不当。

（1）疫苗因素。主要包括：

①疫苗质量差。生产疫苗使用非SPF种蛋，含有病原体；免疫原性不好；抗原含量不足；冻干或密封不佳；油乳剂苗油水分层；灭活疫苗中甲醛含量超标；疫苗本身具有一定毒力，如鸡传染性喉气管炎疫苗和传染性法氏囊病中等毒力疫苗等。

②疫苗选择不当。某些禽场忽视雏禽免疫系统不健全、抵抗力相对较弱的特点，首次免疫选用一些毒力较强的疫苗，如首免选择中等偏强毒力的传染性法氏囊病疫苗、新城疫Ⅰ系疫苗免疫。

③疫苗的保存、运输不当。如温度过高，反复冻融，油苗被冻结；疫苗稀释后未及时使用；或使用过期、变质的疫苗。

④疫苗间干扰作用。将2种或2种以上抗原同时免疫接种时，有时抗原间会产生相互干扰或抑制，机体对其中一种抗原的抗体应答显著降低，从而影响这些疫苗的免疫效果，如新城疫和传染性支气管炎，新城疫和传染性法氏囊病等。

⑤疫苗稀释液。疫苗稀释液未经消毒或受到污染而将杂质带进疫苗；随疫苗提供的专用稀释液存在质量问题，或由于保存不当而出现质量问题；饮水免疫时，饮水器未清洗、消毒，或饮水器中含消毒药等都会造成免疫不理想或免疫失败。

⑥病原体的变异。包括血清型、血清亚型甚至基因型的差别，如基因Ⅶ型新城疫、传染性支气管炎呼吸型、肾型；抗原漂移和抗原转变，如禽流感；强毒及超强毒的出现，如新城疫强毒、传染性法氏囊病和马立克氏病超强毒。

（2）动物因素。主要包括：

①遗传因素。动物机体对接种抗原有免疫应答,在一定程度上是受遗传控制的,禽品种繁多,免疫应答各有差异,即使同一品种不同个体的禽,对同一疫苗的免疫反应强弱也不一致。或由于先天性免疫缺陷,导致免疫失败。

②生物学差异。正常情况下群体中少部分个体不产生免疫应答,不能获得抵抗感染的足够保护力。

③抗体的干扰。如新孵出的2~3日龄的雏鸡,循环系统中的母源抗体IgG达到最高水平。之后,母源抗体直线下降,至2~5周后基本消失。由于种禽个体免疫应答差异以及不同批次雏禽群不一定来自同一种禽群等原因,造成雏禽母源抗体水平参差不齐。若母源抗体过高会干扰后天免疫,不产生应有的免疫应答。即使同一禽群不同个体之间母源抗体程度也不一致,母源抗体干扰疫苗在体内的复制,从而影响免疫效果。

④应激因素。动物机体的免疫功能在一定程度上受到神经、体液和内分泌系统的调节。在环境过冷过热、湿度过大、通风不良、拥挤、饲料突然改变、运输、转群等应激因素的影响下,机体肾上腺皮质激素分泌增加。肾上腺皮质激素能显著损伤T淋巴细胞,对巨噬细胞也有抑制作用,增加IgG的分解代谢。所以,当禽群处于应激反应敏感期时接种疫苗,就会降低禽自身的免疫能力,影响免疫效果。

⑤营养因素。维生素及许多其他养分都对禽免疫力有显著影响。营养缺乏,特别是维生素A、维生素D、B族维生素、维生素E和多种微量元素及全价蛋白质缺乏时,能影响机体对抗原的免疫应答,免疫反应明显受到抑制。

⑥免疫抑制病。马立克氏病、禽白血病、传染性法氏囊病、禽传染性贫血、网状内皮增生病和禽球虫病等能损害禽的免疫器官,如法氏囊、胸腺、脾、哈德氏腺、盲肠扁桃体、肠道淋巴样组织等,从而导致免疫抑制。特别是传染性法氏囊病病毒感染可以造成免疫系统的破坏和抑制,从而影响其他传染病的免疫。禽群发病期间接种疫苗,还可能发生严重的反应,甚至引起死亡。

⑦野毒早期感染或强毒株感染。禽体接种疫苗后需要一定时间才能产生免疫力,而这段时间恰恰是一个潜在的危险期,一旦有野毒入侵或机体尚未完全产生抗体之前感染强毒,就会导致疾病的发生,造成免疫失败。例如,初生1日龄即接种马立克氏病疫苗,但在2周龄内遭受强毒感染仍可发病。

⑧发病中的接种。疫苗接种原则是接种对象必须为健康禽群,但对传播较慢的传染病,例如禽传染性喉气管炎,在笼养禽群发生时,若能早期确诊,及时接种疫苗仍可获得较好的效果,但对已遭感染,正处于潜伏期的禽是无效的。

(3) 人为因素。主要包括:

①操作不正确。饮水免疫时,疫苗的浓度配比不当,饮水时间过长,用水量或水槽过少,水质不良;滴鼻或点眼免疫时的速度过快,疫苗未吸入;气雾免疫时,雾滴过大,沉降快,禽舍密封不严,未能被禽吸入;注射免疫时接种剂量不足,接种有遗漏,稀释液、疫苗瓶、注射器、针头等消毒不严,针头不更换,污染了细菌或病毒,往往会造成严重的后果。

②接种途径或日龄不当。每一种疫苗均有其最佳的接种途径,如随便改变可能会影响免疫效果。如新城疫Ⅰ系疫苗以肌内注射为好,传染性法氏囊病冻干疫苗以滴口和饮水为好,鸡痘疫苗以翅膀下刺种为好,马立克氏病疫苗以颈部皮下注射为好,病毒性关节炎弱毒苗以肌内注射为好,所有的油乳剂灭活苗以颈部皮下注射为好,其次是胸部肌内注射,一般不采用腿部肌内注射。如当新城疫Ⅰ系疫苗用饮水免疫,鸡痘疫苗和传染性喉气管炎疫苗用饮水

或肌内注射免疫,效果都较差。又如,马立克氏病疫苗只能在出壳24h内接种,禽脑脊髓炎、鸡传染性贫血疫苗只适合于11~12周龄鸡的免疫。接种过早、过晚都会造成免疫失效。

③滥用药物和疫苗。任何药物都有一定副作用,许多抗生素等药物能影响疫苗的免疫应答反应,不同程度的具有免疫抑制作用,尤其是磺胺类、土霉素及泰乐菌素等药物。在接种病毒疫苗期间使用抗病毒药物也可能影响疫苗的免疫效果。

有些养禽场超剂量多次注射疫苗,这样可能引起机体的免疫麻痹,往往达不到预期的效果。如大剂量的新城疫Ⅳ系、克隆-30疫苗使用导致免疫抑制。

④免疫程序不合理。表现为免疫的时间、剂量和频率设计不合理;忽视母源抗体的干扰;不合理的联苗和疫苗间的相互干扰;免疫途径不当。

⑤管理不良。禽群饲养密度过大,通风不良,有害气体过多,导致上呼吸道黏膜损害,极易造成细菌和病毒的继发感染,从而导致免疫失败。另外,有些疾病早期易感性高,如马立克氏病、鸡新城疫等,如早期隔离消毒不好,可引起免疫失败。

⑥环境病原污染严重。随着养禽数量增多,环境污染越来越重,养殖场内污染有大量病毒和细菌,禽群不断受到病毒和细菌的侵扰,加快了禽群抗体的衰减速度,缩短了免疫期,即环境污染越重,保护性抗体就要求越高。另外,群体中存在个体差异,在环境污染重的禽场,免疫应答差的个体首先感染发病,在禽群中就会出现疫病的散发性流行。

⑦器械和用具消毒不严。免疫接种时不按要求消毒注射器、针头、刺种针及饮水器等,使免疫接种成了带毒传播,反而引发疫病流行。

2. 采取的主要对策

(1) 正确选择和使用疫苗。选择国家定点生产厂家生产的优质疫苗,到经兽医部门批准经营生物制品的专营商店购买。免疫接种前对使用的疫苗逐瓶检查,注意瓶子有无破损、封口是否严密、瓶内是否真空和有效期,有一项不合格就不能使用。

(2) 制订合理的免疫程序。根据本地区或本场疫病流行情况和规律、鸡群的病史、品种、日龄、母源抗体水平和饲养管理条件以及疫苗的种类、性质等因素制订出合理科学的免疫程序,并视具体情况进行调整。

(3) 采用正确的免疫操作方法。疫苗接种操作方法正确与否直接关系到疫苗免疫效果的好坏。饮水免疫不得使用金属容器,饮水必须用蒸馏水或冷开水,水中不得有消毒剂、金属离子,可在疫苗溶液中加入0.3%的脱脂奶粉作保护剂。在疫苗饮水前可适当限水以保证疫苗在1h内饮完,并设置足够的饮水器以保证每只禽都能同时饮到疫苗水。气雾免疫不能用生理盐水稀释疫苗,并保证雾粒在$50\mu m$左右。点眼、滴鼻免疫,要保证疫苗进入眼内、鼻腔。刺种痘苗必须刺一下或浸一下刺种针,保证刺种针每次浸入疫苗溶液中。用连续注射器接种疫苗,注射剂量要反复校正,使误差小于0.01mL,针头不能太粗,以免拔针后疫苗流出。

(4) 建立健全防疫制度,全面贯彻综合防治措施。接种疫苗前应对禽群健康状况进行详细调查,调整禽群健康状况,确定接种时间。若有严重传染病流行,则应停止接种。若是个别病禽,应该剔除、隔离,然后接种健康禽。对疑有疫病流行的地区,可在严格消毒的条件下,对未发病的禽只作紧急预防接种。免疫接种时间应根据传染病的流行状况和禽群的实际抗体水平来确定。清晨禽体内肾上腺素分泌较其他时间少,对抗原的刺激也最敏感,此时疫苗接种效果最好。

(5) 加强饲养管理,减少应激和各种疾病发生,合理选用免疫调节剂。在免疫前后24h

内应尽量减少禽的应激，不改变饲料品质，不安排转群、断喙，减少意外噪声。控制好温度、湿度、饲养密度、通风，勤换垫料，饲喂全价配合饲料。适当增加蛋氨酸、复合维生素用量。接种疫苗时要处置得当，防止禽群惊吓。遇到不可避免的应激时，应在接种前后3～5d，在饮水中加入抗应激剂，如电解多维、维生素C、维生素E，或在饲料中加入利血平等抗应激药物，均能有效地缓解和降低各种应激反应。在免疫的前后2d最好不使用消毒药、抗生素、抗球虫药、抗病毒药。合理选用左旋咪唑、卡介苗、白细胞介素、转移因子、干扰素等免疫促进剂，增强免疫效果。

必须对饲料进行监测，以确保不含霉菌毒素和其他化学物质。

（6）做好消毒工作。良好的环境卫生质量是提高免疫接种效果的基本保证。进雏前对育雏舍和所有用具彻底清洗消毒，进雏后经常进行带禽消毒。

相关链接：疫苗储存规范

疫苗对温度、光照很敏感。规范疫苗的储存管理，可以减少损耗，降低免疫副反应及免疫失败的发生率。

疫苗库存管理

1. 由经过培训的专业人员负责管理。
2. 从正规渠道采购疫苗。
3. 根据使用量，保证1～2个月库存。
4. 做好疫苗"进销存"及产品信息登记。
5. 过期疫苗报废，按疫苗说明书处理。

正确储存疫苗

1. 按疫苗的储存条件保存疫苗，液态疫苗不能冻结。
2. 用空隙大的托盘放置疫苗，以保证冷气循环通畅。
3. 疫苗放置在冰箱中部，离冰箱壁和门5～8cm，冰箱门不能放置疫苗。
4. 温度计放在疫苗附近。
5. 标示疫苗种类，将包装颜色相似的疫苗分开放置，以免混淆。
6. 在冷藏室底部和顶部放置一些水瓶或冰袋（标明不能饮用），冰箱停止工作时，它们可以暂时起到冷藏作用。
7. 在免疫高峰期，须考虑是否有足够空间储存疫苗。

监测冰箱温度

1. 使用"高低温度计"，可显示在一段时间内冷藏室的最高和最低温度。
2. 将温度记录表贴在冰箱门上或醒目的位置，早晚记录。
3. 温度数据保留3年。
4. 时刻留意冰箱门是否关好。
5. 发现冰箱温度异常，请及时处理。
   （1）检查原因。
   （2）调节制冷挡位，让温度回到2～8℃。
   （3）如果冰箱2h内不能回到正常范围，须转移疫苗到正常冰箱，并做好标记，暂停使用这些疫苗。
   （4）致电咨询疫苗供应商。

实训 1-2　家禽免疫接种技术

【目的要求】使学生了解家禽生产中的常用疫苗；熟悉疫苗的保存、运送和用前检查方法；学会活疫苗的稀释及家禽免疫接种的方法。

【材料】疫苗、稀释液、生理盐水、蒸馏水、连续注射器、玻璃注射器、9号针头、镊子、标准滴瓶或胶头滴管、刺种针或蘸水笔、消毒铝盒、酒精棉球、鸡若干。

【方法步骤】
(一) 疫苗的保存、运送和用前检查

1. 疫苗的储存　兽用疫苗储存一般有3种形式：冷冻（≤-15℃）、冷藏（2~8℃）、液氮（-196℃）中储存。一般情况下，活疫苗制品采用冷冻方式；灭活疫苗、稀释液采用冷藏方式、部分制品采用液氮储存方式。

2. 疫苗的运送　要求包装完善，防止碰坏瓶子和散播活的弱毒病原体。运送途中避免日光直射和高温，防止反复冻融，并尽快送到保存地点或预防接种的场所。弱毒疫苗应使用冷藏箱或冷藏车运送，以免其效价降低或丧失。

3. 疫苗用前检查　各种疫苗在使用前要详细阅读其产品说明书，检查疫苗的名称、厂家、批号、规格、生产日期、有效期、贮存条件、产品密封性、物理性状等是否与说明书相符。过期、无批号、油乳剂破乳、松散、变色、沉淀、发霉、有异味、有异物的疫苗均不可使用。对不能使用的疫苗特别是废弃的弱毒疫苗应煮沸消毒或予以深埋做无害化处理，不能与可用的疫苗混放在一起。

4. 疫苗的预温　灭活疫苗使用前应置于室温约22℃ 2h，使用时应充分摇匀，使用过程中应保持匀质。疫苗启封后，应于当天用完，夏天应于4h用完。

(二) 疫苗的稀释

活疫苗接种时要做合理稀释方可使用。各种疫苗使用的稀释液、稀释倍数和稀释方法应严格按生产厂家的使用说明书进行。无特定规定的可用生理盐水、蒸馏水或去离子水作为稀释液，有特殊规定的用规定的专用稀释液稀释，如马立克氏病活疫苗。稀释时，先除去稀释液和疫苗瓶口的铝盖或塑料盖，用75%酒精棉球消毒瓶塞，用注射器抽取少量的稀释液注入疫苗瓶内，充分振荡，使疫苗完全溶解，补充稀释液至规定量，摇匀即可。稀释液应是清凉的，稀释过程要避光、防灰尘和无菌操作，对疫苗瓶应用稀释液冲洗2~3次，保证疫苗效价。稀释后的疫苗液要避免高温和强光，要在1~2h用完。

(三) 免疫接种的方法

1. 点眼与滴鼻法　这是弱毒活疫苗经眼黏膜或鼻黏膜进入机体的接种方法，对建立局部免疫，免受母源抗体的干扰有重要作用，操作时应对滴鼻、点眼用的滴管或滴瓶进行计量校正，以保证免疫剂量。活疫苗的稀释要根据滴管或滴瓶的每毫升滴数来计算稀释液的量，一般每滴为0.03~0.05mL，即1mL可滴20~33滴。为了增加均匀度，最好每羽滴2滴。例如，若1mL可滴20滴，每羽2滴，1mL可滴10羽，接种1 000羽则需要稀释液100mL。操作时左手握住雏禽，食指和拇指固定雏禽的头部，雏禽眼或一侧鼻孔向上，右手持已吸取疫苗液的滴管或滴瓶在距离雏禽鼻孔或眼睛上方0.5~1cm处垂直滴入整滴疫苗液，待其吸入后方可将其放下。操作中防止禽甩头，确保疫苗被吸入，若没有滴中应补滴。

2. 皮下注射法 多数疫苗、高免血清及卵黄抗体等可采用皮下接种。雏禽常在颈背侧皮下部，育成或成年禽一般在股内侧皮下部。操作时一手用拇指和食指将雏禽颈中部的皮肤捏起，使其成一囊，另一只手持连续注射器，针头在拇指和食指之间进针刺入皮下，缓缓注入疫苗。疫苗液注入皮下，这时拇指和食指会有胀满感，否则药液会从颈部溢出，这时一定要补注。在操作中，进针时要与颈椎平行，不可刺伤颈椎，也不能过于靠近头部。

3. 肌内注射法 肌内注射部位常选在翅膀肩关节部附近的肌肉或胸肌，必要时也可选择腿部肌肉。接种时一手抓禽保定，尽量暴露注射部位，以便操作，另一手持连续注射器进行注射。注射时针头与肌肉呈 45°，避免垂直刺入，并根据肌肉厚度控制好进针深度。腿部注射时将针头朝身体方向刺入外侧腿肌，避免刺伤腿部的神经和血管。肌内注射不能只求速度，还要讲质量，以免发生漏注或误注。

4. 皮肤刺种法 皮肤刺种法常用于禽痘活疫苗的接种。刺种部位在翅膀内侧无血管处。疫苗经适当稀释后，一手保定禽，一手持刺种针蘸取疫苗液后于翅膀内侧无血管处刺入皮下，为可靠起见，可刺两针，每刺种 1 针要蘸取疫苗液 1 次。在临床中，也有采用皮肤划痕的接种法，方法是用注射器把疫苗液滴在翅膀内侧无血管处，用针头在滴上疫苗液处的皮肤反复划伤或反复刺破皮肤至疫苗液完全被吸收。

5. 饮水免疫法 该法是将可供口服的疫苗混于水中，家禽通过饮水而获得免疫。饮水免疫前，首先根据天气情况停水 2~4h，以保证饮疫苗时，每只家禽都能饮用一定量的水。然后根据停水时间、家禽的日龄等估算稀释疫苗的水量，稀释疫苗的水应选无消毒剂残留的清洁饮用水，稀释疫苗时先在水中加入 0.5% 的脱脂奶粉充分混匀，然后再在水中打开活疫苗，冲洗干净疫苗瓶后混匀即可。饮水免疫所用疫苗的剂量应加大 2~3 倍，最佳饮水量为在 30min 内能全部饮完，稀释后疫苗必须在 2h 内饮完。盛装容器最好用塑料类器具，饮水器的数量要足够，保证每只禽都有饮水位置。夏季免疫时间最好安排在早晨进行，疫苗液不得暴露于阳光下。

6. 气雾免疫法 气雾免疫是利用气泵将空气压缩，然后通过气雾发生器，使稀释的疫苗成为雾化粒子，均匀地悬浮于空气中，禽呼吸时吸入疫苗而起到免疫的作用。

免疫前，要关闭门窗及通风设备。喷雾器内应无消毒剂等残留，最好是免疫接种专用。免疫一般在傍晚或清晨进行。稀释疫苗必须用去离子水或蒸馏水，最好加入 0.1% 脱脂奶粉或 3%~5% 的甘油。不能用自来水、冷开水、井水或生理盐水稀释。稀释液的用量应根据免疫对象而定，1 月龄每 1 000 只鸡平养用量 250~500mL，笼养用量 250mL。若为散养，在喷雾免疫前，先将鸡赶至鸡舍较长一侧墙边，使鸡只相对集中，喷头离鸡 30~50cm，边走边喷，往返 2~3 次，喷后 20min 方可打开门窗和通风设备。气雾免疫时，雾化粒子大小要适中，喷雾时要求温度为 15~20℃。因为新城疫弱毒苗会引起人的结膜炎，操作人员要做好防护工作，需戴口罩和面罩。

（四）注意事项

1. 规范操作，注意安全，做好免疫人员的个人消毒和防护工作。
2. 选择合适的疫苗，保证疫苗的剂量，使用连续注射器时，每接种 500 只家禽，要校对一次注射剂量，以确保注射剂量的准确性，确保免疫效果。

3. 用过的疫苗瓶、剩余的疫苗液要经高温无害化处理。
4. 接种活疫苗时,禁止使用和在饲料或饮水中添加抗生素、磺胺类药物。
5. 注意接种部位的消毒,注射部位最好用酒精棉球消毒,以防细菌感染。

思考: 写一份家禽免疫接种的实习报告。

实训 1-3　养鸡场免疫程序的制订

【目的要求】学会制订规模化养鸡场免疫程序。

【材料】当地鸡传染病调查资料或某养鸡场发病资料,养鸡场主要传染病抗体水平监测结果等。

【方法与步骤】

(一) 实训设计

实训可在教室进行,教师讲解实训过程及养鸡场免疫程制订的要求,在学生清楚实训内容的情况下,分组进行规模化养鸡场综合免疫程序的制订,然后小组间相互交流,总结。

(二) 免疫程序制订的依据

1. 本地疫情　养鸡场在制订免疫程序时,原则上是对本地区历年流行或受周边地区威胁严重的主要疫病都安排预防免疫。对在我国广为流行的重要传染病如马立克氏病(MD)、禽流感(AI)、新城疫(ND)、传染性法氏囊病(IBD)、传染性支气管炎(IB)、产蛋下降综合征(EDS-76)等也要纳入免疫程序中。

2. 抗体水平　鸡体的抗体水平,尤其是母源抗体水平与活疫苗免疫效果有直接关系,特别是首次免疫。抗体水平过高会中和接种的活疫苗,抗体水平过高或过低时接种疫苗,效果往往不理想。因此,有条件的鸡场,可根据养鸡场传染病血凝抑制(HI)抗体水平监测结果,来确定雏鸡首次免疫和再次免疫的时间,免疫应选在抗体水平接近消失时进行。

3. 疫病种类　不同的疾病在易感年龄上都存在不同的差异,如 MD 以 1 周龄内的雏鸡最易感,多发病于 2 月龄以上的鸡,ND、IB 各种年龄的鸡都易感,而 EDS-76 只危及产蛋高峰期的蛋鸡,IBD 主要危及青年鸡等。因此,应在不同生产年龄进行不同的免疫,而且免疫时间应设计在本场发病高峰期前 1 周,这样既可减少不必要的免疫次数,又可把不同疾病的免疫时间分隔开,避免了同时接种活疫苗所导致的干扰及免疫应激。

4. 家禽用途　根据生产用途可将鸡分为肉鸡与蛋(种)鸡两大类。蛋(种)鸡的饲养周期较长,需进行多次免疫才能提供长效的免疫力,蛋(种)鸡免疫后还应保证其孵出的雏鸡含有较高水平的母源抗体。肉鸡饲养周期短,免疫次数及疫苗种类都比蛋(种)鸡少,因此,制订的免疫程序在同一疾病流行区也是不一样的。

5. 疫苗种类　应根据疫苗特性选择合适的疫苗进行免疫,一般应先用毒力弱的疫苗作基础免疫,再由毒力稍强的疫(菌)苗进行加强免疫。

6. 免疫途径　选择合适的免疫途径,是成功免疫的重要因素。免疫途径应根据生产厂家的使用说明进行。一般活疫苗采用饮水、喷雾、滴鼻、点眼、注射免疫,灭活苗则需肌内或皮下注射。有些疫苗亲嗜部位不同,应采用特定免疫途径,如 IBD 和禽脑脊髓炎(AE)表现嗜肠性,主要通过消化道感染,所以最佳免疫途径是饮水和滴口。对呼吸道疾病,最好选用弱毒苗进行点眼、气雾免疫。

7. 免疫效果　免疫程序应用一段时间后,可根据免疫效果,结合免疫监测情况适当的进行调整和完善。对一些以前没发生过的新疫病,在制订免疫程序时要进行补充。

思考:某养鸡场准备引进一批蛋用雏鸡苗,请制订一个预防 MD、ND、AI、IB、IBD、鸡痘及 EDS-76 等的综合免疫程序。

任务2　禽病的诊断

家禽疾病的诊断方法有多种,实际生产中最常用的是:临床诊断、病理学诊断和实验室检验。

一、临床诊断

临床诊断是禽病诊断技术最基本的方法。在临床诊断时,应从以下几个主要方面进行:

(一) 询问调查

询问调查包括病史情况、饮食变化、季节气候、周围环境情况、舍内小环境、免疫接种与疫病发生情况等。

1. 病史与疫情　询问上代的疫病免疫情况、曾经发生过的疾病等。对上代发生的疾病,在诊断中应给予以重点排查。询问附近禽场的疫情,如果有气源性传染病,如新城疫、传染性支气管炎等疾病流行时,则有可能波及本场。

2. 饮食情况　询问在日常饲养管理中禽群的饮食情况。采食时间延长或缩短、饮水减少或增加都有可能是禽群发病的表现。

3. 禽舍周围环境情况　大的噪声,夜晚的雷电,猫、犬、鼠、蛇的蹿入,捕捉、转群、运输等物理性情况,周围有害气体、农药等有毒物质的化学情况,都可能是一些疾病的诱发因素。

4. 当地气候变化情况　季节气候的变化与疾病的发生有很大关系,有些疾病发生有明显的季节性,如鸡痘多发生在春秋季节,传染性喉气管炎多发生在冬季;有些疾病则是气候变化引起,如天气突变,气温剧烈变化等都可能诱发新城疫。

5. 饲养管理情况　询问饲料以及添加剂使用情况,查问饲料原料是否霉变,饲料是否全价;询问饮水情况特别是了解盐分摄入量是否充足;了解饲养密度是否过大,通风是否良好,温度、湿度和光照是否适宜;寄生虫、蚊蝇等有害昆虫袭扰的情况,根据这些情况来寻找病因。

6. 发病情况　主要询问何时发病、病禽的日龄、症状、疾病传播速度等情况,以推测是急性或慢性、细菌性或病毒性以及怀疑是何种禽病。

7. 防治措施　了解免疫情况包括免疫程序、免疫方法、疫苗种类、使用剂量等;查问用药情况,了解病禽用过什么药物治疗,是否合理有效。

(二) 鸡群观察与病鸡检查

1. 鸡群一般状态的观察　在舍内一角或场外直接观察全群状态,以防止惊扰鸡群。注意观察鸡只精神状态,对外界的反应,观察呼吸、采食、饮水的状态,运动时的步态等。健康鸡听觉灵敏,白天视觉敏锐,周围稍有惊扰便有迅速反应,活动灵活;食欲旺盛,生长发育正常;羽毛丰满光洁,鸡冠肉髯红润。病态鸡表现为鸡冠苍白或发绀,羽毛松乱;咳嗽打喷嚏或张口呼吸;食欲减少或不食,两眼紧闭,精神萎靡,蹲伏在鸡舍一角。

2. 病鸡检查

(1) 鸡冠和肉髯的观察。鸡冠和肉髯是鸡皮肤的衍生物,内部具有丰富的血管、淋巴管和神经,许多疾病都出现鸡冠和肉髯的变化。正常的鸡冠和肉髯颜色鲜红,组织柔软光滑。如果颜色异常则为病态。鸡冠发白,主要见于贫血、出血性疾病及慢性疾病;鸡冠发紫,常见于急性热性疾病,也可见于中毒性疾病;鸡冠萎缩,常见于慢性疾病;如果冠上有水疱、脓疱、结痂等病变,多为鸡痘的特征。肉髯发生肿胀,多见于慢性禽霍乱和传染性鼻炎。

(2) 眼睛的检查。健康鸡的眼睛大而有神,周围干净,瞳孔圆形,反应灵敏,虹膜边界清晰。病鸡眼睛怕光流泪、结膜发炎,结膜囊内有豆腐渣样物,角膜穿孔失明,眼睑常被眼屎粘住,眼边有颗粒状小痂块,眼部肿胀,眼白色混浊、失明,瞳孔变成椭圆形、梨子形、圆锯形,或边缘不齐,虹膜呈灰白色。

(3) 口鼻的检查。健康鸡的口腔和鼻孔干净,无分泌物和饲料附着。病鸡可能出现口、鼻有大量黏液,经常晃头,呼吸急促、困难,喘息、咳出血色的黏液等症状。

(4) 羽毛和姿势的观察。正常时,鸡被毛鲜艳有光泽。有病时羽毛变脆、易脱落,竖立、松乱,翅膀、尾巴下垂,易被污染。正常鸡站卧自然,行动自如,无异常动作。病鸡则出现步态不稳,运动不协调,转圈行走或经常摔倒,头颈歪向一侧或向后仰等症状。

(5) 呼吸的观察。正常鸡的呼吸平稳自然,没有特殊的状态。病鸡应注意观察其呼吸状态,是否有啰音,是否咳嗽、打喷嚏等。

(6) 粪便检查。健康鸡的粪便一般是成形的,以圆锥状多见,表面有一层白色的尿酸盐。常见的异常粪便有以下几种:

①牛奶样粪便。粪便为乳白色,稀水样似牛奶倒在地上,鸡群一般在上午排出这种粪便。这是肠道黏膜充血、轻度肠炎的特征粪便。

②节段状粪便。粪便呈堆形,细条节段状,有时表面有一层黏液。刚刚排出的粪便,水分和粪便分离清晰,多为黑灰或淡黄色。这是慢性肠炎的典型粪便,多见于雏鸡。

③水样粪便。粪便中消化物基本正常,但含水分过多,原因有大肠杆菌病、低致病性禽流感、肾型传染性支气管炎、温度骤然降低的应激、饲料内含盐量过高、环境温度过高等。

④蛋清状粪便。粪便似蛋清状、黄绿色并混有白色尿酸盐,消化物极少。

⑤血液粪便。粪便为黑褐色、茶锈水色、紫红色,或稀或稠,均为消化道出血的特征。如上部消化道出血,粪便为黑褐色、茶锈水色。下部消化道出血,粪便为紫红色或红色。

⑥肉红色粪便。粪便为肉红色,成堆如烂肉,消化物较少,这是脱落的肠黏膜形成的粪便,常见于绦虫病、蛔虫病、球虫病和肠炎恢复期。

⑦绿色粪便。粪便墨绿色或草绿色,似煮熟的菠菜叶,粪便稀薄并混有黄白色的尿酸盐。这是某些传染病和中暑后由胆汁和肠内脱落的组织混合形成的,所以为墨绿色或黑绿色。

⑧黄色粪便。粪便的表面有一层黄色或淡黄色的尿覆盖物,消化物较少,有时全部是黄色尿液。这是肝疾病的特征粪便。

⑨白色稀便。粪便呈白色，非常稀薄，主要由尿酸盐组成，常见于传染性法氏囊病、瘫痪鸡、雏白痢，食欲废绝的病鸡和患尿毒症的鸡。

(7) 皮肤触摸检查。从头颈部、体躯和腹下等部位的羽毛用手逆翻，检查皮肤色泽及有无坏死、溃疡、结痂、肿胀、外伤等。正常皮肤松而薄，易与肌肉分离，表面光滑。若皮肤增厚、粗糙有鳞屑，两小腿鳞片翘起，脚部肿大，外部像有一层石灰质，多见于鸡疥癣病或鸡突变膝螨病；皮肤上有大小不一、数量不等的硬结，常见于马立克氏病；皮肤表面出现大小数量不等、凹凸不平的黑褐色结痂，多见于皮肤型鸡痘；皮下组织水肿，如呈胶冻样者，常见于食盐中毒，如内有暗紫色液体，则常见于维生素E缺乏症。

(8) 嗉囊检查。用手指触摸嗉囊内容物的数量及其性质。嗉囊内食物不多，常见于发生疾病或饲料适口性不好。内容物稀软、积液、积气，常见于慢性消化不良。单纯性嗉囊积液、积气是鸡高烧的表现或唾液腺神经麻痹的缘故。嗉囊阻塞时，内容物多而硬，弹性小。过度膨大或下垂，是嗉囊神经麻痹或嗉囊本身机能失调引起的。嗉囊空虚，是重病末期的象征。

(9) 腹部检查。用于触摸腹下部，检查腹部温度，软硬等。腹部异常膨大而下垂，有高热、痛感，是卵黄性腹膜炎的初期；触摸有波动感，用注射器穿刺可抽出多量淡黄色或深灰色并带有腥臭味的混浊液体，则是卵黄性腹膜炎中后期的表现。如腹部蜷缩、发凉、干燥而无弹性，常见于鸡白痢、内寄生虫病。

(10) 腿部和脚掌的检查。鸡腿负荷较重，患病时变化也较明显。病鸡腿部弯曲，膝关节肿胀变形，有擦伤，不能站立，或者拖着一条腿走路，多见于锰和胆碱缺乏症。膝关节肿大或变长，骨质变软，常见于佝偻病。跗骨显著增厚粗大、骨质坚硬，常见于白血病等。腿麻痹、无痛感、两腿呈"劈叉"姿势，可见于鸡马立克氏病。病初跛行，大腿易骨折，可见于葡萄球菌感染。足趾向内蜷曲，不能伸张，不能行走，多见于核黄素缺乏症。

二、病理学诊断

死鸡剖检应该越早越好，以免尸体腐败，剖检最好能在实验室或者相对封闭的场所进行，以免病原扩散。

(一) 剖检程序

将死鸡浸泡在水中，把羽毛浸透，放在解剖盘中，先把腹壁和两腿之间的皮肤剪开，扒掉皮肤，检查皮下组织和肌肉的变化。然后在腹部横切腹壁，再用剪刀沿着腹壁两侧向前剪断肋骨和胸部肌肉，把整个胸壁揭开，检查腹腔变化。摘除体腔内的器官，进行内脏检查。

(二) 病鸡的剖检

1. 皮下检查 检查重点是皮下组织水肿，颜色及出血情况。皮下组织水肿，有蓝绿色黏液，胸肌有灰白色的条纹，可见于维生素E和硒缺乏。胸部皮下组织和肌肉出血，可见于黄曲霉毒素中毒。急性禽霍乱有时可见到皮下组织和脂肪有小出血点，传染性法氏囊病也有肌肉出血变化，患皮肤型马立克氏病时，皮肤上有肿瘤。

2. 胸腹腔检查 检查重点是腹腔中腹水、血液渗出物等的数量和性状。腹腔中积存血液或凝血块，常见于慢性鸡白痢、脂肪肝等。腹腔中有破碎的鸡蛋黄，或在内脏表面附有淡黄色黏稠的渗出物，可能是大肠杆菌病、慢性鸡白痢、禽霍乱及输卵管破裂等。腹腔及内脏器官表面有石灰样的物质沉着，可能是痛风。雏鸡腹腔内有大量黄绿色渗出液，常见于硒-

维生素E缺乏症。胸腹腔胸腹膜有出血点，见于败血症。胸腹腔中有针头及小米粒大小的灰白或淡黄色结节，则可见于曲霉菌病。

3. 呼吸系统检查 呼吸系统的检查应注意黏膜是否充血、出血，有无痘疹、坏死及分泌物等。鼻腔渗出物增多见于鸡传染性鼻炎、鸡毒支原体病，也见于禽霍乱和禽流感。气管内有伪膜，为黏膜型鸡痘；有大量奶油样或干酪样渗出物，可见于鸡传染性喉气管炎和新城疫。管壁肥厚，黏液增多，见于新城疫、传染性支气管炎、传染性鼻炎和鸡毒支原体病。雏鸡肺有黄色小结节，见于曲霉菌性肺炎；雏鸡白痢时，肺有白色病灶，其他器官也有坏死结节；禽霍乱时，可见到两侧性肺炎，肺呈灰红色；肺表面有纤维素，常见于鸡大肠杆菌病。气囊壁肥厚，有干酪样渗出物，见于鸡毒支原体病、传染性鼻炎等；附有纤维素性渗出物，常见于鸡大肠杆菌病；肺气囊有卵黄样渗出物，为传染性鼻炎的病变。

4. 消化道检查 从咽喉至泄殖腔逐一剖开，主要检查消化道黏膜的出血、肿胀、溃疡、纤维素渗出，肠内容物及肠道寄生虫等情况。食道、嗉囊有散在小结节，为维生素A缺乏症。腺胃黏膜出血，多发生于鸡新城疫和禽流感；鸡马立克氏病时见有肿瘤。肌胃角质层表面溃疡，在成鸡多见于饲料中鱼粉和铜含量太高，雏鸡常见于营养不良；肌胃创伤，常见于异物刺穿；肌胃萎缩，发生于慢性疾病及日粮中缺少粗饲料。胃肠道检查重点是黏膜、内容物的变化及寄生虫等。腺胃乳头出血，肌胃角质膜下出血，腺胃与肌胃交接处溃疡，是鸡新城疫的特征性病变。小肠黏膜深红色，有出血点，表面有多量黏性渗出物，常见于急性禽霍乱、鸡新城疫等。盲肠肿大，肠壁黏膜深红色，肠腔中含有血液或血色内容物，多见于鸡球虫病。盲肠壁肥厚，内含黄色豆腐渣样的物质，可能是鸡盲肠肝炎。盲肠扁桃体肿大出血，可见于鸡新城疫。法氏囊肿大，黏膜出血，内有污黄色豆腐渣样物，多见于传染性法氏囊病。

5. 心脏检查 检查心脏内外颜色，有无肿瘤，心包液多少和有无粘连。心内外膜、心冠脂肪有出血斑点可见于急性禽霍乱、鸡新城疫、禽流感等急性传染病。心冠脂肪组织变成透明的胶冻样，可见于马立克氏病、禽白血病、慢性鸡副伤寒和寄生虫病。心包内积存大量淡黄色液体，混有片状凝块，可见于禽霍乱、鸡伤寒等。心脏变形，有肿瘤结节，常见于马立克氏病。心肌坏死灶，见于雏鸡白痢、李氏杆菌病等。

6. 肝、脾检查 检查体积大小、软硬、颜色、有无出血、肿大、坏死灶等。肝脾肿大，色泽变浅，表面有灰白色斑纹或肿瘤结节，常见于马立克氏病和鸡淋巴性白血病。肝表面有散在、点状、灰白色坏死灶，见于包含体肝炎、鸡白痢、禽霍乱、结核等。肝肿大，充血变红，有灰黄色条纹，或肝呈土黄色，见于雏鸡白痢、副伤寒等。肝肿大，呈铜绿色，多见于慢性鸡伤寒。肝黄色、硬化，表面粗糙不平，可见于黄曲霉毒素中毒。肝包膜肥厚并有渗出物附着，可见于肝硬变、鸡大肠杆菌病和鸡组织滴虫病。脾有大的白色结节，见于鸡急性马立克氏病及鸡淋巴性白血病和鸡结核；有散在微细白点，见于鸡白痢、结核；包膜肥厚伴有渗出物附着及腹腔有炎症和肿瘤，见于鸡卵黄性腹膜炎和马立克氏病。

7. 肾与胰检查 肾显著肿大，见于马立克氏病和淋巴性白血病及肾型传染性支气管炎；肾内白色微细结晶沉着，见于尿酸盐沉积；输尿管膨大，出现白色结石，多由于中毒、痛风等疾病所致。雏鸡胰脏坏死，发生于硒-维生素E缺乏症。

8. 生殖系统检查 产蛋鸡感染沙门氏菌后，卵巢发炎、变形或萎缩；卵巢肿大，见于马立克氏病和淋巴性白血病。输卵管内充满渗出物，常见于鸡沙门氏菌病、大肠杆菌病；输卵管萎缩则见于鸡传染性支气管炎和鸡产蛋下降综合征。睾丸萎缩、有小脓肿，则见于鸡白痢。

9. 法氏囊检查 法氏囊肿大，有出血和水肿，见于传染性法氏囊病；马立克氏病可使法氏囊萎缩；淋巴细胞性白血病时，法氏囊常常有稀疏的肿瘤。

10. 神经系统检查 小脑出血、软化，多发生于幼雏的维生素 E 缺乏症；外周神经肿胀，见于鸡马立克氏病。

三、实验室检验

实验室检验可分为微生物学诊断、寄生虫诊断、免疫学诊断、分子生物学诊断等。

1. 微生物学诊断 微生物学诊断包括采集病料、涂片镜检、病原的分离培养与鉴定、动物接种试验等。

采集病料：为了使微生物学诊断结果准确，必须正确地采集病料。可根据对临床初步诊断所怀疑的疾病，做确诊或鉴别诊断时应检查的项目来确定采集病料的种类，按照无菌操作的要求进行，从濒死或死亡 6h 内的家禽中采取病料，以使病料新鲜。较易采取的病料是血液、肝、脾、肺、肾、脑、腹水、心包液、关节滑液等。

涂片镜检：少数的传染病，如曲霉菌病等，可通过采集病料直接涂片镜检而做出确诊。

病原的分离培养与鉴定：一般细菌可用普通的琼脂培养基、肉汤培养基及血液琼脂培养基。真菌、螺旋体以及某些有特殊要求的细菌则用特殊的培养基。接种后，通常置于 37℃ 恒温箱中进行好氧培养，必要时进行厌氧培养。病毒的分离可接种于健康的鸡胚或鸭胚，胚龄一般以 9～10 日龄为宜。获得的细菌或病毒必须用各种方法做进一步的鉴定，以确定其种属和血清型等。

动物接种试验：一些有明显症状或病理变化的禽病，可将病料做适当处理后接种敏感的同种动物或对可疑疾病最为敏感的动物。将接种后出现的症状、死亡率和病理变化与原来的疾病做比较，作为诊断的论据。

2. 寄生虫学诊断 一些家禽寄生虫病的症状和病理变化比较明显和典型，可做出初步诊断，但大多数禽寄生虫病生前缺乏典型的特征，往往需要从粪便、血液、皮肤、羽毛、气管内容物等被检材料中发现虫卵、幼虫、原虫或成虫之后才确诊。

3. 免疫学诊断 目前较常使用的有凝集试验、血凝试验与血凝抑制试验、沉淀试验、中和试验、溶细胞试验、补体结合试验以及免疫酶技术、免疫荧光技术和放射免疫等，可根据需要和可能进行某些项目的试验。

4. 分子生物学诊断 用于禽病诊断的分子生物学方法主要有聚合酶链式反应（PCR）、核酸探针技术、限制性内切酶片段长度多态性分析（RFLP）、序列分析等。目前常用 PCR 技术。PCR 是模拟体内 DNA 的复制过程，由引物介导和耐 DNA 聚合酶催化在体外扩增特异性 DNA 片段的一种有效方法。目前，PCR 技术常用于检测传染性喉气管炎（ILT）、传染性法氏囊病（IBD）、产蛋下降综合征（EDS-76）、传染性贫血（IA）、传染性支气管炎（IB）、禽流感（AI）等病毒病以及一些细菌和支原体感染等。应用 PCR 技术可直接从各种组织、体液中检测到病毒，无需分离培养，且有较高敏感性，可检出百万分之一的感染细胞，进行单拷贝的 DNA 检测。在应用时，PCR 的技术操作过程及步骤均不断改进，衍生出了多个更具优势的新种类，PCR 与核酸杂交技术相结合，可提高检测的特异性，进行快速诊断和毒株分型，逆转录 PCR 已广泛应用于 RNA 病毒的检测；常温下 PCR 不需扩增仪即可直接扩增模板 DNA 或 RNA，简便快速；多重 PCR 是在同一反应体系中加入 1 对以上的引物，当有与各引物对特异性互补的模板存在时，可在同一反应管中同时扩增出 1 条以上的目的基因。

✅ 实训 1-4　家禽病理剖检技术

【目的要求】学会家禽尸体病理剖检方法；熟悉家禽的各种组织器官，正确识别家禽病理剖检时的病理变化；能结合流行特点、症状及病理变化对疾病建立初步诊断。

【材料】病死禽及活的病禽，剪刀、骨剪、肠剪、镊子、长方形搪瓷盘、标本缸、一次性橡胶手套、工作服、胶靴、围裙、棉花、酒精及碘酊棉球、新洁尔灭、来苏儿、肥皂、毛巾及剖检记录表等。

【方法步骤】病理剖检是临床上诊断禽病的一种重要手段。许多禽病，通过剖检所观察到的特征性病理变化，再结合流行特点及发病症状，即可做出确切的诊断。

（一）剖前检查

剖检前应全面了解病死禽的发病情况，包括症状、流行特点、饲养管理等。检查活病禽的一般体态和异常情况，观察有无运动失调、震颤、麻痹、腿软无力、精神沉郁、失明及呼吸道症状等。对尸体的营养状况、皮肤、鸡冠、肉髯、口腔、眼、鼻、肛门等体表器官进行详细的检查，查看营养状况是否良好或消瘦，营养好而死亡的可能为急性病，消瘦的多为慢性病。

（二）活禽致死

如是活禽，杀死方法有 3 种：在寰枕关节处将头部与颈关节断离（即断颈法，一手提起双翅，另一手掐住头部，将头部急剧转向垂直位置的同时，快速用力向前拉扯）；用带 18 号针头的注射器，从胸前插入 3.5～4cm 到心脏，注入 10～25mL 空气；颈侧动脉放血。

（三）剖检程序

首先将尸体表面及羽毛完全浸湿，然后将其移入搪瓷盆中进行剖检。将禽的尸体背位仰卧，在腿腹之间切开皮肤，然后紧握大腿股骨处，向前、向下、再向外折去，直至股骨头和髋臼分离，这样其两腿可将整个家禽的尸体支撑在搪瓷盆上。

1. 切开皮肤　沿中线先把胸骨峰和肛门间的皮肤剪开，然后向前，剪开胸、颈的皮肤，剥离皮肤，暴露腹、胸、颈部和腿部的肌肉，观察皮下脂肪、皮下血管、胸腺、肌肉及嗉囊等的变化。

2. 剖开胸腹腔　横向剪开腹肌、腹膜，并沿胸骨的两侧，向前将各肋骨、锁骨剪断，抓住龙骨的后端，用力向前向上翻拉，此时大部内脏器官暴露出来，注意观察各脏器的位置、颜色、浆膜的状况，体腔内有无液体，各脏器之间有无粘连等现象。如需采集病料，准备灭菌的容器，采集病料必须无菌操作，防止病料污染。

3. 剖开内部组织器官　剪开心包观察心包膜和心包液，暴露心脏观察心脏外膜、心肌和冠状脂肪，必要时可剖开心脏观察内膜和心肌质地，然后摘除心脏。

剖开喉头、气管、支气管和肺部查看有无出血，炎症及炎症产物和异生物情况。

剖开食道、嗉囊、腺胃、肌胃、小肠、盲肠和大肠直到泄殖腔，并观察黏膜层、肌层、腺体乳头有无病变，包括充血、出血、炎症病变，内容物和寄生虫。

分离腹膜脏层，取出肝、脾、胰腺和肠道。查看肾、输尿管、卵巢、输卵管有无异常。剖开产道和法氏囊，查看输卵管黏膜及法氏囊有无炎症、充血、出血等。

必要时可剖开眶下窦、头部、观察眶下窦及大脑、小脑的病变。检查坐骨神经等。

4. 尸体剖检记录 将剖检所见到的各种病理变化，如实、完整、详细地记录下来，并根据剖检结果、结合发病特点及症状，建立初步诊断（剖检诊断依据可参考表1-2）。

表1-2 组织器官剖检病变及提示的禽病

组织器官	病理变化	提示的禽病
皮下组织	皮下水肿，在胸、腹部及两腿之间的皮下呈蓝紫色或蓝绿色	鸡的渗出性素质（鸡硒或维生素E缺乏）
	皮下出血	常见于某些传染病，如禽霍乱、禽流感、传染性贫血等
	在胸骨的前部皮下发生化脓或坏死	常见于金黄色葡萄球菌感染
肌肉	肌肉苍白	常见于各种原因引起的内出血，如原虫病、磺胺药中毒、肝破裂等
	胸肌、腿肌的条状出血	常见于传染性法氏囊病，此外，传染性贫血、禽霍乱、黄曲霉素中毒等也可见到
	肌肉出现肿瘤	见于马立克氏病
	腓肠肌断裂	常见于病毒性关节炎
腹腔	腹腔内腹水过多	见于腹水综合征、大肠杆菌病、肝硬化等
肝	肝肿大，表面有灰白色、针头大小的坏死灶	见于急性禽霍乱
	肝肿大，表面有大小不等的肿瘤结节	见于马立克氏病、淋巴白血病、禽网状内皮增生病
	肝肿大，表面有纤维素性渗出物覆盖（肝周炎）	常见于大肠杆菌病、支原体病、肉鸡（鸭）腹水综合征、鸭传染性浆膜炎
脾	脾肿大、比正常大2~3倍或更大	见于鸡大肝大脾病
	脾肿大、有散在的灰白色点状坏死灶	可见于鸡白痢、禽伤寒、副伤寒、禽霍乱、鸭传染性浆膜炎；也可见于禽流感、鸭瘟、葡萄球菌病、住白细胞虫病等
	脾肿大、表面有大小不等的肿瘤结节	见于马立克氏病、淋巴白血病、禽网状内皮增生病
腺胃	腺胃球状肿大	见于传染性腺胃炎
	腺胃乳头或黏膜出血	常见于新城疫、禽流感，急性禽霍乱，也可见于传染性贫血等
	腺胃黏膜溃疡、坏死	见于鸭流感
	腺胃乳头水肿	还可见于维生素E缺乏症、禽脑脊髓炎
	腺胃膨大、胃壁增厚、切面呈煮肉样	见于内脏型马立克氏病
	腺胃与肌胃交界处形成出血带或出血点	见于传染性法氏囊病；也可见于禽流感

（续）

组织器官	病理变化	提示的禽病
肌胃	肌胃糜烂、角质膜变黑脱落	多见于饲喂变质鱼粉或霉变饲料所致
肠道	出血性肠炎	多见于小肠球虫病
肠道	盲肠肿胀，充满鲜血液或血凝块，病禽排出鲜血样粪便	多见于盲肠球虫病
肠道	十二指肠前段有芝麻粒大的出血点	见于副伤寒
肠道	肠壁上有大小不等的肿瘤状结节	见于马立克氏病、淋巴白血病、禽网状内皮增生病、棘沟赖利绦虫病
肠道	肠壁上有出血小结节	可见于住白细胞虫病
肠道	小肠内含有黄色干酪样凝固渗出物	见于小鹅瘟、雏番鸭小鹅瘟、白痢等
肠道	盲肠肿大，内含有黄色干酪样凝固渗出物	见于盲肠肝炎
肠道	直肠的条纹状出血	多见于新城疫
肠道	直肠背侧有肿瘤	见于淋巴肉瘤病

5. 剖后处理 剖检完毕，彻底消毒用具、场地，病尸焚毁或深埋作无害化处理。

（四）注意事项

家禽的病例，有些是属于传染病的，要注意避免因剖检工作不周，散播病原，而致疫情扩大。因此，在剖检时应注意下列事项。

1. 注意剖检地点的选择，剖检地点最好是在有一定设备的病理解剖室或房间内进行。野外剖检应在远离生产区的下风处，尽量远离生产区，避免病原的传播。
2. 在剖检过程中，要注意剖检人员的自我防护。
3. 动物死后尽早进行剖检，防止尸体腐败。
4. 剖检后的尸体要进行无害化处理。
5. 剖检时一定要准备消毒药水，要保持清洁和消毒，对所用的器械、用具、地面、工作服要彻底消毒。

思考： 根据病禽剖检病理变化结果，结合流行特点及症状，写一份病例剖检诊治报告。

任务3　禽病的治疗

一、家禽常用药物

（一）兽医化学药物

化学药物主要用于治疗由细菌、寄生虫、病毒感染而引起的家畜疾病，也可用做饲料添加剂。抗菌化学治疗药物主要有抗生素和磺胺类药物等。

1. 抗生素 抗生素治疗只是控制疫病暴发的一种手段。在禽群中应用抗生素时必须考虑以下几个基本原则：

（1）强调预防措施。通过疾病预防尽量降低抗生素的应用是合理用药的基本原则。养殖场采用全进全出的生产模式，尽量避免养殖场中多种年龄禽群的存在，有利于疾病的预防。养禽场合理的生物安全程序可以阻止疾病的传入。工作人员穿工作服、鞋和帽子均能预防疾病的进入和疾病在同一养殖场内或不同养殖场之间的传播。免疫预防可降低家禽疾病的暴发。对种鸡和肉用生产群疫苗的保护效果要进行监测。对疾病感染情况进行血清学监测是制订合理免疫程序的基础。

（2）因病制宜，选择恰当的抗生素进行治疗。养禽业使用抗生素治疗疾病应谨慎，因为抗生素治疗花费巨大，治疗性抗生素只能作为治疗正在发生的疾病的一种手段。例如，鸡患慢性呼吸道病（也称支原体病），不可用青霉素治疗，因为青霉素的杀菌原理是破坏细菌的细胞壁，而支原体没有细胞壁，因此青霉素对支原体病无效。

（3）兽医与饲养管理人员应合理使用抗生素。养禽企业的兽医负责不同地区、不同层次的种禽和肉用禽的生产。他们的工作与技术员、饲养员和生产部经理的关系密切，同时与负责治疗性抗生素使用的所有人员密切联系。应对负责治疗性抗生素使用的人员进行培训，教给他们疾病的常识和给药的方案。兽医仅负责何时开始抗生素治疗并评估抗生素治疗的效果。

（4）重要抗生素，应慎用于动物。兽医人员应了解抗生素耐药性在人医和兽医中的重要性。对于那些用于治疗人或禽类顽固性感染的重要抗生素，使用时应有所保留，以降低耐药性的形成，如氟喹诺酮类只留作治疗其他抗生素无法治愈的细菌病。头孢哌酮、头孢噻肟、头孢曲松、头孢噻吩、头孢拉啶、头孢唑啉、头孢噻啶、罗红霉素、克拉霉素、阿奇霉素、磷霉素、硫酸奈替米星、佛罗沙星、司帕沙星、甲替沙星、克林霉素、妥布霉素、胍哌甲基四环素、盐酸甲烯土霉素（美他环素）、两性霉素、利福霉素等及其盐、酯及单、复方制剂，属于人医临床控制使用的抗菌药物，禁用于食品动物。

（5）对无并发感染的病毒病应避免使用抗生素。禽类的病毒、真菌及其他非细菌性感染不应使用抗生素治疗。兽医应特别关注正在暴发的疾病，决定是否使用抗生素治疗及治疗的时机。在开始进行抗生素治疗之前，要尽最大努力改善与疾病暴发有关的其他致病性管理因素。密切监视发病率和死亡率，进行抗生素治疗之前，首先进行诊断性检测来确定是否有细菌感染。

（6）尽可能缩短治疗时间。在养禽业中抗生素使用的花费很高，兽医和技术员应密切监视抗生素的治疗情况，尽量降低禽群对抗生素的治疗性接触。禽群的治疗达到了预期的临床反应，就应避免延长抗生素的使用时间。

（7）准确记录治疗和结果来评价治疗方案的优劣。保存记录是大型养禽企业生产程序的一部分，如投药成本、治疗效果评价和治疗结果等，这类生产记录应保存于养禽场的历史资料中，作为确定抗生素敏感性变化的参考资料。

2. 磺胺类药物及其增效剂 磺胺类药物属广谱慢作用型抑菌药。本类药物的抗菌谱基本相同，对大多数革兰氏阳性菌和阴性菌均有抑制作用，对某些原虫也有效。对磺胺类药物较敏感的病原菌有链球菌、肺炎球菌、沙门氏菌、化脓棒状杆菌、大肠杆菌、嗜血杆菌等。某些磺胺类药物还对球虫、卡氏白细胞原虫等有较好疗效。与抗菌增效剂的联合应用（4∶1），使其抗菌效果显著增强。

常用磺胺类药物有磺胺嘧啶、磺胺二甲基嘧啶、新诺明、磺胺-5-甲氧嘧啶、磺胺-6-甲氧嘧啶、磺胺氯吡嗪钠等，可用于一般细菌感染（如巴氏杆菌病、传染性鼻炎）、球虫病、住白细胞虫病等。首次用量加倍，维持量减半，每天2次；同时饲料中添加碳酸氢钠和多维素。

3. 抗寄生虫药 抗寄生虫药分为：抗蠕虫药（驱线虫药、驱绦虫药和驱吸虫药）、抗原虫药（抗球虫药、抗滴虫药）、杀虫药（杀昆虫和杀蜱、螨药）。

（1）抗蠕虫药。蠕虫可以分为线虫、绦虫和吸虫三大类。

①驱线虫药。如伊维菌素、阿维菌素等，能使虫体神经肌肉传递受阻，麻痹、死亡。对传播疾病的节肢动物，如蜱、蚊、库蠓、鸡羽虱等均有杀灭效果并干扰其产卵或蜕化。

丙硫苯咪唑：对鸡线虫、吸虫、绦虫均有驱除作用，常用于绦虫病的防治。

左旋咪唑：内服、肌内注射吸收迅速、完全，主要用于消化道线虫的驱虫；另外还具有明显的免疫调节功能。

②驱绦虫药。目前常用的驱绦虫药主要有吡喹酮、氯硝柳胺、硫双二氯酚、丙硫苯咪唑等。

吡喹酮：为较理想的新型广谱驱绦虫药。主要用于鸡绦虫病。对大多数绦虫成虫和未成熟虫体均有高效，加之毒性较小，是较理想的药物。

硫双二氯酚：对鸡多种绦虫有驱除效果，用于治疗绦虫病。

（2）抗球虫药。球虫病主要依靠药物预防，用于预防鸡球虫病药物达50余种，但目前常用的只有20余种。

聚醚类离子载体抗生素：主要有盐霉素、莫能霉素及马杜拉霉素。它们主要通过妨碍孢子和第一代裂殖体中的离子正常平衡，达到预防球虫的目的。其特点为对哺乳动物的毒性较大，仅用于鸡球虫病的预防；不能与泰妙菌素配伍应用；会引起鸡的羽毛生长迟缓或过度兴奋；安全范围较窄。

化学合成抗球虫药：主要有二硝托胺、复方磺胺喹噁啉钠、复方磺胺氯吡嗪钠、复方磺胺-5-甲氧嘧啶、氨丙啉、地克珠利、氯苯胍及常山酮等。

4. 抗病毒药物 抗病毒药物包括金刚烷胺、金刚乙胺、阿昔洛韦、吗啉（双）胍（病毒灵）、利巴韦林等及其盐、酯及单、复方制剂属于农业部公布的禁用兽药，兽医临床已不允许使用。抗病毒中草药，如黄芪多糖、金银花、大青叶、板蓝根、紫锥菊等试用于某些病毒病的防治。紫锥菊、紫锥菊散、紫锥菊口服液作为国家一类新兽药，填补了抗病毒药物的空白。

5. 喹诺酮类药物 为广谱杀菌性抗菌药，如诺氟沙星、环丙沙星、恩诺沙星、氧氟沙星、洛美沙星、二氟沙星、沙拉沙星、达氟沙星等。

6. 喹噁啉类药物 痢菌净（乙酰甲喹）：鲜黄色结晶或粉末，抑制细菌DNA合成，广谱抗菌，抗革兰氏阴性菌的能力强。雏鸡对该药特别敏感，最好不用于1周龄内的雏鸡。卡巴氧及其盐、酯及制剂属禁用兽药。

7. 其他常用抗菌药 硝基咪唑类（甲硝唑、替硝唑、地美硝唑）：用于厌氧菌及组织滴虫感染，已禁止兽用。呋喃西林、呋喃妥因及其盐、酯及制剂；替硝唑及其盐、酯及制剂属禁用兽药。

黄连素：广谱抗生素，口服吸收差，用于肠道感染。

抗真菌药：制霉菌素，用于雏鸡曲霉菌病。

（二）兽医中草药

1. 中草药用于防治禽类病毒病 中草药防治病毒病一般以清热败毒、扶正祛邪为治疗原则，常用大青叶、板蓝根、金银花、连翘、射干、牛蒡子、黄连、穿心莲、黄芩、黄柏、虎杖、野菊花、青黛、防风、蒲公英、鱼腥草等清热败毒，配以淫羊藿、党参、黄芪、白术、山药、甘草、茯苓、当归、刺五加等扶正补气血。还有少数中草药如黄芪既能抗病毒，又能提高机体免疫力。

中草药独特的抗病毒作用已经被国内外医学界和兽医界所证实和认可，它在防治病毒病上已得到广泛应用，尤其是农业部禁止在养殖业中使用抗病毒化学药物之后中草药的应用更为突出。

2. 中草药用于防治禽类细菌病　中草药的抗菌作用，一方面，通过中草药含有抗菌物质如小檗碱、大蒜素、鱼腥草素等植物杀菌素作用于微生物；另一方面，通过调动机体的免疫系统来杀灭微生物。

3. 中草药用于防治禽类寄生虫病　人们用中草药防治球虫病已显示出一定的效果及良好势头。有个别复方制剂疗效还胜过地克珠利，并同防治病毒病等其他疾病一样，既可防治，又可解决兽药残留及耐药性问题，因而亦有很好的发展前景。

4. 中草药用作禽类免疫调节剂和免疫佐剂　已经证实具有提高机体免疫功能的方药有扶正固本类、补阳类、养阴类、活血化瘀类、清热解毒类、收敛类、止血类等。国内有研究用黄芪多糖增强马立克氏病疫苗的血清抗体效价；用玉米花粉多糖增强猪瘟弱毒疫苗的免疫力；美国苏威公司用芦荟提取物乙酰甘露聚糖作为鸡马立克氏病疫苗佐剂，显示出良好的佐剂效应。

5. 中草药用作禽类饲料添加剂　糖萜素饲料添加剂，具有增强动物免疫力、抗菌和抗病毒功能；牛至油预混剂，对猪鸡等畜禽具有抗菌止痢、促进生长作用。

二、用药方法

具体包括混饮、混饲、注射给药、气雾给药、外用给药以及灌服等几种类型。

（一）群体用药法

1. 混饮　是将药物溶于水中，让家禽自由饮用。此法是目前养禽场最常用的方法，用于禽病的预防和治疗。进行饮水给药时，首先，要了解药物在水中的溶解度。易溶于水的药物，能够迅速达到规定的浓度，难溶于水的药物，若经加温、搅拌、加助溶剂后，能达到规定浓度，也可混水给药。当前多采用经厂家加工的可溶性粉剂。其次，要注意饮水给药的浓度。混水浓度可按百分比或毫克/千克计算。再次，要根据饮水量计算药液用量。一般情况下，按24h需水量的2/3加药，任其自由饮用，药液饮用完毕，再给剩余的1/3新鲜用水。若以治疗禽类疫病为目的，最好将病禽全天应用药量分两份，两次混入饮水中给药，每次在3h内饮完为宜。

若药物在水中的稳定性差，或因治疗的需要，可采用"口渴服药法"，即对鸡群停止供水2h后，以24h需水量的1/5加药饮水，让其在1h内饮完。此外，禁止在流水中给药，以避免药液浓度不均匀。

2. 混饲　对于不溶于水的药物，应将其混入饲料中内服，混饲也要将全天的药量分为两份于上午、下午两次给药喂服。混于饲料中时要采用湿拌的方法喂服，即将药内加入适量的水搅拌成悬浮液，用喷雾或泼洒的方法向饲料上均匀地喷洒，使药物充分渗入饲料内，药物在饲料中分布均匀。一般混饲浓度为混饮浓度的2倍。

3. 气雾给药法 气雾给药是利用机械或化学方法,将药物雾化成一定分散度的微滴或微粒,通过家禽呼吸道吸入的给药方法。气雾给药适用于大群给药。气雾给药时,应选用对呼吸道无刺激性、易溶于呼吸道分泌物中的药物。应控制微粒(滴)的大小,越小越易吸入呼吸道深部,但又易被呼气气流排出,在肺黏膜的沉积率低;越大则因重力而沉积于上呼吸道黏膜。通常发挥吸收作用以 3~10μm 的直径为宜;若发挥局部作用则可适当增大直径。氨茶碱、卡那霉素、氟苯尼考等,可用于喷雾给药。病毒与大肠杆菌、支原体混合感染,注射给药时常因应激导致病鸡肝破裂而死亡,所以喷雾给药较为常用。

4. 外部给药法 此法多用于禽的体表,用以杀灭体外寄生虫或微生物。外部给药常用药浴、喷洒、熏蒸等方法。

(二)个体给药法

主要使用于单个治疗或逐只免疫。

1. 皮下注射法 皮下注射的部位有颈部、头部和翅内侧皮下等。其优点是鸡吸收较快,刺激性小。

2. 肌内注射法 肌内注射的部位有腿肌、胸肌和翼根内侧肌内等。其优点是吸收快,药物作用也较稳定。

3. 口服法 其优点是给药剂量易于掌握,用药均匀,但较费事,且较注射给药吸收速度慢。

4. 嗉囊注射法 适用于注射有刺激性及药量要求准确的药物,当鸡张嘴困难而又急需服药时采用。

5. 其他给药法 有滴眼、滴鼻、刺皮等方法,这些方法较简单,就是用滴管把药液滴到鸡的眼或鼻孔内,主要用于鸡的免疫或局部用药。刺皮只是在使用鸡痘疫苗时才用此法,即在鸡冠外或腿、翅、胸等部皮肤用针或笔尖蘸药液划一下即可。

(三)种蛋给药法

1. 集中给药 主要用于种蛋药物浸泡给药,浸泡或熏蒸消毒。

2. 单个给药 主要用于种蛋注射给药、胚胎免疫等。

三、用药量的计算方法

1. 混饲给药用药量的计算方法 混饲给药用药量的计算方法是:每天鸡群的用料量×按要求配用的药物浓度=用药量。

2. 饮水给药用药量的计算方法 配制方法是:药品含量÷欲配制浓度=应加水量。

以在水中加入 2/10 000 呋喃西林为例,其计算方法是:已知呋喃西林片每片含量为 0.05g, 0.05g÷2/10000=250g,即每片 0.05g 的呋喃西林片兑水 250g,即是 2/10 000 的浓度。

四、保健品添加剂

保健品添加剂是众多饲料添加剂的组成部分,饲料添加剂是指在天然饲料的加工、调剂、贮存或饲喂等过程中,人工另外加入的各种微量物质的总称。一般将饲料添加剂分为营养性和非营养性 2 大类。

（一）营养性添加剂

1. 微量元素添加剂 为动物提供微量元素的矿物质饲料叫微量元素添加剂。在饲料添加剂中应用最多的微量元素是铁（Fe）、铜（Cu）、锌（Zn）、钴（Co）、锰（Mn）、碘（I）与硒（Se），这些微量元素除为动物提供必需的养分外，还能激活或抑制某些维生素、激素和酶，对保证鸡体的正常生理机能和物质代谢有着极其重要的作用。

2. 维生素添加剂 维生素是最常用也是最重要的一类饲料添加剂，其中氯化胆碱、维生素 A、维生素 E 及烟酸的使用量所占的比例最大。

维生素添加剂按其溶解性可分为脂溶性维生素和水溶性维生素制剂。

维生素的需要量随鸡品种、生长阶段、饲养方式、环境因素的不同而不同。各国饲养标准所确定的需要量为鸡对维生素的最低需要量，是设计生产添加剂的基本依据。在某些维生素单体的供给量上常常以 2～10 倍设计添加超量，以保证满足鸡生长发育的真正需要。

3. 氨基酸添加剂 氨基酸是构成蛋白质的基本单位，各种氨基酸对鸡体来说都是不可缺少的，但并非全部需由饲料来直接供给，只有那些在禽体内不能自我合成，或合成速度不能满足机体需要的必需氨基酸，才能由饲料给予补充。目前广泛用作鸡饲料添加剂的是赖氨酸与蛋氨酸。

赖氨酸：作为饲料添加剂使用的一般为 L-赖氨酸的盐酸盐，一般添加量为 0.05%～0.3%，即每 1 000kg 饲料添加 500～3 000g。目前赖氨酸添加剂用于鸡饲料的较少。

蛋氨酸：是饲料中最易缺乏的一种氨基酸，天然存在的 L-蛋氨酸与人工合成的 DL-蛋氨酸的生物利用率完全相同，营养价值相等，故 DL-蛋氨酸可完全取代 L-蛋氨酸使用。一般添加量为 0.05%～0.2%，即每 1 000kg 饲料添加 500～2 000g。蛋氨酸在鸡饲料中使用较为普遍。

（二）非营养性添加剂

1. 生长促进剂 作为生长促进剂的非营养性添加剂主要有：抗生素、合成抗菌药、益生素等。

抗生素：目前，我国允许作为饲料添加剂的抗生素有：杆菌肽锌、硫酸黏杆菌素、北里霉素、泰乐菌素、土霉素、盐霉素等。

合成抗菌剂：目前我国批准的有喹乙醇，每 1 000kg 饲料添加 30g，但鸡饲料中一般不用，尤其是蛋鸡料。

益生素：是一类有益的活菌制剂，主要有乳酸杆菌制剂、枯草芽孢杆菌制剂、双歧杆菌制剂、链球菌制剂和曲霉菌类制剂等。

2. 饲料保存剂 饲料保存剂主要是抗氧化剂与防霉剂。

抗氧化剂：抗氧化剂主要用于含有高脂肪的饲料，防止脂肪氧化酸败变质，也常用于含维生素的预混料中，可防止维生素的氧化失效。乙氧基喹啉是目前应用最广泛的一种抗氧化剂，国外大量用于原料鱼粉中，其他常用的还有二丁基羟基甲苯和丁基羟基茴香醚。

防霉剂：主要使用的是苯甲酸及其盐、山梨酸、丙酸与丙酸钙。丙酸及其盐是公认的经济而有效的防霉剂。

3. 生物活性剂 目前，除采用微生物发酵技术或通过从动植物体内提取的方法批量生产酶制剂外，生物技术已用于酶制剂的生产，特别是外源性降解酶，包括纤维素酶、半纤维素酶、β-葡聚糖酶、木聚糖酶和植酸酶等。这类外源性降解酶的主要功能是降解动物难以消化或完全不能消化的物质或抗营养物质，提高饲料营养物质的消化率与利用率，节约饲料成本，同时为开发新的饲料资源开辟了一条新的途径。现在商品酶制剂一般是经过稳定化处理的复合酶制剂或单一的酶制剂，多用于仔猪、家禽和犊牛饲养。

植酸酶是一种能把正磷酸根基团从植酸盐中分裂出来的酶，它是现阶段生产中用量最多的单一酶制剂。

五、兽药残留

兽药残留是兽药在动物源食品中的残留的简称，是指动物产品的任何可食部分所含兽药的母体化合物及（或）其代谢物，以及与兽药有关的杂质。

在动物源食品中较容易引起兽药残留量超标的兽药主要有抗生素类、磺胺类、呋喃类、抗寄生虫类和激素类药物。养殖环节用药不当是产生兽药残留的最主要的原因。

防范兽药残留的措施包括加强宣传，特别是加强对养殖人员安全用药意识的宣传和培养；加强药物生产和使用管理，完善制度，加大处罚力度；建立完善的兽药残留监控体系，严格规定药物的休药期和允许残留量；加大科技投入力度，努力开发高效、残留量少、成本低的兽用药品。

思考题

一、填空题

1. 禽病发生的原因可分为两大类，即_____、_____。
2. 疾病是_____、_____、_____三者相互作用的结果。
3. 活禽扑杀常用的方法有_____和_____。

二、判断题

1. 灭活疫苗的优点有安全性能好、接种途径多。（　　）
2. 活疫苗需要在2~8℃下保存，灭活苗可以在常温下保存。（　　）
3. 鸡痘疫苗的免疫方法是直接肌内注射。（　　）
4. 鸡群气雾免疫接种过程为将雏鸡装在纸箱中，排成一排，喷雾器在距雏鸡40cm处向鸡喷雾，边走边喷，往返2~3遍，将疫苗喷完；喷完后将纸箱叠起，使雏鸡在纸箱中停留0.5h。（　　）

三、选择题

1. 传染病流行过程的3个基本环节是（　　）
   A. 传染源、传播途径和易感动物
   B. 病原体、动物机体和外界环境
   C. 传播途径、易感动物和病原体
   D. 传播途径、易感动物和外界环境
2. （　　）不属于传染源的范畴。
   A. 潜伏期病原携带者　　B. 患病动物
   C. 健康病原携带者　　　D. 携带病原的吸血昆虫
3. 禽病的垂直传播方式是（　　）。
   A. 经胎盘传播　　　　　B. 经卵传播

C. 幼畜出生后在哺乳过程中通过乳汁从母体感染病原
D. 经产道传播

4. （　　）不能垂直传播。
   A. 鸡白痢　　　　　　　B. 禽脑脊髓炎
   C. 马立克氏病　　　　　D. 禽白血病

5. 产生免疫最快的免疫途径是（　　）。
   A. 皮下注射　　　　　　B. 皮内注射
   C. 肌内注射　　　　　　D. 静脉注射

6. 在实践中，最常采取的免疫途径是（　　）。
   A. 饮水　　　　　　　　B. 滴鼻
   C. 肌内注射　　　　　　D. 静脉注射

7. 灭活疫苗免疫首选途径是（　　）。
   A. 滴鼻　　　　　　　　B. 点眼
   C. 饮水　　　　　　　　D. 注射

8. 免疫程序依（　　）不同而不同。
   A. 动物种类　　　　　　B. 动物疫病
   C. 动物用途　　　　　　D. 动物个体

9. 下列关于免疫程序的描述，（　　）是正确的。
   A. 某一特定动物的免疫程序一旦制订，就应该保持相对的稳定性
   B. 某一特定动物的免疫程序一旦制订，就不应修改
   C. 制订免疫程序可因地而宜
   D. 免疫程序的制订应遵循机体的免疫规律

10. 禽流感灭活疫苗一般要求在（　　）条件下贮藏。
    A. －15℃　　　　　　B. －15℃～0℃
    C. 2～8℃　　　　　　D. 常温

11. 鸡新城疫活疫苗一般要求在（　　）条件下贮藏，温度越低，保存时间越长。
    A. －15℃　　　　　　B. 0℃
    C. 2～8℃　　　　　　D. 常温

12. 马立克氏病血清Ⅰ、Ⅱ型疫苗须在（　　）贮藏。
    A. 常温条件下　　　　B. 0℃以下
    C. －15℃以下　　　　D. 液氮中（－196℃）

13. 禽颈部皮下免疫接种的注射部位在（　　）处，用大拇指和食指捏住颈中线的皮肤并向上提起，使其形成一囊。
    A. 颈侧中1/3部位　　B. 颈背部下1/3
    C. 颈侧中1/4部位　　D. 颈背部下1/4

14. 禽皮下免疫接种注射部位宜选择在（　　）。
    A. 翅膀基部　　　　　B. 肉髯部位
    C. 胸部肌内　　　　　D. 颈部

15. 福尔马林熏蒸消毒方法规定福尔马林与高锰酸钾的比例为（　　）。

A. 2∶1 B. 1∶2
C. 3∶1 D. 1∶3

四、问答题

1. 预防禽病的措施有哪些?
2. 禽病的诊断方法有哪些?

传染病

项目一 病毒性传染病

一、新城疫

新城疫（英文简称 ND）也称亚洲鸡瘟，俗称鸡瘟，是由新城疫病毒（NDV）引起的鸡和火鸡的急性高度接触性传染病，常呈败血症经过。主要特征是呼吸困难、下痢、神经机能紊乱以及浆膜和黏膜显著出血。本病传播迅速，死亡率很高，是目前严重危害我国养禽业最主要的禽病之一。世界动物卫生组织（OIE）将本病列为必须报告的疫病。

【病原】NDV 颗粒一般为圆形，具有凝集红细胞的特性，原因是病毒表面血凝素-神经氨酸酶（HN）蛋白能与红细胞表面的受体结合。血凝活性及抗血清的特异性血凝抑制作用是该病诊断的有效手段。NDV 可凝集所有两栖动物、爬行动物和禽的红细胞。

NDV 对热、光等物理因素的抵抗力较强，对化学消毒药物抵抗力不强，常用的消毒药物，如氢氧化钠、苯酚、福尔马林、二氯异氰脲酸钠、漂白粉等在推荐的使用浓度下 5~15min 可将病毒灭活。

所有 NDV 分离株均表现为相同的抗原性，因此认为 NDV 只有一种血清型。

根据 NDV 对鸡和鸡胚毒力的强弱，通常将 NDV 分为三种类型，即速发型（强毒株）、中发型（中毒力株）和缓发型（弱毒株）。不同毒株之间在毒力方面差异较大。

【流行病学】鸡、野鸡、火鸡、珍珠鸡对本病都有易感性，其中以鸡最易感。尤其幼雏和中雏易感性最高，两年以上的老鸡易感性较低。鸭、鹅对本病有抵抗力，但近年来，在我国一些地区出现对鹅有致病力的 NDV；鹌鹑和鸽也有自然感染而暴发新城疫，并可造成大批死亡。哺乳动物对本病有很强的抵抗力，人大量接触 NDV 可表现为结膜炎或类似流感症状。

病禽以及在流行间歇期的带毒鸡是本病的主要传染源。受感染的鸡在出现症状前 24h，其口、鼻分泌物和粪便中已能排出病毒。而痊愈鸡多数在症状消失后 5~7d 就停止排毒。

本病的传播途径主要是呼吸道和消化道，也可经眼结膜、受伤的皮肤和泄殖腔黏膜感染。在一定时间内鸡蛋也可带毒而传播本病。

本病一年四季均可发生，但以春秋季发病较多。发病率和死亡率可达 90% 以上。

【症状】自然感染潜伏期一般为 3~5d。根据临床发病特点将本病分为最急性、急性、亚急性或慢性 3 型。

1. **最急性型** 突然发病，无特征临床症状而迅速死亡。多在流行初期，雏鸡多见。
2. **急性型** 病初体温升高达 43~44℃，食欲减退或废绝，精神萎靡，垂头缩颈，翅膀下垂，眼半开半闭，似昏睡状，鸡冠及肉髯逐渐变为暗红色或暗紫色。产蛋母鸡产蛋量急剧下降，有时可降到40%～60%，软壳蛋增多，甚至产蛋停止。随着病程的发展，出现比较典型的症状：病鸡呼吸困难，咳嗽，有黏液性鼻液，常表现为伸头，张口呼吸，并发出"咯咯"的喘鸣声或尖叫声。嗉囊积液，倒提时常有大量酸臭液体从口内流出。粪便稀薄，呈黄绿色或黄白色，有时混有少量血液。部分病鸡出现明显的神经症状，如翅、腿麻痹等。最后体温下降，不久在昏迷中死亡。

3. 亚急性或慢性 初期临床症状与急性相似，不久后逐渐减轻，但同时出现神经症状，患鸡头颈向后或向一侧扭转，翅膀麻痹，跛行或站立不稳，动作失调，常伏地旋转，反复发作，瘫痪或半瘫痪，一般经10～20d死亡。

个别病鸡可以康复，部分不死病鸡遗留有特殊的神经症状，表现头颈歪斜或腿翅麻痹。

有的鸡貌似健康，但若受到惊扰或抢食时，常突然后仰倒地，全身抽搐伏地旋转，数分钟后又恢复正常。

鹅感染NDV后表现精神不振，食欲减退并有下痢，排出带血色或绿色粪便。有些病鹅在病程的后期出现神经症状，发病率和病死率分别为20%和10%。

鸽感染鸽新城疫病毒（鸽Ⅰ型副黏病毒，PPMV-Ⅰ）时，其临床症状主要是腹泻和神经症状；幼龄鹌鹑感染NDV时，表现神经症状，病死率较高，成年鹌鹑多为隐性感染。火鸡和珍珠鸡感染NDV后，症状一般与鸡相似，但成年火鸡症状不明显或无症状。鸵鸟的发病率和病死率略低于鸡。

【病理变化】本病的主要病变是全身黏膜和浆膜出血，淋巴组织肿胀、出血和坏死，尤其以消化道和呼吸道最为明显。

嗉囊内充满黄色酸臭液体及气体。腺胃黏膜水肿，其乳头或乳头间有出血点，或有溃疡和坏死，此为特征性病理变化。腺胃和肌胃交界处出血明显，肌胃角质层下也常见出血点。肠外观可见紫红色枣核样肿大的肠淋巴滤泡，小肠黏膜出血、有局灶性纤维素样坏死性病变，有的形成伪膜，伪膜脱落后即成溃疡。盲肠扁桃体肿大、出血、坏死，坏死灶呈岛屿状隆起于黏膜表面，直肠黏膜出血明显。心外膜和心冠脂肪有针尖大的出血点。产蛋母鸡卵泡和输卵管显著充血，卵泡膜极易破裂以致卵黄流入腹腔引起卵黄性腹膜炎。腹膜充血或出血。肝、脾、肾无特殊病变。脑膜充血或出血，脑实质无眼观变化，仅在组织学检查时，见有明显的非化脓性脑炎病变。

非典型新城疫病变轻微，仅见黏膜卡他性炎症，喉头和气管黏膜充血，腺胃乳头出血少见，但多剖检数只，可见部分病鸡腺胃乳头有少量出血点，直肠黏膜和盲肠扁桃体多见出血。

鹅新城疫最明显和最常见的病理变化在消化器官和免疫器官。部分病例的腺胃及肌胃黏膜充血出血。肠道黏膜出血、坏死、溃疡。心肌变性，有的心包积液。病鹅脾肿大、瘀血，有大小不等灰白色坏死灶。胰腺有坏死灶，偶见出血点。大多数病鹅的法氏囊和胸腺萎缩。

【诊断】病毒分离和鉴定是诊断新城疫最可靠的方法。常用鸡胚接种、血凝试验和血凝抑制试验、中和试验及荧光抗体试验等。但应该注意，从鸡体内分离到的NDV不一定是强毒，不能证明该鸡群流行新城疫，因为有的鸡群存在弱毒和中等毒力的NDV。

临床上本病易与禽流感和禽霍乱相混淆，应注意区别。

禽流感病禽呼吸困难和神经症状不如新城疫明显，嗉囊没有大量积液，常见皮下水肿和黄色胶样浸润，黏膜、浆膜和脂肪出血比新城疫广泛而明显，且禽流感肌内和脚爪部鳞片出血明显，通过红细胞凝集（HA）和红细胞凝集抑制（HI）可做出诊断。禽霍乱，鸡、鸭、鹅均可发病，但无神经症状，肝有灰白色的坏死点，心血涂片或肝触片，染色镜检可见两极浓染的巴氏杆菌，抗生素类药物治疗有效。

【预防与治疗】目前尚无有效的治疗方法，预防本病仍是禽病防疫工作的重点。

1. 采取严格的生物安全措施 ①做好日常的隔离、卫生、消毒制度；②防止一切带毒动物（特别是鸟类、鼠类和昆虫）和污染物进入禽群；③进出的人员和车辆及用具必须消毒处理；④饲料和饮水来源安全；⑤不从疫区引进种蛋和苗鸡，新购进的鸡必须隔离观察2周以上，证明健康者，方可合群；⑥要实行场区或栋舍化的全进全出制度；⑦禽场的选址、生产的规模等均考虑有利于防止病原体的进入。

2. 做好预防接种工作 按照科学的免疫程序，定期预防接种是防制本病的关键。

免疫失败的主要原因包括：①雏鸡的母源抗体或其他年龄鸡群的残留抗体水平较高，接种疫苗后新城疫疫苗被部分中和掉，不能获得坚强免疫力。②免疫后时间较长，保护力下降到临界水平，当鸡群内本身存在NDV强毒循环传播，或有强毒侵入时，仍可发病。③接种疫苗剂量不足。④免疫方法不当，导致效力降低。⑤鸡群有其他疫病，特别是免疫抑制性疫病存在等。

（1）正确选择疫苗。新城疫疫苗分为活疫苗和灭活疫苗两大类。活疫苗接种后疫苗在体内繁殖，刺激机体产生体液免疫、细胞免疫和局部黏膜免疫。灭活疫苗接种后无病毒增殖，靠注射入体内的抗原刺激产生体液免疫，对细胞免疫和局部黏膜免疫无大作用。目前，国内使用的活疫苗有Ⅰ系苗（Mukteswar株）、Ⅱ系苗（Bl株）、Ⅲ系苗（F株）、Ⅳ系苗（LaSota株）和V4弱毒苗。Ⅰ系苗是一种中等毒力的活疫苗，绝大多数国家已禁止使用，我国家禽生产中也逐步停止使用。Ⅱ、Ⅲ和Ⅳ系苗属弱毒疫苗，各种日龄鸡均可使用，多采用滴鼻、点眼、饮水及气雾等方法接种，但气雾免疫最好在2月龄以后采用，以防诱发慢性呼吸道疾病。V4弱毒苗具有耐热和嗜肠道的特点，适用于热带、亚热带地区散养的鸡群。灭活疫苗的质量取决于所含有的抗原量和佐剂，灭活疫苗对鸡安全，可产生坚强而持久的免疫力，但是注射后需10~20d才产生免疫力。灭活苗和活苗同时使用，活苗能促进灭活苗的免疫反应。

（2）制订合理的免疫程序。主要根据雏鸡母源抗体水平确定最佳首免日龄，以及根据疫苗接种后抗体滴度和鸡群。生产特点，确定加强免疫的时间。一般母源抗体HI在$3Log_2$时可以进行第1次免疫，在HI高于$5Log_2$时，进行首免几乎不产生免疫应答。

（3）建立免疫监测制度。在有条件的鸡场，定期检测鸡群血清HI抗体水平，全面了解鸡群的免疫状态，确保免疫程序的合理性以及疫苗接种的效果。

3. 发生新城疫时的紧急措施 鸡群一旦发生本病，应立即封锁鸡场，禁止转场或出售，可疑病鸡及其污染的羽毛、垫草、粪便应焚烧或深埋，污染的环境进行彻底消毒，并对鸡群进行紧急接种。待最后一个病例处理后2周，不再有新病例发生，并通过彻底消毒，方可解除封锁。

疫苗紧急接种雏鸡可采用2~3倍量的Ⅳ系或C_{30}，2月龄以上的鸡可使用2~3倍量的Ⅰ系疫苗对鸡群进行紧急接种，开产的种鸡可接种流行株灭活疫苗或使用2~3倍量的Ⅰ系疫苗紧急接种，接种顺序为假定健康群，然后为可疑群，最后为病鸡群。高免血清和卵黄抗体有一定免疫作用，但成本太高，且存在很多隐患，一般不建议采用。

相关链接：你知道新城疫的来历吗？它和亚洲鸡瘟、学名上的鸡瘟、民间俗称的鸡瘟是一回事吗？

提示：一般认为，新城疫于1926年首次暴发于印度尼西亚的爪哇，同年秋天发现于英国的纽卡斯尔（Newcastle-on-Tyne），1927年Doyle分离到病毒，经研究证明，其与鸡瘟（禽流感）病原不同，为避免混淆，Doyle就临时命名为"Newcastle disease"，即新城疫，并沿用至今。亚洲是该病的常在地，在许多国家呈地方流行性，为了与当时欧洲流行的鸡瘟相区别，故又称亚洲鸡瘟，学名上的鸡瘟实际上指禽流感，我国民间俗称的鸡瘟是新城疫。

实训 2-1　鸡新城疫的抗体监测

【目的要求】

1. 学会用微量血凝抑制试验检测新城疫免疫抗体。
2. 了解鸡新城疫免疫监测的判定标准。

【材料】

1. 仪器设备　微量血凝板，V型、96孔；微型振荡器；塑料采血管（内径2mm的聚乙烯塑料管，剪成10～12cm长）；50μL移液器。

2. 试剂

（1）稀释液。

pH　7.0～7.2　磷酸缓冲盐水

氯化钠（GB1266-77）	170g
磷酸二氢钾（GB1274-77）	13.6g
氢氧化钠（GB629-77）	3.0g
蒸馏水	1 000mL

高压灭菌，4℃保存，使用时作20倍稀释。

（2）浓缩抗原。采用新城疫LaSota毒株接种鸡胚，收获尿囊液，由指定研究单位提供。

（3）0.5%红细胞悬液。采集成年鸡血，用20倍量磷酸缓冲盐水洗涤3～4次，每次以2 000r/min离心3～4min，最后1次5min，用磷酸缓冲盐水配成0.5%悬液。

（4）标准阳性血清。采自高度免疫的鸡，由指定单位提供。

3. 被检血清　每群鸡随机采集20～30份血样，分离血清。

采血法：先用三棱针刺破翅下静脉，随即用塑料管引流血液至6～8cm长。将管一端烧融封口，待凝固析出血清后以1 000r/min离心5min，剪断塑料管，将血清倒入一块塑料板小孔中。若需较长时间保存，可在离心后将凝血块一端剪去，滴入融化石蜡封口，于0℃保存。

【方法步骤】

（一）操作方法

1. 微量血凝试验

（1）于微量血凝板的每孔中滴加稀释液50μL，共滴4排。

（2）吸取 1∶5 稀释抗原滴加于第 1 列孔，每孔 50μL，然后由左至右顺序倍比稀释至第 11 列孔，再从第 11 列孔各吸取 50μL 弃之。最后 1 列不加抗原作对照。

（3）于每孔中加入 0.5％红细胞悬液 50μL。

（4）置微型振荡器上振荡 1min，或手持血凝板绕圆圈混匀。

（5）放室温下（18～20℃）30～40min，根据血凝图像判定结果。

以出现完全凝集的抗原最大稀释度为该抗原的血凝滴度（图 2-1）。每次 4 排重复，以几何均值表示结果。

（6）计算出含 4 个血凝单位的抗原浓度。按下式进行计算：

$$抗原应稀释倍数＝血凝滴度/4$$

2. 微量血凝抑制试验

（1）先取稀释液 50μL，加入微量血凝板的第 1 孔，再取浓度为 4 个血凝单位的抗原依次加入 3～12 孔，每孔 50μL，第 2 孔加浓度为 8 个血凝单位的抗原 50μL。

（2）吸取被检血清 50μL 加于第 1 孔（血清对照）中，挤压混匀后吸 50μL 于第 2 孔，依次倍比稀释至第 12 孔，最后弃去 50μL。

（3）置室温（18～20℃）下作用 20min。

（4）滴加 50μL 0.5％红细胞悬液于各孔中，振荡混合后，室温下静置 30～40min，判定结果（图 2-1）。

（5）每次测定应设已知滴度的标准阳性血清对照。

图 2-1　血凝试验（HA）、血凝抑制（HI）示意图
A、C. HA 试验：凝集到第 9 孔；凝集价 512
B、D. HI 试验：抑制到第 6 孔；抗体水平 6 个滴度
（引自杜元钊，《禽病诊断与防治图谱》，2005）

（二）结果判定

1. 在对照出现正确结果的情况下，以完全抑制红细胞凝集的最大稀释度为该血清的血凝抑制滴度。

2. 若有 10％以上的鸡出现 11 $\log_2$ 以上的高血凝抑制滴度，说明鸡群已受新城疫强毒感染。

3. 若监测鸡群的免疫水平，则血凝抑制滴度在 4 $\log_2$ 的鸡群保护率为 50％左右；在 4$\log_2$ 以上的保护率达 90％～100％；在 4$\log_2$ 以下的非免疫鸡群保护率约为 9％，免疫过的鸡群约为 43％。鸡群的血凝抑制滴度以抽检样品的血凝抑制滴度的几何平均值表示，如平均水平在 4$\log_2$ 以上，表示该鸡群为免疫鸡群。

思考：测定某鸡群 30 份血清样品的 HI 滴度，计算其平均值，并对结果做出评价。

二、禽流感

高致病性禽流感（禽流感英文简称 AI）是由 A 型流感病毒引起的以禽类为主的烈性传染病。该病的流行特点是发病急骤、传播迅速、感染谱广、流行范围大，并可引起鸡和火鸡的大批死亡。世界动物卫生组织将其列为必须报告的动物传染病，我国将其列为一类动物疫病。根据 A 型流感病毒致病性的强弱，禽流感病毒可分为高致病性、低致病性和无致病性 3 种。无致病性禽流感不会引起明显症状，仅使发病的禽体内产生病毒抗体；低致病性禽流感可使禽类出现轻度呼吸道症状，食量减少，产蛋量下降，出现零星死亡；高致病性禽流感（HPAI）最为严重，发病率和死亡率均高，导致 100% 死亡。通常说的禽流感是指高致病性禽流感，除高致病性禽流感之外的禽流感统称为低致病性禽流感（MPAI）。

【病原】禽流感病毒（AIV）粒子一般为球形，其囊膜的表面有 2 种不同的纤突即血凝素（HA）和神经氨酸酶（NA），根据 HA 和 NA 的不同，又分为许多亚型。目前已确定的 HA 亚型有 16 种（H1～H16）、NA 亚型 9 种（N1～N9）。每任意两个组合构成一个亚型，这些亚型的组合可达 144 种，一般用 H1N1、H2N2、H5N1 等来表示不同病毒的亚型。至今所有分离到的强毒株均是 H5 或 H7 亚型，但也分离到部分 H5 或 H7 亚型分离株仍属于低致病性的，而所有其他亚型毒株对禽类均为低致病性。

禽流感病毒变异的频率较高，最近几年禽流感病毒变异速度较快，目前流行的 H5N1 与 1997 年及 2004 年初的 H5N1 毒株相比，基因已有所不同。

禽流感病毒的抵抗力不强。热、干燥、阳光照射和常用消毒药容易将其灭活。

【流行病学】鸡、火鸡、鸭、鹅、鹌鹑、雉鸡、鹧鸪、鸵鸟、孔雀等多种禽类易感，多种野鸟也可感染发病。

主要传染源为病禽（野鸟）和带毒禽（野鸟）。病毒可长期在污染的粪便、水等环境中存活。

病毒传播主要通过接触感染禽（野鸟）及其分泌物和排泄物、污染的饲料、水、蛋托（箱）、垫草、种蛋、鸡胚和精液等媒介，经呼吸道、消化道感染，也可通过气源性媒介传播。

该病一年四季都可发生，但以晚秋和冬春寒冷季节多见。本病常突然发生、传播迅速，呈地方性流行或大流行形式。当鸡和火鸡受到高致病力毒株侵袭时，死亡率极高。

【症状】急性发病死亡或不明原因死亡，潜伏期从几小时到数天。常表现为突然发病；体温升高、呆立、闭目昏睡；产蛋量大幅度下降或停止，头面部水肿，无毛处皮肤和鸡冠、肉髯等出血、发绀，流泪；呼吸高度困难，不断吞咽、甩头，口流黏液，叫声沙哑，头颈部上下点动或扭曲颤抖；排黄白、黄绿或绿色稀粪。鸭、鹅等水禽可见神经和腹泻症状，有时可见角膜炎症，甚至失明。急性者发病后数小时死亡，多数病例病程为 2～3d，致死率可达 100%。

【病理变化】病理变化表现为皮下、浆膜下、黏膜、肌内及各内脏器官的广泛性出血，尤其是腺胃黏膜可呈点状或片状出血，腺胃与食道交界处、腺胃与肌胃交界处有出血带或溃疡。喉头、气管有不同程度的出血，管腔内有大量黏液或干酪样分泌物。卵巢和卵子充血、出血。输卵管内有多量黏液或干酪样物；卵泡充血、出血、萎缩、破裂。整个肠道特别是小肠，从浆膜层即可看到肠壁有大量黄豆至蚕豆大出血斑或坏死灶（即枣核样坏死）。盲肠扁桃体肿胀、出血、坏死。胰出血或有黄色坏死灶。有些病例头颈部皮下水肿。腿部可见充血、出血；脚部鳞片瘀血、出血、紫黑色，脚趾肿胀，伴有瘀斑性变色。鸡冠、肉髯极度肿胀并伴有眶周水肿。

【诊断】根据该病的流行病学特点、症状及病理变化可做出初步诊断。确诊要进行实验室检查。

1. 病毒分离与鉴定 取禽类的泄殖腔或口腔拭子以及发病动物的肝、脾、肾、胰腺、脑、肺等脏器，经常规方法除菌后，接种 9~11 日龄鸡胚尿囊腔或羊膜腔内，35℃孵育 2~4d，取鸡胚尿囊液做血凝试验，若为阳性，则证明有病毒繁殖，然后再用琼脂扩散试验和血凝抑制试验分别做病毒型和亚型鉴定。

2. 分子生物学诊断方法 目前最常用的是反转录-聚合酶链反应（RT-PCR），即以病毒某个节段的 RNA 为模板，先进行反转录，得到互补 DNA（即 cDNA），再进行 DNA 扩增，结合电泳技术做出诊断，该法特异性强、灵敏、快速。

特别需要注意的是进行高致病性禽流感的诊断和病原操作时，一定要按照我国颁布的高致病性禽流感防治技术规范的有关规定进行。病原学诊断由禽流感国家参考实验室进行。

【预防与治疗】

1. 健全生物安全管理措施 良好的生物安全措施是切断疫病传播途径的关键，因此对每个养殖场来说，应时刻将生物安全放在首位。

（1）引进禽类及其产品时，一定要从无污染 AIV 的鸡场引进。

（2）饲养场地应与外界尽量隔离，减少人员流动，谢绝外来人员参观；禽舍的窗上要设隔离网，严防野鸟从门、窗进入舍内；还要注意饮水和饲料的保护，防止其被野鸟粪污染。

（3）饲养场的门口和禽舍的门口要设消毒池，对来往车辆及入场和入舍的人员进行严格消毒，以减少禽流感病毒经车辆轮胎和鞋的传播。

（4）严禁场内工作人员在家饲养家禽和鸟类，并尽量限制人员出入场的次数。

（5）工作人员进入生产区前应经过严格消毒、更衣，工作服应每天用消毒水浸泡、清洗。

（6）对饲养场的门、禽舍的门及其周围环境应定期消毒，并用可以带鸡消毒的消毒剂对鸡舍进行定期带鸡消毒。

（7）做好灭虫、灭鼠工作。

（8）加强对粪便的消毒处理，必须将粪便发酵后才可施到田里。死亡禽尸体必须焚烧或深埋，防止野鸟啄食或野生动物吞食而传播病毒。

2. 疫苗免疫接种 我国已研制了多种有效的油乳剂灭活疫苗和重组活疫苗。

（1）灭活疫苗。禽流感有很多亚型，不同亚型毒株之间交叉保护性较差，传统理论认为应用灭活疫苗可以预防同一类型血凝素的禽流感病毒引起的发病和死亡，但 H5 亚型的禽流感病毒似乎是例外，H5N2 亚型灭活疫苗对部分 H5N1 亚型的病毒株的保护效果较差，H5N1 亚型 Re-1 株灭活疫苗对 H5N1 Re-4 型变异株几乎没有保护力。

我国目前使用的 3 个禽流感 H5N1 亚型疫苗株（Re-1 株、Re-4 株和 Re5 株），均为采用反向遗传操作技术构建的重组疫苗株。2004 年 Re-1 株疫苗在全国广泛使用，在禽流感多发的国际形势下，对我国鸡群起到了较好的预防保护效果。2006年Re-4疫苗在我国大部分地区使用，对鸡和鸭禽流感的防制起到了较好的预防效果。随着病毒抗原性的不断变异，免疫鸡群中部分鸡发病的现象时有发生。2008年初Re-5疫苗研制成功，对目前变异毒株的防制起到了一定的作用，且Re-5株涵盖了Re-1的部分免疫原性，在一定程度上可以替代Re-1疫苗使用。

我国目前使用的禽流感H9N2亚型疫苗株主要有3个：SD696s株、Re-2株、SS株及HL株。传统的疫苗株对目前出现抗原性变化的H9分离毒仍具有较好的保护效果，用流行毒株制备的疫苗则具有更好的保护效果。

（2）禽流感重组鸡痘病毒载体活疫苗（H5亚型）。这种疫苗可表达H5亚型禽流感病毒HA和NA蛋白，突出特点是：重组体不产生琼脂扩散试验（AGP）可以检出的沉淀抗体。用这种疫苗免疫的鸡群在野毒感染前一直为AGP阴性，只要出现AGP阳性就表明一定是被野毒感染了。应用这种疫苗不影响对鸡群的免疫监测和检疫。

（3）重组新城疫-禽流感二联活疫苗。利用反向基因操作技术将H5亚型禽流感病毒HA基因片断插入到新城疫弱毒活疫苗La Sota株中，目的是使用一种疫苗能防2种传染病。该疫苗在实际生产中的使用效果不如实验室中效果好，生产中已经停用。

（4）免疫程序。一般说来，质量可靠的AI油苗免疫接种后7～14d产生抗体，HI抗体最早在7d可检出，AGP抗体最早在14d可检出，真正具有保护作用应在免疫15d以后。免疫较好的鸡群抗体滴度应均匀，禽流感HI效价应在6 Log_2以上，一般为7Log_2～8 Log_2。需要强调的是，进行HI检测时必须使用对应的抗原，否则查不出相应的抗体。各地应根据当地的疫情建立自己的免疫程序，应确保在开产前，Re-5、Re-4及H9亚型至少免疫3次。对蛋种鸡来说，7～10日龄首免，剂量为0.3～0.5mL；28～30日龄二免，剂量为0.5mL；120～140日龄三免；35～40周龄，应加强免疫。肉仔鸡可根据易发日龄来确定免疫日龄，一般为1～10日龄，皮下或肌内注射0.2～0.4mL。

我国对高致病性禽流感实行强制免疫制度，免疫密度必须达到100%，抗体合格率达到70%以上。预防性免疫要按农业部制定的免疫方案中规定的程序进行。突发疫情时的紧急免疫要按有关条款进行。所用疫苗必须采用农业部批准使用的产品，并由动物防疫监督机构统一组织、逐级供应。所有易感禽类饲养者必须按国家制定的免疫程序做好免疫接种，当地动物防疫监督机构负责监督指导。定期对免疫禽群进行免疫水平监测，根据群体抗体水平及时加强免疫。

3. 发病后的控制措施 一旦发生高致病性禽流感，应立即封锁疫区，对所有感染禽只和可疑禽只（包括相关产品）一律进行扑杀、焚烧，封锁区内严格消毒。高致病性禽流感的扑灭，应按农业部颁发的处置方案进行。

相关链接：真性鸡瘟与A型禽流感是不是一回事？亚洲鸡瘟和欧洲鸡瘟是一种病吗？
答案：不是一回事。禽流感最早是1878年发生在意大利，历史上称为"鸡瘟"。1955年证实病原是A型流感病毒，1981年第一届国际禽流感学术研讨会上废除"鸡瘟"这一名称，改称为禽流感。禽流感或A型流感包括高致病性禽流感和非高致病性禽流感。真性鸡瘟是高致病性禽流感的旧称。亚洲鸡瘟和欧洲鸡瘟不是一种病，分别指新城疫和禽流感。

实训 2-2　禽流感防控技术

【目的要求】 学会禽流感样品采集、保存和运输；消毒技术；扑杀方法；无害化处理。

【材料】

样品采集、保存和运输用具：剪子、镊子、棉拭子、塑料袋或瓶、PBS 液等。

消毒设备和必需品：扫帚、叉子、铲子、锹和冲洗用水管；喷雾器、火焰喷射枪、消毒车辆、消毒容器等；清洁剂、醛类、强碱、氯制剂类等合适的消毒剂；防护服、口罩、胶靴、手套、护目镜等。

扑杀及无害化处理用具：密封袋、二氧化碳等。

【方法步骤】

（一）样品采集、保存和运输

活禽病料应包括气管和泄殖腔拭子，最好是采集气管拭子。小珍禽用拭子取样易造成损伤，可采集新鲜粪便。死禽采集气管、脾、肺、肝、肾和脑等组织样品。

将每群采集的 10 份棉拭子，放在同一容器内，混合为一个样品；容器中放有含有抗生素的 pH 为 7.0～7.4 的磷酸盐缓冲液（PBS）。抗生素的选择视当地情况而定，组织和气管拭子悬液中应含有青霉素（2 000U/mL）、链霉素（2mg/mL）、庆大霉素（50μg/mL）、制霉菌素（1 000U/mL）。但粪便和泄殖腔拭子所有的抗生素浓度应提高 5 倍。加入抗生素后 pH 应调至 7.0～7.4。

样品应密封于塑料袋或瓶中，置于有制冷剂的容器中运输，容器必须密封，防止渗漏。

样品若能在 24h 内送到实验室，冷藏运输。否则，应冷冻运输。若样品暂时不用，则应冷冻（最好 $-70℃$ 或以下）保存。

（二）消毒技术

1. 圈舍、场地和各种用具的消毒。

（1）对圈舍及场地内外采用喷洒消毒液的方式进行消毒，消毒后对污物、粪便、饲料等进行清理；清理完毕再用消毒液以喷洒方式进行彻底消毒，消毒完毕后再进行清洗；不易冲洗的圈舍清除废弃物和表土，进行堆积发酵处理。

（2）对金属设施设备，可采取火焰、熏蒸等方式消毒；木质工具及塑料用具采取用消毒液浸泡消毒；工作服等采取浸泡或高温高压消毒。

2. 疫区内可能被污染的场所应进行喷洒消毒。

3. 污水沟、水塘可投放生石灰或漂白粉。

4. 运载工具清洗消毒。

（1）在出入疫点、疫区的交通路口设立消毒站点，对所有可能被污染的运载工具应当严格消毒。

（2）对从车辆上清理下来的废弃物进行无害化处理。

5. 疫点每天消毒 1 次，连续 1 周，1 周以后每 2 天消毒 1 次。疫区内疫点以外的区域每 2 天消毒 1 次。

（三）扑杀方法

1. 窒息　先将待扑杀禽装入袋中，置入密封车或其他密封容器，通入二氧化碳窒息致死；或将禽装入密封袋中，通入二氧化碳窒息致死。

2. 扭颈 扑杀量较小时采用。根据禽只大小,一手握住头部,另一手握住体部,朝相反方向扭转拉伸。

(四) 无害化处理

所有病死禽、被扑杀禽及其产品、排泄物以及被污染或可能被污染的垫料、饲料和其他物品应当进行无害化处理。清洗所产生的污水、污物进行无害化处理。

无害化处理可以选择深埋、焚烧或高温高压等方法,饲料、粪便可以发酵处理。

1. 深埋

(1) 选址。应选择地表水位低,远离学校、公共场所、居民住宅区、动物饲养场、屠宰场及交易市场、村庄、饮用水源地、河流等的地域。位置和类型应当有利于防洪。

(2) 坑的覆盖土层厚度应大于 1.5m,坑底铺垫生石灰,覆盖土以前再撒一层生石灰。

(3) 禽类尸体置于坑中后,浇油焚烧,然后用土覆盖,与周围持平。填土不要太实,以免尸腐产气造成气泡冒出和液体渗漏。

(4) 饲料、污染物等置于坑中,喷洒消毒剂后掩埋。

2. 工厂化处理 将所有病死禽畜、被扑杀禽畜及其产品密封运输至无害化处理厂,统一实施无害化处理。

3. 发酵 饲料、粪便可在指定地点堆积,密封彻底发酵,表面应进行消毒。

思考:发生高致病性禽流感时如何进行样品采集、保存和运输?

三、传染性法氏囊病

传染性法氏囊病(IBD),又称甘保罗病,是由传染性法氏囊病病毒(IBDV)引起幼鸡的一种急性高度接触性传染病。临床上以法氏囊肿大、出血,肌肉出血和肾肿胀并有尿酸盐沉积为特征。幼鸡感染后,可导致免疫抑制,并可诱发多种疫病或使多种疫苗免疫失败。

【病原】 目前已知传染性法氏囊病病毒(IBDV)有 2 个血清型,即血清 I 型(鸡源性毒株)和血清 II 型(火鸡源性毒株)。只有血清 I 型对鸡致病,血清 II 型感染火鸡但不致病。血清 I 型又分为 6 个亚型,亚型之间的交叉保护率为 10%~30%,这种抗原的差异是免疫失败的主要原因之一。按 IBDV 的致病力可分为致弱毒株(疫苗株:弱毒株、中等毒株、中等偏强毒株)、经典强毒株(cIBDV)、超强毒株(vvIBDV)及抗原变异株(vIBDV)。传统疫苗株对超强毒株及抗原变异株的交叉保护率仅为 10%~30%,因此,这又是免疫失败或免疫效果不理想的另一原因。

IBDV 在外界环境中极为稳定,病毒特别耐热、耐阳光及紫外线照射。病毒耐酸不耐碱,对酚制剂、甲醛、强碱、氯制剂、碘制剂等消毒剂较敏感。

【流行病学】 鸡对本病最易感,主要发生于 2~15 周龄的鸡,以 3~6 周龄的鸡最易感。近年来,该病发病日龄范围已大为扩展,小至 10 日龄左右,大到 138 日龄的鸡群均有发病的报道。成年鸡多呈隐性经过。该病宿主群体也在拓宽,麻雀、鸭和鹅也成为病毒的自然宿主。

病鸡和带毒鸡是主要的传染源,其粪便中含有大量的病毒,在鸡舍内能够持续存在

122d。本病可直接接触传播，也可经污染的饲料、饮水、垫料、用具等间接接触传播。感染途径包括消化道、呼吸道和眼结膜等。尚无垂直传播的证据。

本病流行特点是突然发生，传播迅速，感染率及发病率高，呈尖峰式死亡，死亡率一般在20%～30%。超强毒株感染，鸡群的死亡率可达70%以上。本病常与新城疫、慢性呼吸道疾病、大肠杆菌病等并发或继发感染。

近年来，由于超强毒株及抗原变异株的出现，IBD的发生和流行又出现新的特点：①发病日龄提前或滞后，高日龄鸡群患病后形成区域性暴发；②发病多集中在15～30日龄，这是因为母源抗体逐渐消失，而新免疫抗体还不足以获得完全保护；③宿主群体范围拓宽；④非典型病例增多，多为反复发病；⑤出现超强毒株或抗原变异株，导致免疫鸡仍然可以发病，发病鸡群以出现亚临床型症状为主。

【症状】

1. 典型感染 潜伏期2～3d，鸡群常突然发病，并迅速波及鸡群。病鸡表现精神不振、食欲下降，羽毛蓬乱，翅膀下垂，呆立，有的病鸡自啄肛门；排白色或黄白色的稀便；严重病鸡伏地、机体脱水，趾爪干瘪，眼窝凹陷，最后极度衰竭死亡。发病3d后，体温常升高随后下降，3～7d死亡率较高，随后迅速减少，呈尖峰式死亡，病程约7d。如果鸡群死亡数量再次增多，往往预示继发感染，病程可达半月之久。发病后期易继发鸡新城疫及大肠杆菌病等，使死亡率增高。

2. 非典型感染（亚临床感染） 本型通常发生于3周龄内的鸡，症状不明显，主要表现为少数病鸡精神不振，食欲减退，轻度腹泻，也不呈尖峰式的死亡，死亡率一般在3%以下。病程延长，同批鸡群常会出现反复发病，并且病例不断增多。本型主要引起免疫抑制，从而引发许多并发症和继发症。

【病理变化】

1. 典型感染 常呈现脱水，胸肌、腿肌有不同程度的条状或斑状出血；腺胃和肌胃交界处有条状出血；病鸡肾有不同程度肿胀、肾小管和输尿管内有白色尿酸盐沉积，肾呈"花斑状"；特征性病变是法氏囊肿大，比正常肿大2倍以上，浆膜水肿，表面有浅黄色胶冻样渗出液。剖开囊壁，内有奶油样、干酪样或果酱样渗出物，有出血点或出血斑，严重时法氏囊呈紫葡萄状，感染后期，法氏囊萎缩，囊壁变薄，呈灰色或蜡黄色，黏膜皱褶不清或消失。

2. 非典型感染 发病初期剖检出现法氏囊肿大、肾肿大，后期才见到法氏囊的典型病变，故给初期的诊断带来难度，有时胸肌、腿肌有轻度出血。

【诊断】根据流行特点及特征性的病变可做出现场诊断。若需确诊，尚需进行病毒的分离与鉴定以及血清学检查。IBD病鸡通常有急性肾炎、肌肉出血及腺胃出血等病理变化，因此，应注意与肾型传染性支气管炎、鸡贫血病及新城疫等相鉴别（表2-1）。

表2-1 传染性法氏囊病及肾型传染性支气管炎类症鉴别要点

（引自崔尚金，《禽病鉴别诊断与防治》，2004）

鉴别要点	传染性法氏囊病	肾型传染性支气管炎
发病日龄	多发于30～40日龄	多发于20～50日龄
精神状况	大群精神较差	大群精神良好

(续)

鉴别要点	传染性法氏囊病	肾型传染性支气管炎
肾病变	肾肿大，但程度较经	肾苍白肿大，输尿管有尿酸盐
肌肉病变	胸肌、腿肌有条状出血	肌肉无出血
法氏囊病变	肿大、出血，内有干酪样物	无变化

【预防与治疗】

1. 搞好环境卫生消毒　由于IBDV对自然环境有很强的抵抗能力，一旦感染，病毒就会长期污染环境，因此，鸡舍环境的消毒显得尤为重要。常用的消毒剂有2%氢氧化钠溶液、酚制剂、3%福尔马林溶液、0.2%过氧乙酸溶液等。

2. 加强鸡群的饲养管理　实行全进全出的饲养制度，提供优质的全价饲料，在其饮水中投入多维葡萄糖和0.1%盐水，防止鸡体脱水，添加足量维生素、微量元素等，增强鸡群的抵抗力。给鸡群创造适宜的小环境。尽量减少应激。

3. 免疫接种

(1) 疫苗种类。预防本病的疫苗有活疫苗和灭活疫苗。活疫苗有三种类型。①弱毒苗，该苗比较安全，但免疫效果差，一般用于低母源抗体雏鸡的首免。②中等毒力活疫苗，接种后对法氏囊有轻微的损伤，免疫效果较弱毒苗好，能克服母源抗体干扰，用于加强免疫或母源抗体较高雏鸡的首免。③毒力偏强活疫苗，在2周龄前雏鸡接种后对法氏囊损伤严重，造成免疫鸡群引起免疫抑制，因此要慎用。

灭活疫苗分为油乳剂灭活苗和囊组织灭活苗，主要用于经过2次活疫苗免疫后的种鸡，其中囊组织灭活疫苗效果最好，但来源有限，价格较高，因此仅用于种鸡群和制备抗体。

(2) 雏鸡免疫。免疫前应对其母源抗体水平进行测定，以确定最适宜的首免时间。如果没有检测条件，一般首免于10～14日龄用弱毒苗饮水，二免于20～25日龄用中等毒力苗饮水。

(3) 种鸡免疫。于10～12周龄用中等毒力疫苗饮水免疫1次，再分别于18～20周龄和开产前用油乳剂灭活苗各注射免疫1次，以保证其后代雏鸡获得足够的母源抗体保护。

4. 治疗及控制

(1) 病鸡早期用高免卵黄抗体治疗，每只注射0.5～1mL，并在饮水中加肾肿解毒药、电解多维。同时，全群用抗生素（如头孢噻呋钠、恩诺沙星）防止细菌继发感染。中药治疗可用黄连、生地、大青叶、白头翁、白术各150g，黄芪300g，加水煎煮，加5%的白糖，每天1次，连续服用3d。

(2) 对鸡舍及养鸡环境进行彻底消毒。

(3) 将饲料中蛋白质含量降低至15%，提供充足饮水，减少各种应激。

(4) 发病期间及病愈后，注意新城疫弱毒苗的免疫接种和大肠杆菌病的预防及治疗。

四、马立克氏病

马立克氏病（简称MD），是由疱疹病毒引起的最常见的一种鸡淋巴组织增生性疾病，以外周神经、性腺、虹膜、各种内脏器官、肌肉和皮肤单核细胞性浸润和形成肿瘤为特征。

该病常引起急性死亡、消瘦或肢体麻痹，可导致病禽的免疫抑制，具有高度传染性，在经济上造成巨大损失。

【病原】 马立克氏病病毒（MDV）是一种细胞结合性病毒，分为3个血清型：血清1型为致瘤性的MDV，包括强毒株及其致弱毒株，如CVI988株；血清2型为不致瘤的MDV，如SB-1株，是从鸡中分离的病毒；血清3型为火鸡疱疹病毒（HVT），如FC126株，是从火鸡中分离的病毒，不致瘤，常用于制造疫苗。近年来，MDV野外毒株毒力正在不断增强，已出现了超强毒株（vvMDV），给本病防制带来新的问题。

病毒在鸡体内以2种形式存在，即无囊膜的裸体病毒粒子和有囊膜的完全病毒粒子。前者属于细胞结合性病毒，存在于血液中的白细胞和淋巴细胞中，与细胞共存亡；后者属于非细胞结合性病毒，常被病鸡脱落的上皮细胞组织保护，可脱离细胞而存活，常随鸡皮屑和尘土散播。病毒对外界抵抗力很强，在室温下传染性可保持4~8个月。污染的垫料及皮屑在本病的传播中起主要作用。

MDV对热、酸、有机溶剂等的抵抗力不强，2%氢氧化钠溶液、5%福尔马林、3%来苏儿、甲醛熏蒸等均可将其杀死。

【流行病学】 鸡是MDV最重要的自然宿主。鹌鹑、火鸡、雉鸡、乌鸡等也可发生自然感染。2周龄以内的雏鸡最易感。6周龄以上的鸡可出现症状，12~24周龄最为严重。

病鸡和带毒鸡是主要传染源。MD主要通过直接或间接接触传染，其传播途径主要是经带毒的尘埃通过呼吸道感染，并可长距离传播。目前尚无垂直传播的报道。

【症状】 本病的潜伏期为4个月。根据症状分为4个型，即神经型、内脏型、眼型和皮肤型。

1. 神经型 最早症状为运动障碍。常见腿和翅膀完全或不完全麻痹，表现为"劈叉"式、翅膀下垂；嗉囊因麻痹而扩大。

2. 内脏型 常表现极度沉郁，有时不表现任何症状而突然死亡。有的病鸡表现厌食、消瘦和昏迷，最后衰竭而死。

3. 眼型 视力减退或消失。虹膜失去正常色素，呈同心环状或斑点状。瞳孔边缘不整，严重阶段瞳孔只剩下一个针尖大小的孔。

4. 皮肤型 全身皮肤毛囊肿大，以大腿外侧、翅膀、腹部尤为明显。

本病的病程一般为数周至数月。因感染的毒株、易感鸡品种（系）和日龄不同，死亡率表现为2%~70%。

【病理变化】

1. 神经型 常在坐骨神经等处发生病变，病变神经可比正常神经增粗2~3倍，横纹消失，呈灰白色或淡黄色。有时可见神经淋巴瘤。

2. 内脏型 在肝、脾、胰、睾丸、卵巢、肾、肺、腺胃和心脏等脏器出现广泛的结节性或弥漫性肿瘤。

【诊断】 本病一般发生于1月龄以上的鸡，发病的高峰为2~5月龄，呈零星发病或死亡，蛋用鸡发病常有典型的肢体麻痹和消瘦。外周神经受害、法氏囊萎缩、内脏肿瘤。根据以上特征，一般可做出现场诊断。内脏型马立克氏病的病理变化易与淋巴细胞性白血病（LL）和网状内皮组织增殖病（RE）相混淆，一般需要通过流行病学和病理组织学进行鉴别诊断（表 2-2）。

表 2-2 马立克氏病、淋巴细胞白血病及网状内皮增殖病的鉴别要点
（引自崔尚金，《禽病鉴别诊断与防治》，2004）

病名	马立克氏病	淋巴细胞性白血病	网状内皮组织增殖病
病原	马立克氏病病毒	淋巴细胞性白血病病毒	网状内皮组织增殖病病毒
发病年龄	4 周龄以上	16 周龄以上	4 周龄以上
麻痹或瘫痪	常见	无	少见
病死率	10%～80%	3%～5%	1%
神经肿瘤	常见	无	少见
皮肤肿瘤	常见	少见	少见
肠道病变	少见	常见	常见
心脏肿瘤	常见	少见	常见
法氏囊肿瘤	少见	常见	少见
法氏囊萎缩	常见	少见	常见
虹膜混浊及病变	常见瞳孔边缘不齐，缩小	无	无

【预防与治疗】

1. 疫苗接种

（1）疫苗种类。

①血清 1 型 MD 活疫苗。如 CVI988 单价苗，该疫苗是从国外引进的细胞结合性疫苗，免疫效果较好，但需要在液氮中保存与运输，而且使用技术要求高，优点是能抗母源抗体干扰，可抵抗强毒的侵袭。

②血清 2 型 MD 活疫苗。如 SB-1 株，使用血清 2 型疫苗可以导致早期感染禽白血病病毒（ALV）的某些品种鸡发生淋巴细胞白血病，现已少用。

③血清 3 型 MD 活疫苗。火鸡疱疹病毒（HVT）苗，如 FC126 株，可制成冻干疫苗，便于保存和价廉，是目前使用最广泛的单价疫苗。可抵抗强毒（vMDV）的攻击，但对超强毒（vvMDV）HVT 不能有效保护。易受母源抗体的干扰，造成免疫失败。

④多价疫苗。主要由血清 2 型和血清 3 型联合组成的二价苗及由血清 1 型、2 型、3 型组成的三价苗。这些疫苗免疫效果比单价苗好，但均需要液氮保存。

MD 疫苗根据保存条件不同又分为为 2 类：一是 MD 脱离细胞的疫苗，又称冻干疫苗，如火鸡疱疹病毒 HVT-FC126 苗。二是细胞结合性疫苗，又称液氮疫苗。血清 1 型 CVI988 单价苗、血清 2 型 SB-1 株活疫苗及多价苗均为液氮疫苗。

（2）接种方法。雏鸡出壳 24h 内，颈部皮下注射。个别污染鸡场，可在出壳 1 周内进行二免。接种后的 2 周内必须加强卫生及消毒管理，防止疫苗作用前感染野毒。

近年来，有些用 HVT 疫苗免疫的鸡群仍发生 MD 超量死亡，其原因是多方面的，其中包括母源抗体干扰、雏鸡早期感染、环境存在超强毒感染、应激或免疫抑制病的干扰等。

2. 生物安全措施 严格种蛋、孵化室、育雏室的消毒，防止雏鸡早期感染；加强育雏

期的饲养管理；预防其他免疫抑制病，如 IBD、AL 等；减少鸡群的应激因素等。

3. 抗病育种 不同遗传品系的鸡对 MD 的易感性也不一样，因此，培养选育对 MD 有遗传抵抗力的鸡群，也是未来防制本病的一个重要方面。国外已选育成功若干抗 MD 的品系鸡群。尽管培育出具有 MD 抗性的鸡群其抗性与生产性能可能不一致，但其开辟了防制 MD 的新策略，具有较为重要的意义。

4. 发病后处理措施 目前没有特效药物治疗，发生马立克氏病的鸡场或鸡群，必须检出并淘汰病鸡。特别是种鸡场，应严格做好检疫工作，发现病鸡立即淘汰，以消除传染源。

实训 2-3 鸡马立克氏病的诊断及免疫接种

【目的要求】
1. 通过尸体剖检实训，能根据眼观病变识别鸡马立克氏病。
2. 学会鸡马立克氏病疫苗的接种方法。

【材料】疑似马立克氏病病死鸡、剪刀、镊子、搪瓷盘、消毒液、连续注射器、针头（7号、12号）、鸡马立克氏病火鸡疱疹病毒活疫苗（HVT）、鸡马立克氏病细胞结合性活疫苗（CVI988）及相配套的稀释液、液氮罐、5mL 注射器、镊子或长柄钳、纱布、护目镜、手套、温度计、塑料桶、冰块、待免疫刚出壳雏鸡等。

【方法步骤】

（一）临床诊断

本病的初步诊断主要依据症状和剖检变化。2 周龄以内的雏鸡最易感。6 周龄以上的鸡可出现症状，12~24 周龄最为严重。MD 的死亡高峰一般发生在 10~20 周龄，发病率较高，开产后死亡逐渐停止。

神经型可根据病鸡特征性麻痹症状以及剖检变化确诊。受害神经增粗，横纹消失，有时呈水煮样外观。因受害神经常为单侧，与另一侧对比容易发现明显差别。内脏型可在内脏器官发现肿瘤病变，不难诊断，但应与鸡淋巴细胞性白血病区别。

鸡白血病一般发生于 16 周龄以上的鸡，并多发生于 24~40 周龄；且发病率较低，一般不超过 5%。

（二）免疫接种

1. HVT 活疫苗使用方法

（1）器械消毒。连续注射器要拆开，与针头、胶管等一起先用清水反复冲洗，然后蒸煮 15min。

（2）检查稀释液。稀释液保存于 2~15℃冷暗处，不能冰冻保存。稀释液瓶盖如有轻微松动，或液体有轻微混浊、变色都不能使用。

（3）稀释液预冷。稀释液临用前放 2~8℃冰箱中冷藏 2h，或在盛有冰块容器中预冷。

（4）疫苗稀释。先用注射器吸取 5mL 稀释液注入疫苗瓶中，溶解后抽出混匀的溶液，注入稀释瓶内，再向疫苗瓶注入稀释液冲洗 2 次（图 2-2），疫苗稀释配制要在 30min 内完成。

（5）注射部位。一般注于颈部背侧皮下，不要靠头太近，每只鸡 0.2mL。

（6）其他。稀释液瓶要放在冰水中，并每隔 10min 摇晃 1 次。

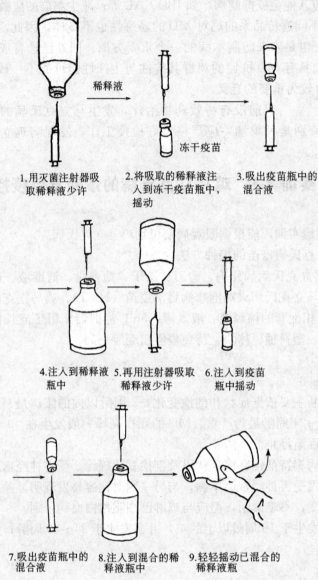

图 2-2　HVT 活疫苗稀释与使用示意图
（引自张冰，《鸡病导诊与疫苗防疫手册》，1999）
注：1～4 步用稀释液稀释冻干疫苗，5～8 步用混有疫苗的稀释液
冲洗疫苗瓶中剩余的少量疫苗液，此过程需反复 2 次

2. CVI988 活疫苗使用方法（示教，图 2-3）

（1）操作者戴上手套和防护眼镜，打开液氮罐，把装疫苗安瓿的金属筒提出液氮，达到 1 次能够取出一支安瓿的高度（图 2-3 中第 1 步），取出疫苗安瓿，然后将金属筒插回液氮罐内，立即盖上盖子。

（2）将取出的疫苗安瓿放入已准备好的水桶中，水温为 27～35℃（按厂家规定办）。一般在 60s 左右即可融化（图 2-3 中第 2 步）。疫苗稀释液平时应于 4℃保存，稀释前应预温至 15～27℃（按厂家规定办）。

（3）从水中取出融化的疫苗安瓿，轻轻摇动安瓿使疫苗混匀，用手指轻弹安瓿颈部，

图 2-3　CVI988 活疫苗的稀释与使用示意图
（引自英特威公司，《禽病防治手册》，1997）

使颈部或尖端的疫苗流入底部，然后用洁净的布擦干，并用布包着，远离操作者面部，于瓶颈处折断安瓿（图2-3中第3步）。

（4）用装有12号针头的5mL消毒针管抽取经预温的稀释液1~2mL，再将疫苗液抽入注射器内，轻轻混匀，注入稀释瓶中（图2-3中第4步）。

（5）抽取稀释液连续冲洗安瓿3次，将冲洗液重新注入稀释瓶中（图2-3中第5步）。

（6）沿瓶子的纵轴正反轻摇8~10次，使疫苗与稀释液充分混匀（图2-3中第6步），应避免产生泡沫。稀释好的疫苗应置于冰浴中（按厂家规定办），立即使用。

（7）使用无菌连续注射器，按接种剂量调整好刻度，装上7号针头（图2-3中第7步）。

（8）颈背侧皮下注射0.2mL疫苗（图2-3中第8步）。注射过程中，每5~10min轻摇疫苗瓶1次。

3. 注意事项

（1）一般在出壳后12h内注射，一定要在孵化厅（已消毒）的接种室进行。

（2）无论是冻干疫苗，还是液氮疫苗，都应按规定的羽份稀释到规定量的各自专用稀释液中去，每只鸡接种量应不少于1羽份。稀释液中不能添加其他任何药品，疫苗稀释后需在1h内用完，因此1次稀释的疫苗量不宜多。

（3）免疫鸡1周龄内避免使用免疫抑制药物和中等偏强毒力的法氏囊病疫苗。

思考：预防鸡马立克氏病常用的疫苗有哪些？如何正确使用？

五、鸡传染性支气管炎

传染性支气管炎（IB）是由传染性支气管炎病毒（IBV）引起鸡的一种急性、高度接触性呼吸道疾病。本病病毒很容易发生变异，血清型众多，不同毒株的免疫原性、致病性和组织嗜性的差异较大，根据病变类型，可将IB分为呼吸型、肾型、腺胃型、生殖型及变异型。目前，本病已成为严重危害养鸡业的几种主要禽病之一。

【病原】传染性支气管炎病毒（IBV）属于冠状病毒科、冠状病毒属中的一个代表种。病毒可在9~11日龄的鸡胚中生长，引起胚体发育受阻、胚体蜷缩及侏儒胚等。IBV很容易发生变异，有多种不同的血清型，已发现的至少有30个，而且新的血清型和变异株仍在不断出现。各血清型之间仅有部分或完全没有交叉保护作用，因此给本病的防治带来很大的困难。

IBV对外界环境的抵抗力不强。对一般消毒剂敏感，在1%（来苏儿）溶液、0.01%高锰酸钾溶液、1%福尔马林、2%氢氧化钠溶液及70%乙醇等消毒剂中3~5min即可将其灭活。

【流行病学】本病主要是发生于鸡，此外鹌鹑、斑头雁也会感染发病。各种年龄的鸡都易感，但以雏鸡和产蛋鸡发病较多，尤其是4周龄以内的雏鸡发病最为严重，死亡率高。

病鸡和康复后的带毒鸡是主要传染源。鸡感染后可从呼吸道排毒。主要传播方式是通过空气、飞沫和尘埃经呼吸道感染。也可以通过污染的饲料、饮水和器具等媒介经消化道感染。

本病一年四季均可发生，但以冬春寒冷季节多发，传播迅速，一旦感染，很快传播全群，且易与其他呼吸道病合并或继发感染。过热或温度过低、拥挤、通风不良、营养不均衡、缺乏维生素和矿物质及其他不良应激因素都会促进本病的发生。

【症状】

1. 呼吸型　多发生于4周龄以下幼雏，病鸡突然出现呼吸道症状，并迅速波及全群。幼雏常表现为伸颈、张口呼吸、咳嗽，有"咕噜"音，尤以夜间最清楚。病情严重时，病鸡精神沉郁、食欲减退、饮水增加、羽毛松乱、翅膀下垂、怕冷，互相拥挤在一起。2周龄以内的雏鸡，还常见鼻旁窦肿胀、流黏性鼻液、流泪、常甩头等。病雏死亡率达30%～50%。

6周龄以上的鸡，死亡率明显下降，但增重减慢。康复鸡多发育不良，消瘦。

成年鸡呼吸道症状不明显，但开产期推迟，产蛋量下降25%～50%，产软壳蛋、沙壳蛋（粗壳蛋）、畸形蛋或无色素蛋等。蛋质量变差，蛋清稀薄如水。如在雏鸡2周龄内早期感染，可导致输卵管永久性损伤，严重影响或完全丧失产蛋能力。

2. 肾型　多发生于20～50日龄的仔鸡。病鸡精神沉郁，鸡冠颜色发暗，脱水，鸡爪干瘪，缩颈垂羽，羽毛松乱，怕冷挤堆，厌食、口渴，排出水样白色稀粪，粪便中几乎全是尿酸盐，肛门周围羽毛污浊。

发病鸡群呈双相性症状，病初有2～4d的轻微呼吸道症状，如啰音、喷嚏、咳嗽等，随后呼吸道症状消失，病鸡表面呈"康复"状态，1周左右进入急性肾病阶段，出现零星死亡。发病10～12d达到死亡高峰，21d后死亡停止，雏鸡死亡率10%～30%。产蛋鸡产蛋量下降，异常蛋和死胚率增加，但死亡不多。

3. 腺胃型　多发生于已免疫过的鸡群，以30～80日龄多见。根据毒株的差异，发病率为15%～80%，死亡率10%～50%。病鸡前期有呼吸道症状，如眼肿、流泪、咳嗽、打喷嚏等，以后腹泻，排黄绿色或白色稀粪，后期机体极为消瘦，终因衰竭死亡。

4. 生殖型　雏鸡早期感染IBV会引起输卵管永久性退化，到成年鸡后终生不产蛋，变成"假母鸡"。这些"假母鸡"临床发病不明显，外观和健康鸡类似，鸡冠发红，有的腹部下垂。产蛋鸡感染后呼吸道症状不明显，表现为产蛋率下降，蛋壳粗糙、陈旧、变薄，颜色变浅或发白。蛋质量降低，蛋白稀薄如水样，蛋黄与蛋白分离，蛋白黏在壳膜的表面。

5. 变异型　由IBV变异株引起，属于一种新的血清型，命名为4/91或793/B。该型可危害雏鸡和成鸡，也可以感染肉鸡。传统疫苗（H120、H52、Ma5）免疫无效。鸡只感染4/91后出现精神沉郁、闭眼嗜睡、腹泻，鸡冠发绀，眼睑和下颌肿胀。有时见咳嗽、打喷嚏，气管啰音等呼吸道症状。产蛋鸡出现症状后很快引起产蛋下降，蛋的品质降低，蛋壳颜色变浅、薄壳蛋、无壳蛋、小蛋增多。本病可致肉鸡（特别是6周龄以上的育成鸡）晚期严重死亡，并引起严重的呼吸道病变。

【病理变化】

1. 呼吸型　主要病变表现为鼻腔、鼻旁窦、气管、支气管内有浆液性、黏液性和干酪样（后期）分泌物。气管充血、出血，气囊混浊、坏死或有黄色干酪样渗出物。雏鸡早期感染表现输卵管发育受阻，变细、变短或有囊肿，至成熟期不能正常产蛋。产蛋鸡的卵泡充血、出血、变形，甚至破裂从而引起卵黄性腹膜炎。

2. 肾型　肾肿大、苍白、肾小管和输尿管因尿酸盐沉积而扩张，整个肾外形呈斑驳的白色线网状，俗称"花斑肾"。严重时心、肝表面及泄殖腔等也有大量尿酸盐沉积，出现所谓的"痛风"。

3. 腺胃型　腺胃显著肿胀如球状，黏膜增厚、出血和溃疡，乳头平整融合，轮廓不清，可挤出脓性分泌物。

4. 生殖型 剖检可见母鸡输卵管水肿或有囊肿、卵泡充血、出血、变性甚至坏死，卵黄掉入腹腔内形成干酪样物，终因卵黄性腹膜炎而死。

5. 变异型 特征性病变是病鸡胸肌深层肌肉苍白、坏死出血，呈胶冻样水肿，胴体外观湿润，卵巢、输卵管黏膜充血，气管环充血、出血。

【诊断】 根据病鸡有呼吸道症状及呼吸、泌尿及生殖系统的病变可初步诊断，确诊必须通过IBV的分离与鉴定、血清学诊断等实验室诊断方法。本病应注意与新城疫、鸡传染性喉气管炎、传染性鼻炎等相区别。

【预防与治疗】

1. 加强饲养管理，减少诱发因素 适当补充维生素和矿物质，以增强鸡体抵抗力。注意保温与通风、垫料卫生，防止拥挤、氨气过浓等，均可降低IB的发病率。

2. 免疫接种 应用当地流行分离株制成的疫苗来免疫种鸡和雏鸡，效果最好，这是目前控制本病最有效的方法。

（1）疫苗种类。目前常用的疫苗有弱毒苗和灭活苗。弱毒苗有：①呼吸型疫苗。一是H120疫苗，毒力较弱，免疫原性较差，适用于雏鸡的初次免疫。二是H52疫苗，毒力较高，免疫原性较强，适用于3周龄以上的鸡免疫和加强免疫。②肾型疫苗。有Ma5、28/86、W株疫苗，其中Ma5、28/86株毒力弱，可用于任何日龄的鸡群。③二价苗。如H120+28/86株、H120+W株等二价苗。H120、H52、肾型等毒株常与新城疫联合制成二联苗，但在疫区尽量使用单苗。④4/91株疫苗。当种鸡发生深层肌肉病变、产蛋率下降、呼吸道及腹泻等问题时，可用4/91株疫苗预防。

（2）参考免疫程序。

方案一：首免于5~7日龄用H120弱毒苗滴鼻免疫，二免于20~30日龄用H52活疫苗滴鼻或饮水免疫，开产前用多价油乳灭活苗免疫；

方案二：1日龄用Ma5弱毒苗滴鼻，10日龄用H120弱毒苗滴鼻或饮水，30~35日龄和开产前用多价油乳灭活苗免疫。肉鸡上市前免疫2次，蛋鸡开产前免疫4次。

腺胃型IB可使用腺胃型IB油乳剂灭活苗，在7~14日龄首免，产蛋前加强免疫1次。变异型IB可用于1日龄接种Ma5弱毒苗，10日龄接种4/9疫苗。

3. 治疗 没有特效药物治疗，发病后可通过改善饲养管理条件，避免应激，保持鸡群安静，适当提高育雏室温度，降低鸡群密度，换气通风。隔离病鸡，并进行对症治疗。

（1）抗生素治疗。可在饲料或饮水中添加复方泰乐菌素、罗红霉素、多西环素等，连用3~5d。在饮水中添加多种电解质、多维素或多维葡萄糖等，补充维生素C。并降低饲料中蛋白质的含量，缓解肾炎症状。

（2）中药治疗。

麻杏石甘散：麻黄、苦杏仁、甘草各15g，石膏75g。每只鸡1~3g，连用3~5d。

复方麻黄散：麻黄、桔梗、氯化铵各300g，薄荷120g，黄芪30g。每千克饲料8g，连用3~5d。

六、鸡传染性喉气管炎

传染性喉气管炎（ILT）是由传染性喉气管炎病毒（ILTV）引起鸡的一种急性呼吸道

传染病。临床诊断以呼吸困难、喘气、咳出血样渗出物为特点，剖检病变以喉部和气管黏膜肿胀、糜烂、坏死和大面积出血为特征。本病传播快，死亡率较高，产蛋鸡群感染后，产蛋率下降或完全停产，从而造成严重经济损失，是集约化鸡场最易流行的重要疫病之一。

【病原】 传染性喉气管炎病毒（ILTV）属于禽疱疹病毒Ⅰ型。ILTV只有一个血清型，但不同毒株在致病性（毒力）和抗原性上均有差异，给ILT的防治带来一定的困难。病毒主要存在于病鸡的喉头与气管渗出物中。用病料接种9～12日龄鸡胚，经4～5d后可引起鸡胚死亡。

ILTV对外界的抵抗力不强。对乙醚、氯仿等脂溶剂、热及各种消毒剂均敏感。

【流行病学】 自然条件下，本病主要侵害鸡，各种年龄的鸡均可感染，但成年鸡尤为严重，且多表现典型症状。野鸡、鹌鹑、孔雀和幼火鸡也可感染，而其他禽类和实验动物有抵抗力。

病鸡和康复后的带毒鸡是主要传染源。病毒存在于气管和上呼吸道分泌液中，通过咳出血液和黏液而经上呼吸道和眼内感染。约2%康复鸡可带毒，时间可长达2年。目前还没有ILTV能垂直传播的证据。

本病一年四季均可发生，但秋、冬寒冷季节多发。本病在易感鸡群内传播很快，感染率可达90%，病死率为5%～70%，平均在10%～20%，高产的成年鸡病死率较高。

【症状】 自然感染的潜伏期为6～12d。突然发病和迅速传播是本病发生的特点。在临床上可分为喉气管炎型和结膜炎型。

1. 喉气管炎型 特征症状是鼻孔有分泌物和呼吸时发出湿性啰音，继而咳嗽和气喘。严重病例呈明显的呼吸困难（图2-4），咳出带血的黏液，有时死于窒息。检查口腔时，可见喉部黏膜上有淡黄色凝固物附着，不易擦去。病鸡迅速消瘦，鸡冠发绀，有时排绿色稀粪，衰竭死亡。病程5～7d或更长。部分鸡逐渐恢复并成为带毒者。

图2-4 成年鸡发病时表现为呼吸困难
（引自塞弗，《禽病学》，第11版，2005）

2. 结膜炎型 往往由低致病性病毒株引起，病情较轻，呈地方流行性，其临床症状为生长迟缓，产蛋减少，流泪，发生结膜炎，严重病例可见眶下窦肿胀。发病率仅为2%～5%，病程长短不一，病鸡多死于窒息，呈间歇性发生死亡。

【病理变化】 典型病变为喉和气管黏膜充血和出血。喉部黏膜肿胀，有出血斑，并覆盖黏液性分泌物，有时呈干酪样伪膜，可将气管完全堵塞。炎症也可扩散到支气管、肺、气囊、眶下窦。比较缓和的病例，仅见结膜和眶下窦内上皮的水肿及充血。

【诊断】 本病的诊断要点是：发病急、传播快，成年鸡多发；病鸡抬头伸颈、喘气、有啰音，痉挛性咳嗽，咳出血痰；剖检喉头气管出血，有黏液、干酪样物和血凝块。根据以上发病特点、症状及病变特征可做出初步诊断。症状不典型时，需进行实验室诊断。本病应注意与新城疫、白喉型鸡痘、传染性支气管炎、传染性鼻炎等区别。

【预防与治疗】
1. 加强饲养管理，严格执行兽医卫生防疫制度 坚持严格隔离、消毒等措施是防止本病流行的有效方法。封锁疫点，禁止可能污染的人员、饲料、设备和鸡只的移动是成功控制本病的关键。野毒感染和疫苗接种都可产生 ILTV 潜伏感染的带毒鸡，因此避免将康复鸡或接种疫苗的鸡与易感鸡混群饲养尤其重要。

2. 免疫接种 未发生过 ILT 的鸡场，非到万不得已，不要使用活疫苗。在该病的疫区和受威胁地区，应考虑疫苗的免疫接种。

（1）疫苗。常用的是 ILT 弱毒活疫苗，可用于 14 日龄以上的鸡，最佳免疫途径是点眼，但点眼后 3~4d 可发生轻度结膜炎，个别鸡只出现眼肿，甚至眼盲。此时可用每毫升含 1 000~2 000U 的庆大霉素滴眼。为防止鸡发生眼结膜炎，稀释疫苗时每羽份加入青霉素、链霉素各 500U。

（2）免疫程序。首免 60 日龄左右，二免于首免后 6 周龄进行。免疫途径采用点眼、滴鼻法。饮水或气雾免疫效果不理想。

3. 治疗 目前尚无特异的治疗方法，发病后对病鸡采取对症治疗，防止继发感染。

（1）抗生素治疗。可用红霉素、支原净、多西环素等药物。

（2）局部处理。患结膜炎的鸡用氢化可的松眼膏点眼。急性型病鸡喉头有堵塞的，可用尖嘴镊子除去，同时配合抗生素治疗。

（3）应用平喘药。盐酸麻黄素每只鸡每天 10mg，氨茶碱每只每天 50mg，饮水或拌料投服，可缓解症状。

（4）中药治疗。以清热解毒、止咳祛痰、通利咽喉为原则。

①喉症丸或六神丸。每只鸡每次喂服 4~5 粒，每天 2 次，连用 3d。

②喉炎净散。板蓝根 840g，蟾酥 80g，合成牛黄 60g，胆膏 120g，甘草 40g，青黛 24g，玄明粉 40g，冰片 28g，雄黄 90g。混饲，每只鸡 0.05~1.5g，拌料连用 3~5d。

七、禽网状内皮增生病

禽网状内皮增生病（RE）是由禽网状内皮增生病病毒（REV）引起鸡、鸭、火鸡和野鸡等禽类的一群病理综合征。包括急性网状细胞瘤、矮小综合征和淋巴组织与其他组织形成的慢性肿瘤。病禽以生长缓慢、消瘦、贫血、内脏肿瘤、法氏囊萎缩、胸腺萎缩及腺胃炎为主要特征。由于本病能引起感染禽免疫抑制、生长缓慢、死淘率增加等，因此，给养鸡业造成巨大的经济损失。

【病原】REV 属于反转录病毒科，禽 C 型肿瘤 RNA 病毒，在免疫学、形态学和结构上都不同于禽白血病/肉瘤群的反转录病毒。REV 呈球形，有壳粒和囊膜。目前，从各类禽中分离到的 ERV 有 30 多种，不同分离株之间抗原性十分接近，同属于一种血清型。

病毒对乙醚敏感，不耐酸（pH 3.0），不耐热（56℃ 30min 可被灭活）。在-70℃下可长期保存，4℃下相当稳定，但在 37℃下经 2h 病毒感染性可完全丧失。

【流行病学】REV 的自然宿主有鸡、火鸡、鸭、鹅和日本鹌鹑等，其中火鸡最易感。主要侵害 12 周龄的易感家禽，呈散发性。

血清学阳性鸡群是本病的传染源。REV 有水平传播和垂直传播 2 种方式。水平传播一般经呼吸道及消化道感染。也可通过种蛋垂直传播。蚊子也可以传播本病。此外，给鸡注射 REV 污染的马立克氏病疫苗、禽痘疫苗及新城疫疫苗时，也可引起人工传播。REV 感染低日龄的雏鸡，特别是新孵出的雏鸡和鸡胚，可以引起严重的免疫抑制，而大日龄鸡免疫机能完善，感染后仅出现一过性病毒血症。本病多以与其他病毒共同感染形式出现。

【症状及病理变化】

1. 急性网状细胞瘤 急性网状细胞瘤是由复制缺陷型 ERV-T 株引起的。人工感染后潜伏期最短 3d，通常接种后 6~21d 死亡。很少有特征性的临床表现，但新生雏鸡和火鸡接种后死亡率可达 100%。主要病变是肝、脾急性肿大，结节状或弥漫性肿瘤。胰、心脏、肌肉、小肠、肾、性腺等也可见肿瘤。

2. 矮小综合征 通常是由于 1 日龄雏鸡接种了污染 ERV 的活疫苗引发的。感染禽生长发育明显受阻，体重减轻，羽毛发育不良、贫血、病鸡矮小等；有的运动失调，免疫抑制。剖检可见法氏囊、胸腺发育不全或萎缩，腺胃炎、肠炎，肝、脾肿大，呈局灶性坏死，外周神经肿大，横纹消失。

3. 慢性肿瘤 包括 3 种类型：①法氏囊型淋巴瘤，局限于肝和法氏囊的 B 细胞瘤；②非法氏囊型淋巴瘤，常见于胸腺、心、肝、脾等器官 T 细胞肿瘤；③其他淋巴瘤，鸭、鹅、鹌鹑等家禽可见肝、脾、胰、肠道的浸润或结节性淋巴瘤。

【诊断】由于本病缺乏特征性的症状和病变，并且疾病的表现多种多样，许多变化易与其他肿瘤性疾病相混淆。因此，本病的确诊必须依赖实验室诊断，如病毒的分离鉴定、血清学方法等进行鉴定。

【预防与治疗】目前，无有效的防治方法，尚无 ERV 商业化疫苗，疫苗的研究尚停留在实验室阶段。控制措施注意以下几个方面：

1. 原种鸡场要做好种鸡群的净化工作，对种鸡群进行定期检测，淘汰阳性鸡，父母代及商品鸡场要从 ALV、ERV 完全净化的种鸡场引进鸡苗。

2. 不使用非 SPF 鸡胚生产的活疫苗，特别是 1 周龄内的雏鸡，以防由于疫苗污染而人为造成鸡群感染。

3. 注意消毒、隔离，全进全出等一般性预防措施。

八、禽白血病

禽白血病（英文简称 AL）是一类禽白血病病毒（ALV）相关的反转录病毒引起鸡的不同组织良性和恶性肿瘤病的总称。ALV 主要引起感染鸡在性成熟前后发生肿瘤死亡，其特征是在成鸡中缓慢发作，法氏囊、内脏器官（特别是肝、脾、肾）发生肿瘤性病变。最常见的是淋巴细胞性白血病，其次是成红细胞性白血病、成髓细胞性白血病。此外，还可引起骨髓细胞瘤、血管瘤内皮肿瘤、纤维肉瘤等。感染率和发病死亡率高低不等，死亡率最高可达 20%。一些鸡感染后虽不发生肿瘤，但可造成产蛋性能下降甚至免疫抑制。

【病原】ALV 是一种基因组为单股 RNA 的反转录病毒，类似于人的艾滋病病毒，但不感染人。ALV 可分为 A、B、C、D、E、F、G、H、I 和 J 等 10 个亚群。但自然感染鸡群的还只有 A、B、C、D、E 和 J 等 6 个亚群。其中的 J 亚群致病性和传染性最强，而 E 亚群是非致病性的或者致病性很弱。ALV 分内源性和外源性病毒 2 种，外源性病毒分为 A、B、C、D、J 亚型。致病性强的鸡 ALV 都属于外源性病毒。它们既可以像其他病毒一样在细胞与细胞间以完整的病毒粒子形式，或个体与群体间通过直接接触或污染物发生横向传染，也能以完整的病毒粒子形式通过鸡胚从种鸡垂直传染给后代。内源性 ALV 通常致病性很弱或没有致病性。目前发现的内源性 ALV 都属于 E 亚群。E 亚群内源性 ALV 通常没有致病性，但会干扰对白血病的鉴别诊断。

【流行病学】 鸡是本群所有病毒的自然宿主，不同品种或品系的鸡对病毒感染和肿瘤发生的抵抗力差异很大。ALV-J 主要引起肉鸡的肿瘤和其他病征，但最近研究表明其也可引起商品蛋鸡的感染并发生肿瘤。

病鸡和带毒鸡是传染源，由于 ALV 在外界的抵抗力很弱，所以 ALV 的水平传播能力比其他病毒弱得多。在鸡舍内的温度下特别是在夏天，排出体外在环境中的 ALV，即使不做任何清洗和消毒措施，病毒也会全部失去传染性。该病毒对各种消毒剂也都非常敏感。ALV 主要是由种鸡通过鸡蛋（胚）向下一代垂直传播，即祖代鸡场直接传给父母代及商品代，且逐代放大。经垂直传染带病毒的雏鸡出壳后在孵化厅及运输箱中高度密集状态下与其他雏鸡的直接接触，可造成严重的水平感染。此外，被 ALV 污染的弱毒疫苗也是重要的传播途径。因此，在 ALV 传播问题上，种鸡场要对下一代鸡场承担重要的责任。

本病传播缓慢，发病持续时间长，一般无发病高峰。本病的感染虽很广泛，但临床病例的发生率相当低，一般多为散发。

【症状】 淋巴细胞性白血病（LL）的潜伏期长，自然病例可见于 14 周龄后的任何时间，但通常以性成熟时发病率最高。

LL 无特异临床症状，可见鸡冠苍白、皱缩，间或发绀。食欲不振、消瘦和衰弱。腹部增大，可触摸到肿大的肝、法氏囊和/或肾。一旦显现临床症状，通常病程发展很快。

ALV-J 感染的蛋鸡主要表现体表出现血管瘤，血管一旦破裂，流血不止，病鸡因失血过多死亡。发病一般在 16～40 周龄。

隐性感染可使蛋鸡和种鸡的产蛋性能受到严重影响。白血病不仅仅表现为内脏肿瘤或体表皮肤血管瘤，更多的鸡表现为产蛋量下降、免疫抑制或生长迟缓。

【病理变化】 淋巴细胞性白血病是最为常见的经典型白血病肿瘤，肿瘤可见于肝、脾、法氏囊、肾、肺、性腺、心脏、骨髓等器官组织，肿瘤可表现为较大的结节状（瘤块状或米粒状，或弥漫性分布）。肿瘤结节的大小和数量差异很大，表面平滑，切开后呈灰白色至奶酪色，但很少有坏死区。成红细胞性白血病、成骨髓性细胞白血病、骨髓细胞白血病，多使肝、脾、肾呈弥漫性增大。J 亚型 ALV 感染主要诱发骨髓细胞样肿瘤，它最常见的特征性变化主要为肝、脾肿大或布满无数的针尖、针头大小的白色增生性肿瘤结节。在一些病例中，还可能在胸骨和肋骨表面出现肿瘤结节。

【诊断】 病毒分离的最好材料是病鸡的血浆、血清和肿瘤，新下蛋的蛋清、10 日龄鸡胚和病鸡的粪便中也含有病毒。分离鉴定不同亚型 ALV 需要用对病毒易感的细胞。

1. ELISA 检测 ALV p27 抗原 可以用培养 7～14d 后的细胞上清液直接检测；也可取细胞培养物冻融后检测；或用从泄殖腔采集的棉拭子。当样本在 DF1 或 CEF 细胞（C/E 品系）上检测出 ALV p27 抗原时，判为 ALV 阳性，否则判为阴性。

2. 病毒的分型 利用 J 亚型 ALV 特异性单克隆抗体进行免疫荧光法（IFA）检测，可以鉴定 J 亚型 ALV，但不能鉴别其他 ALV 亚型如 A、B、C、D 亚型。对分离到的病毒用 RT-PCR（上清液中的游离病毒）或 PCR（细胞中的前病毒 cDNA）扩增和克隆囊膜蛋白 gp85 基因，测序后与 Genebank 中的已知 A、B、C、D 亚型的 gp85 基因序列做同源性比较，即可对病毒进行分型。

【预防与治疗】 由于本病可垂直传播，水平传播仅占次要地位，先天感染的免疫耐受鸡是最重要的传染源，所以疫苗免疫对防制的意义不大，目前也没有可用的疫苗。减少种鸡群的感染率和建立无白血病的种鸡群是防制本病最有效的措施。

1. 对种鸡群的净化。对曾祖代种鸡和原种鸡群做彻底的净化，祖代及以下鸡场，要求引进尽可能净化的鸡苗。
2. 对白羽肉种鸡或进口的蛋用型祖代鸡。靠国际种鸡公司净化和海关的检疫。
3. 预防各种水平感染和疫苗污染。
4. 控制其他免疫抑制病毒感染。
5. 开产种鸡群的自我检测。
6. 预防孵化厅及运输箱内的水平传播。
7. 避免不同来源种鸡在同一鸡场混养或共用一个孵化厅。
8. 饲养过感染白血病鸡的鸡舍，在饲养下一批鸡之前，必须经过严格的清理、消毒、足够的空舍间隔。

从种鸡群中消灭LLV的步骤包括：从蛋清和阴道拭子试验呈阴性的母鸡选择受精蛋进行孵化；在隔离条件下小批量出雏，避免人工性别鉴定，接种疫苗每雏换针头；测定雏鸡血液是否LLV阳性，淘汰阳性雏和与之接触者；在隔离条件下饲养无LLV的各组鸡，连续进行4代，建立无LLV替代群。

九、禽痘

禽痘（FP/AP）是由禽痘病毒引起的家禽和鸟类的一种缓慢扩散、接触性传染病。其特征是在无毛或少毛的皮肤上有痘疹，或在口腔、咽喉部黏膜上形成白色结节，也可能同时发生全身性感染。禽痘是家禽常见的重要疾病，可引起产蛋量下降和死亡。

【病原】本病病原为禽痘病毒。属痘病毒科禽痘病毒属的病毒，主要存在于病变部位的上皮细胞内和病禽的呼吸道分泌物中。禽痘病毒对外界自然因素抵抗力相当强，上皮细胞屑片和痘结节中的病毒可抗干燥数年之久，对乙醚也有抵抗力。在腐败环境中，该病毒很快死亡。一般消毒药常用浓度大约在10min内可使其灭活。

【流行病学】家禽中以鸡和火鸡易感性最高，鸽、观赏鸟和野鸟也时有发生，鸭、鹅的易感性低。各种日龄、性别和品种的鸡都能感染，但以雏鸡和育成鸡最常发病。

病鸡脱落和破散的痘痂，是散播病毒的主要形式。病毒主要通过损伤的皮肤或黏膜感染，不能经健康的皮肤和完整黏膜感染。常因头部、冠和肉垂有外伤或经过拔毛后从毛囊侵入而引起发病。黏膜的感染多见于口腔、食道和眼结膜。库蚊和疟蚊等吸血昆虫以及体表寄生虫（如鸡刺皮螨）在传播本病中起着重要的作用。蚊虫吸吮过病灶部位的血液之后即带毒，带毒时间可达10~30d，其间易感的鸡被带毒的蚊虫刺吮后传染，这是夏秋季节禽痘流行的主要原因。

本病一年四季均可发生，秋季多发生皮肤型禽痘，冬季则以黏膜型禽痘为主。

某些不良环境因素，如拥挤、通风不良、阴暗、潮湿、体外寄生虫、啄癖或外伤、饲养管理不良、维生素缺乏等，可使禽痘加速发生或加重病情，如有慢性呼吸道病等并发感染，则可造成大批家禽死亡。

【症状】禽痘可分为皮肤型、黏膜型和混合型3种病型。

1. 皮肤型 特征是在鸡冠、肉髯、眼睑、喙角、泄殖腔周围、翼下、腹部及腿等身体无毛或毛稀少的部位出现结节性病变。病变部位最初为一种灰白色的小点，渐次成为红色小丘疹，很快增大如绿豆大痘疹，呈黄色或灰黄色、凹凸不平的干硬结节。有时痘疹很多，互相融合，形成棕褐色、干燥、粗糙、较大的疣状结节，突出皮肤表面。

皮肤型禽痘一般比较轻微，很少出现全身性症状，多呈良性经过而预后良好。但产蛋禽则引起产蛋量明显下降，甚至完全停产。

2. 黏膜型 又称白喉型，主要在口腔、食道、咽喉或气管等黏膜表面形成溃疡或白喉样黄白色病变，并伴有鼻炎样症状。初为鼻炎症状，2~3d 后在黏膜上生成一种黄白色的小结节，小结节逐渐增大并互相融合在一起，形成一层由坏死的黏膜组织和炎性渗出物凝固而成的黄白色干酪样假膜，覆盖在黏膜表面，很像人的"白喉"，故称白喉型禽痘。随着病情的发展，假膜逐渐扩大和增厚，阻塞在口腔和咽喉部位，使病禽呼吸和吞咽障碍，严重时口腔无法闭合，常常张口呼吸，发出"嘎嘎"的声音。

3. 混合型 有些家禽可同时发生皮肤型和黏膜型禽痘，病情严重，死亡率高。

【病理变化】皮肤型禽痘的特征性病变是局灶性表皮及其下层的毛囊上皮增生，形成结节。结节起初湿润，后变为干燥，外观呈圆形或不规则形。患部皮肤变得粗糙，呈灰色或暗棕色。

黏膜型禽痘的病变是在口腔、食道、舌或上呼吸道黏膜表面形成微隆起、白色不透明结节或出现黄色斑点。病变逐渐增大并融合成干酪样坏死的伪膜或白喉样膜。若撕去这层膜，可见出血性糜烂。炎症还可延伸至窦腔，可引起眶下窦肿胀，也可危及咽喉部和食道。

【诊断】禽痘的症状比较典型，通常根据发病情况和症状特征可做出诊断。由于黏膜型禽痘与鸡传染性喉气管炎、鸽毛滴虫病等引起的病变相似，皮肤型禽痘与小鸡的泛酸或生物素缺乏引起的病变容易混淆，均应注意区别。

【预防与治疗】

1. 生物安全措施 加强饲养管理，保持良好的环境卫生，做好鸡舍和用具的清洁消毒，定期驱虫和消灭吸血昆虫。

2. 预防接种 目前使用最广泛的是鸡痘鹌鹑化弱毒疫苗，可用刺种针蘸取稀释的疫苗，于鸡翅膀内侧无血管处皮下刺种。首次免疫可在 20 日龄左右，第二次免疫应在鸡群开产前（120~140 日龄）进行。一般在蚊虫季节到来之前进行免疫接种，在冬季也可不免疫或推迟免疫时间，但在发病严重的鸡场则应坚持免疫接种。

3. 治疗 目前针对本病的治疗尚无特效药物，主要采用对症疗法，以减轻病鸡的症状和防止并发症，局部病变可用1%碘甘油进行涂擦治疗。

十、鸡产蛋下降综合征

鸡产蛋下降综合征又称减蛋综合征（EDS-76），是由腺病毒引起的产蛋鸡的一种病毒性传染病。该病的特征是病鸡在一般症状不明显的情况下，出现产蛋量下降、蛋壳异常（软壳蛋、薄壳蛋、破损蛋）、蛋体畸形、蛋质低劣等症状。

【病原】产蛋下降综合征病毒属于腺病毒科禽腺病毒属Ⅲ群的病毒，在鸭胚中生长良好，可使鸭胚致死。病毒能凝集鸡、鸭、鹅等禽类的红细胞。

【流行病学】易感动物主要是鸡，虽然疾病是在产蛋鸡中发生，但病毒的自然宿主是鸭和鹅。任何年龄的鸡均有易感性，但产蛋高峰的鸡最易感，病毒在性成熟前侵入体内，一般不表现症状，当鸡进入产蛋期后，病毒重新活化并引起发病。本病的主要传播方式是经蛋垂直传播。其水平传播是缓慢和间歇性的，通常在一栋笼养鸡舍内发生后，约两个半月传播到全群。

【症状】感染鸡群常无明显的全身症状。最初的表现是有色蛋的色泽变浅或消失，紧接着产出薄壳蛋、无壳蛋、小蛋；蛋体畸形，蛋壳表面粗糙，一端常呈细颗粒状，如砂纸样，蛋的破损率增高。产蛋率比正常下降20%~30%，甚至可达50%。如果弃掉有明显异常的蛋，对受精率和孵化率一般不受影响。

【病理变化】鸡群发病过程中很少因此病死亡，无特异的具有诊断价值的病理变化。

【诊断】主要依靠本病的流行特点和临床表现，即在产蛋高峰期发生产蛋量下降，特别是异常蛋很多，如无其他表现，应考虑本病。

【预防与治疗】

1. 生物安全措施

（1）杜绝病原的传入。本病主要是经蛋垂直传播，应从非感染鸡群引入种蛋或鸡苗。

（2）严格执行兽医卫生制度。鸡场应与鸭场分开，加强鸡场和孵化室消毒工作，合理处理粪便。

2. 免疫接种 接种疫苗是预防本病的主要措施。国内生产的疫苗有产蛋下降综合征油乳剂灭活苗、新城疫-产蛋下降合征二联油乳剂灭活苗以及新城疫-传染性支气管炎-产蛋下降综合征三联油乳剂灭活苗，主要用于产蛋鸡及种鸡后备鸡群。疫苗一般于开产前2~4周进行免疫接种。在发病严重的鸡场应采用单苗免疫2次，安全地区免疫1次即可。

3. 治疗 鸡群发病后，应注意隔离、淘汰病鸡。采取紧急接种措施，对本病的产蛋恢复有一定作用。对发病鸡群补充维生素、钙或蛋白质，加入抗菌药物等，可减少因本病造成的损失。

十一、禽脑脊髓炎

禽脑脊髓炎（AE）是一种能引起青年鸡、雉鸡、鹌鹑和火鸡感染的病毒性传染病。其特征是共济失调和快速震颤，特别是头和颈部的震颤。因此，过去常称为流行性震颤。

【病原】病原为小RNA病毒科禽脑脊髓炎病毒。抵抗力较强，对氯仿、乙醚、酸、胰蛋白酶、去氧胆酸盐、去氧核酸酶等有抵抗力。

【流行病学】易感动物以鸡为主，其次是火鸡和鹌鹑。各种日龄的鸡均可感染，但3周龄以内雏鸡易感性最高且症状典型，成年鸡多为隐性感染。本病的传播方式以垂直传播为主，感染后的产蛋母鸡，大多数在为期3周内所产的蛋中含有病毒，用这些种蛋孵化时，一部分鸡胚在孵化中死亡，另一些孵出的雏鸡可在1~20日龄发病和死亡，引起本病的流行，造成较大的损失。本病也可通过水平传播，感染鸡通过粪便排毒，易感鸡接触到受污染的饲料、饮水、用具等经消化道感染。

【症状】本病主要见于3周龄以下的雏鸡，虽然在出雏时有较多的弱雏并可能有一些病雏，但有典型神经症状的病鸡大多在1~2周龄时才陆续出现。

病雏首先表现为眼睛反应迟钝，接着由于肌肉运动不协调而出现渐进性共济失调，在强迫运动时更容易看到，随着共济失调进一步加剧，雏鸡不喜欢走动而斜坐在跗关节上，驱赶时可勉强行走，但步态和速度失去控制，摇摇摆摆或向前猛冲后倒下，最后侧卧不起。肌肉震颤大多在表现共济失调之后才出现，在腿翼、尤其是头颈部可见到明显的阵发性音叉式震颤，在受到刺激或惊扰时更加明显。病雏常因无法饮食或受到同群鸡践踏而亡。

本病的感染率高，死亡率不定，刚受野毒感染后几天的种蛋孵出的小鸡，其死亡率可达90%以上，随后逐渐降低，感染后1个月的种鸡的后代，就不再出现新的病例。1月龄以上的鸡群受感染后，除出现血清学反应阳性外，无任何明显的症状和病理变化。产蛋鸡受感染后，可引起1~2周的产蛋率下降，下降幅度大多为10%~20%。由于引起产蛋率下降的因素很多，所以产蛋鸡感染后出现的这种异常很容易被人们所忽略。

【病理变化】病雏唯一可见的肉眼病变是肌胃的肌层中有细小的灰白区，必须细心观察才能发现，成年鸡则无肉眼可见病变。

【诊断】根据疾病仅发生于3周龄以下的雏鸡，无明显肉眼病变而以共济失调和震颤为主要症状，药物治疗无效等，可做出初步诊断。但确诊必须以实验室结果为依据。在诊断时应注意与维生素 B_1、维生素 B_2 和维生素 E 缺乏症相区别。

【预防与治疗】

1. 生物安全措施

（1）加强消毒与隔离措施，不从有病鸡场引进种蛋和雏鸡。

（2）种鸡感染后1个月内的种蛋不宜用于孵化。

2. 免疫预防 对种鸡免疫接种，利用母源抗体保护雏鸡是防治本病的有效措施。活疫苗给10~16周龄种母鸡饮水免疫，免疫期为1年。母源抗体可保护雏鸡在10周龄内不发病。8周龄以内的雏鸡和开产前2个月内的种鸡都不能用活疫苗免疫，以免引起感染发病或使其子代雏鸡发病。油乳剂灭活苗用于18~20周龄种母鸡和产蛋鸡进行免疫，免疫期可达9个月，效果不如活疫苗，但接种后不排毒，特别适用于无脑脊髓炎病史的阴性鸡群。

3. 治疗 本病尚无有效的治疗方法，一般应将发病鸡群扑杀并做无害化处理。如有特别的需要，可将病鸡隔离饲养，加强管理，可肌内注射禽脑脊髓炎高免蛋黄液进行治疗，在饲料中添加维生素可保护神经和减轻症状。

十二、鸡病毒性关节炎

病毒性关节炎又称病毒性腱鞘炎，是一种由禽呼肠孤病毒引起的鸡和火鸡的病毒性传染病。以发生关节炎、腱鞘炎及腓肠肌肌腱断裂为主要特征。

【病原】本病病原为禽呼肠孤病毒，目前发现有11个血清型。本病毒抵抗力较强，对热稳定，卵黄中的病毒能耐56℃24h或60℃8~10h。有效的消毒药有70%乙醇、0.5%有机碘和5%过氧化氢溶液等。

【流行病学】鸡、火鸡和其他禽类均有易感性，但发病多见于肉鸡，也可见于产蛋鸡和火鸡。自然病例以4~7周龄的鸡多见，肉种鸡在开产前（16周龄左右）发病率也较高，其他禽类和鸟类可感染带毒，但不发病。

病鸡和带毒鸡是主要的传染源。病毒可在鸡体内存留115~289d。本病传播方式主要为水平传播，也可发生垂直传播。排毒途径主要是粪便，粪便污染是接触感染的主要来源。

【症状】多表现为关节炎和腱鞘炎症状。急性感染时，表现为跛行，部分鸡生长受阻。慢性感染时跛行更明显，少数病鸡单侧或双侧跗关节不能运动。有的病鸡关节炎症状虽不明显，但可见腓肠肌腱或趾屈肌腱部肿胀。病程延长且严重时，可见一侧或两侧腓肠肌腱断裂，跖骨歪扭，趾后屈，走路时出现典型的蹒跚步态。

【病理变化】主要病变在跗关节、趾关节。可见关节囊及腱鞘水肿、充血或点状出血，关节腔内含有少量淡黄色或带血色的渗出物。关节硬固，不能将跗关节伸直到正常状态，关节软骨糜烂，滑膜出血，肌腱断裂、出血、坏死，腱和腱鞘粘连等。

【诊断】根据典型症状和病理变化可做出初步诊断，确诊需进一步做实验室诊断。本病应注意与传染性滑膜炎、葡萄球菌性关节炎等相鉴别。

【预防与治疗】

1. 生物安全措施

（1）实行全进全出的饲养方式，严格执行卫生消毒措施，对鸡舍及环境进行彻底地清扫、冲洗后，用碱性消毒液或 0.5% 有机碘进行消毒，减少病原污染。

（2）慎重引进种苗和种蛋，严禁从疫区引入鸡苗和种蛋，防止疾病传入。

（3）加强检疫，坚决淘汰阳性种鸡，防止疾病经蛋垂直传播。

2. 免疫预防 免疫接种是预防病毒性关节炎的最有效方法。预防本病的疫苗有弱毒疫苗和油乳剂灭活苗 2 种。种鸡可于 5~7 日龄用弱毒苗进行首免，8~10 周龄再用弱毒苗进行二免，在开产前 2 周用油乳剂灭活苗加强 1 次。肉用仔鸡于 5~7 日龄接种 1 次弱毒苗即可。

3. 治疗 本病尚无有效的药物治疗方法。

十三、鸡传染性贫血

鸡传染性贫血（CIA）是由病毒引起的以雏鸡再生障碍性贫血、全身淋巴组织萎缩、皮下和肌肉出血以及高死亡率为特征的传染病。由于本病可产生免疫抑制，使机体抵抗力降低，容易并发或继发其他病原感染，危害很大。

【病原】本病病原为鸡传染性贫血病毒，是圆环病毒科圆环病毒属的成员，只有 1 个血清型。病毒抵抗力较强，对一般消毒药物有抵抗力，而对福尔马林、氯制剂等消毒剂敏感。

【流行病学】鸡是本病的唯一自然宿主，至今未发现其他禽类对本病易感。各日龄鸡均可感染，但主要发生在 3 周龄以内的雏鸡，以 1~7 日龄雏鸡表现较为严重。随着日龄增长，其发病率和死亡率逐渐降低。本病主要经蛋垂直传播，也可通过消化道、呼吸道水平传播。

【症状】本病特征性症状是贫血、消瘦和发育不良。病鸡表现为精神沉郁，消瘦虚弱，行动迟缓，羽毛松乱，冠、肉髯苍白，喙、脚呈黄白色，皮下出血，生长不良，体重下降，濒死鸡可见腹泻。发病 2~3d 后开始死亡，死亡率不一，通常为 10%~50%，继发性感染可阻碍病鸡康复，加剧死亡。

【病理变化】可见全身性贫血。肌肉与内脏器官苍白，严重病例出现肌肉和皮下出血，血液稀薄。最具特征的病变是胸腺萎缩甚至退化，颜色呈深红褐色；骨髓萎缩，表现股骨骨髓脂肪化，呈淡黄色或黄色；法氏囊萎缩。

【诊断】根据流行特点、症状和病理变化特征，可做出初步诊断，确诊需进行实验室的病毒分离与鉴定，血清学检测等检查。

在诊断过程中，注意与原虫病、黄曲霉毒素中毒及磺胺类药物中毒等疾病相区别，这些病均能导致贫血和免疫抑制。

【预防与治疗】

1. 生物安全措施

（1）加强饲养管理和兽医卫生措施，搞好日常环境和栏舍卫生消毒，防止环境因素及其他传染病导致的免疫抑制。

（2）加强检疫，对基础种鸡群施行普查，淘汰阳性鸡只，防止从外地引入带毒鸡，以免将本病传入健康鸡群。

2. 免疫接种　目前国外有商品活疫苗可供预防接种。主要用于12～16周龄的种鸡，采用饮水免疫，雏鸡可通过母源抗体获得对本病的抵抗力，但无本病流行的地区切勿使用活疫苗。

3. 治疗　对本病尚无特效的药物进行治疗。

十四、鸡出血性肠炎

鸡出血性肠炎（HE）是由病毒引起的6周龄或更大日龄火鸡的一种急性传染病，以精神沉郁、排血便和死亡为特征。感染群体可引起免疫抑制，容易继发细菌感染，从而使发病率和死亡率增加。本病是影响商业化火鸡主要经济价值的一种疫病，造成较大的经济损失。

【病原】　本病病原为禽腺病毒2型，属于腺病毒科成员。本病毒抵抗力较强，对氯、乙醚不敏感，但可被一般消毒药灭活。

【流行病学】　本病仅发生于火鸡，且多见于放养火鸡。易感日龄上以6～11周龄的幼火鸡多发，6周龄以内和12周龄以上的火鸡较少发病。病毒可通过口、鼻、泄殖腔等排出体外，从而污染环境、饲料和饮水，经消化道感染。鸟类和啮齿类动物可能是机械传播者。

【症状】　本病的特征是发展迅速，持续24h以上，主要表现为精神沉郁、排血便和死亡。在濒死和死亡鸡肛门周围的皮肤和羽毛上常有带血的粪便。如果在这些鸡的腹部稍加压力可从肛门挤出血便。

【病理变化】　死亡的雏火鸡通常因失血过多而外观苍白，但膘情良好，且嗉囊中含有饲料。小肠通常扩张，变色，肠腔内充满血样内容物。肠黏膜充血，个别病鸡黏膜表面覆盖有黄色、坏死性纤维素膜。病鸡的脾特别肿大、质脆，呈大理石或斑驳样外观。

【诊断】　根据肠道和脾的病理变化，可做出初步诊断。确诊则要进行病毒的分离鉴定、组织病理学检查和血液学诊断。

【预防与治疗】

1. 生物安全措施　用0.008 6%次氯酸钠溶液或其他杀病毒制剂，包括酚类衍生物，辅以25℃干燥1周，可以清洁和消毒受污染的设施。

2. 免疫预防　接种疫苗是控制和预防临床发病的最可行办法。可选用MDTC-RP19传代细胞系悬浮培养生产的弱毒苗进行免疫接种，一般在3～6周龄进行饮水免疫，1周后加强免疫1次则可。

3. 治疗　在疫情暴发后刚出现症状时，可采用恢复期鸡群的血清进行治疗，每只皮下或肌内注射0.5～1.0mL。由于病毒能使机体产生免疫抑制，应考虑防止继发细菌感染。

十五、鸡大肝大脾病

鸡大肝大脾病（BLS）是发生于产蛋肉种鸡（或产棕色壳蛋的蛋鸡）的一种新传染病。

其特征是产蛋率下降、死亡率增加及肝脾肿大。本病1980年最早发现于澳大利亚，美国、英国也有流行。

【病原】普遍认为本病的病原是一种病毒，但还未弄清病原的性质和分离出明确的病原因子，有试验证实该病毒核酸序列与人戊型肝炎病毒（HEV）核酸序列有62%的同源性。

【流行病学】鸡是本病唯一已知的自然宿主。常出现在产蛋的肉用种鸡群，一般多发于35～50周龄。本病一般在夏秋季节发生，可能与媒介昆虫有关。

【症状】本病没有典型和特征的临床表现，病鸡主要表现为精神沉郁、厌食和产蛋量下降，死亡率为1%左右。

【病理变化】主要为肝脾肿大，呈斑驳状。可见肝极度肿大，为正常的2～3倍，黄褐色，被膜上有针尖大到针头大的出血点，还散在有绿豆大小灰白色结节，切面有多量白色小点。脾肿大，为正常的3～4倍，呈暗红色，表面有大小不均的灰白色斑点。肾肿胀，出血。盲肠扁桃体肿大出血，卵巢萎缩，肠道弥漫性出血。

【诊断】根据流行特点和病理变化特征可做出初步诊断，确诊需进行实验室检查。可用免疫荧光技术进行诊断，即用已知阳性抗体测定病鸡肝、脾病料中抗原，反应为阳性者即可确诊为本病。

【预防与治疗】目前对本病尚无有效的免疫预防措施，加强饲养管理，搞好鸡舍环境卫生，实施定期消毒，是减少病毒的传播和疾病发生的关键。新引进的鸡群要进行严格检疫，并定期进行监测，以防将病传入。

十六、鸭瘟

鸭瘟（DP）又称鸭病毒性肠炎（DVE），是由病毒引起的鸭、鹅和其他雁形目禽类的一种急性、热性、败血性传染病。其临床特点是肿头、流泪、两脚麻痹，排绿色稀粪，体温升高。病变特征为食道有假膜性坏死性炎症，泄殖腔充血、水肿和坏死，肝有大小不等的出血点和坏死灶。本病流行范围广、传播迅速，发病率和死亡率可高达90%以上。

【病原】本病病原为鸭瘟病毒（DPV）。病毒存在于鸭各器官、血液、分泌物和排泄物中，以肝、脑、食道、泄殖腔含毒量最高。病毒对低温抵抗力较强，但对外界的抵抗力不强，对常用消毒药都敏感。

【流行病学】易感动物为鸭、鹅及其他雁形目禽类，以番鸭、麻鸭易感性最高，北京鸭次之。大鸭比小鸭易感，近年来鹅感染的趋势在上升。病鸭和隐性带毒鸭是主要传染来源。在低洼潮湿的多水地区，鸭瘟的发生与流行较多，说明水在病毒的传播中起着重要作用。此外，鹅和某些野生水禽及水生动物也可能成为病毒的传递者。感染途径主要是消化道、呼吸道，也可经眼结膜、黏膜伤口感染。本病一年四季均可发生，以春秋季较多发，大鸭比小鸭多发，发病率、死亡率高，传播迅速。

【症状】潜伏期：自然感染2～5d，人工感染3～4d。

病初体温升高达43℃以上，高热稽留。逐渐出现两脚麻痹无力，不愿下水，食欲明显下降，甚至停食，渴欲增加。

本病的特征性表现为流泪和眼睑水肿。病初流出澄清浆液，以后变成黏稠或脓样，往往将眼睑粘连而不能张开，严重者眼睑水肿或翻出于眼眶外，翻开眼睑可见到眼结膜充血，常有小出血点，甚至形成小溃疡；鼻中流出稀薄或黏稠的分泌物，呼吸困难；下痢，排出绿色或灰白色稀粪；部分病鸭可见头和颈部发生不同程度的肿胀，俗称"大头瘟"（图2-5）。

【病理变化】以急性败血症为主要特征，可见全身的浆膜、黏膜和内脏器官有不同程度的出血斑点或坏死。

食道黏膜有纵行排列的灰黄色伪膜覆盖或小出血斑点，伪膜易剥离，剥离后食道黏膜留有溃疡瘢痕。肌胃角质膜下层充血和出血。肠黏膜充血、出血，以十二指肠和直肠最严重。泄殖腔黏膜的病变与食道相同，黏膜表面覆盖一层灰褐色或绿色的坏死结痂，不易剥离，黏膜上有出血斑点和水肿。肝不肿大，肝表面有大小不等的灰黄色或灰白色的坏死点，少数坏死点中间有小出血点，胆囊肿大。心外膜和心内膜上有出血斑点。皮下组织发生不同程度的炎性水肿。

图2-5 鸭瘟（头部肿大）
1. 病鸭　2. 正常鸭
（引自蔡宝祥，《家畜传染病学》第3版，1996）

【诊断】根据传播迅速，发病率和病死率高，自然流行除鸭、鹅有易感外，其他家禽不发病等流行病学特点；体温升高，流泪，两腿麻痹和部分病鸭头颈肿胀等特征性症状；食道和泄殖腔黏膜特征性病变和肝脏坏死灶及出血点，进行综合分析，不难做出初步诊断。确诊要进行病毒分离鉴定和血清学检查等。

本病的病理变化与鸭巴氏杆菌病相似，应注意区别。

【预防与治疗】

1. 生物安全措施

（1）坚持自繁自养，引进种鸭或鸭苗时必须严格检疫。

（2）严格兽医卫生消毒制度，对鸭舍、运动场、饲养用具等定期用10％石灰乳或5％漂白粉进行彻底消毒。

2. 免疫预防　定期接种鸭瘟弱毒苗。于15～20日龄进行首免，到30～35日龄时加强免疫1次，母鸭产蛋前进行三免。肉鸭于25日龄时接种1次则可，种鹅群每年在春秋季各免疫1次。

3. 治疗　对本病没有特效治疗方法。一旦发病应立即隔离，带禽消毒，并对受威胁的鸭群进行紧急疫苗接种。在发病初期肌内注射抗鸭瘟高免血清，每只鸭注射0.5～1mL，有一定疗效。

十七、鸭病毒性肝炎

鸭病毒性肝炎（DVH）是由鸭肝炎病毒引起的雏鸭的一种急性、高度致死性传染病。本病发病急，传播迅速，病程短和死亡率高。临床上以角弓反张、肝肿大和大量的出血性斑点为特征，本病是严重危害养鸭业的主要疾病之一。

【病原】病原为鸭肝炎病毒，目前发现有3个血清型，即Ⅰ、Ⅱ、Ⅲ型。3个血清型之间无抗原相关性，没有交叉保护和交叉中和作用。该病毒抵抗力较强。

【流行病学】本病主要发生于1～3周龄雏鸭，特别以5～10日龄雏鸭最多见，成鸭、鸡和鹅可呈隐性感染而不发病。病鸭和隐性带毒鸭是主要传染来源，病毒主要通过消化道和呼吸道进行传播。在野外和舍饲条件下，鸭肝炎病毒具有极强的传染性，可迅速传播给鸭群中的全部易感雏鸭。无论是在实验条件下还是在自然条件下，本病可明显地发生接触性感染，常因从发病场或有发病史的鸭场购入带毒雏鸭而传入一个新的鸭场中，也可通过外来人员的参观、饲养人员串舍以及污染的用具和车辆等进行传播。

本病一年四季都可发生，以冬、春季发病较多，这可能与栏舍卫生环境较差有关。雏鸭发病率可达100%，死亡率则差别很大，一般为20%～95%，随着日龄增大，发病率与死亡率逐渐降低。

【症状】潜伏期为1～2d，该病流行过程短促，发病急，传播快，一经发现，发病率急剧上升，短期内即可达到高峰，死亡常在4～5d发生，随即迅速下降以至停止死亡，这是由于潜伏期及病程短，而雏鸭易感性又随日龄的增大而下降所致。

病初表现为精神委顿、废食、眼半闭呈昏睡状，以头触地，不久即出现神经症状，运动失调，身体倒向一侧，两脚痉挛踢动，死前头向背部扭曲，呈角弓反张状，两腿伸直向后张开呈特殊姿势。

【病理变化】因本病死亡的雏鸭常常体况良好，绒毛美观，可见喙端和爪尖瘀血而呈暗紫色。特征性变化是肝肿大、质地变脆、色暗淡或发黄，表面有大小不等的出血斑点。胆囊肿胀呈长卵圆形，内充满胆汁，胆汁呈褐色、淡茶色或淡绿色。

【诊断】根据突然发病，迅速传播，急性经过，结合剖检变化的肝肿胀和出血即可做出初步诊断。确诊要进行病毒分离鉴定和血清学诊断。

【预防与治疗】根据本病特点应将防治重点放在环境卫生控制和种鸭免疫等方面。

1. 生物安全措施

（1）对4周龄以内的雏鸭进行隔离饲养，可有效控制本病的发生。

（2）实行严格的卫生消毒措施。在每批鸭苗进入鸭舍前，用5%氢氧化钠溶液等喷洒消毒，对进出人员采取严格防范措施。一旦暴发本病，应立即隔离并对鸭舍彻底消毒。

2. 免疫预防　目前使用的疫苗是鸭肝炎鸡胚化弱毒疫苗，种鸭在收集种蛋前2～4周，以2周为间隔进行2次免疫接种，雏鸭可获得母源抗体保护。用弱毒疫苗免疫1日龄雏鸭，3～7d内可产生免疫力，但母源抗体干扰较大，常常出现雏鸭尚未产生免疫力即发病的现象，致使免疫效果不确实，故雏鸭免疫接种在实际生产中应用并不多。

对于没有母源抗体保护的雏鸭，可于1～2日龄每只皮下注射0.5～1mL高免血清或高免蛋黄液，可有效预防肝炎的发生。

3. 治疗　在鸭病毒性肝炎暴发的初期，每只鸭皮下注射1.5～3mL高免血清或高免蛋黄液，可有效地控制本病的蔓延，如有细菌继发或混合感染，加入敏感抗生素则效果更佳。

十八、小鹅瘟

小鹅瘟（GP）又称鹅细小病毒感染、雏鹅病毒性肠炎，是由病毒引起的雏鹅和雏番鸭的一种急性或亚急性败血性传染病，临床特征为精神委顿、食欲废绝和严重下痢。主要病变为渗出性肠炎，表现为小肠黏膜表层大片脱落，与凝固的纤维素性渗出物一起形成栓子，堵塞于肠腔。本病主要侵害4～20日龄雏鹅，传播快、发病率和死亡率高，是严重危害养鹅业的重要传染病。

【病原】病原为小鹅瘟病毒。目前只有1个血清型。病毒存在于患病雏鹅的肝、脾、脑、血液、肠道及其他组织器官中。病毒对外界环境有较强的抵抗力，经65℃加热30min其致病力无明显变化，能耐受pH3.0的酸性环境，对乙醚、氯仿、胰酶等不敏感。

【流行病学】自然病例仅发生于雏鹅和雏番鸭，不同品种的雏鹅易感性相似。主要发生于20日龄以内的雏鹅，1周龄以内的雏鹅死亡率可达100%，10日龄以上者死亡率一般不超过60%。雏鹅的易感性随着日龄的增大而减弱，20日龄以上的发病率较低，而1月龄以上的则极少发病。

带毒的成年鹅和患病雏鹅是主要传染源。在自然条件下，带毒的成年鹅通过粪便排出病毒，引起其他易感的鹅感染，如此不断传播，使整个鹅群感染，并可从一个鹅群传播至另一个鹅群。带毒鹅群所产的种蛋可能带有病毒，在孵化时，无论是孵化中的死胚，还是外表正常的带毒雏鹅，都能散播病毒。病毒污染孵坊，可引起刚出壳雏鹅感染，并在出壳后3~5d大批发病、死亡。患病雏鹅通过粪便大量排毒，病毒污染饲料、饮水后，经雏鹅消化道感染，从而引起本病在雏鹅群内的流行。

【症状】潜伏期与感染的日龄密切相关，通常情况下日龄越小的潜伏期越短，出壳即感染者其潜伏期为2~3d，1周龄以上的潜伏期为4~7d。根据病程的长短，可分为最急性、急性和亚急性3种类型。

1. 最急性型 多发生于1周龄以内的雏鹅或雏番鸭，常突然发病，死亡急，传播快，发病率可达100%，死亡率高达95%以上。在雏鹅精神沉郁后数小时内即表现极度衰弱，倒地后两腿乱划，迅速死亡，死亡的雏鹅喙及爪尖发绀。

2. 急性型 常发生于1~2周龄的雏鹅。患病雏鹅食欲减少或废绝，站立不稳，喜蹲卧，常落后于群体；严重下痢，排灰白色或青绿色稀便，粪便中带有纤维素碎片或未消化的饲料；喙端发绀，蹼色泽变暗；临死前出现神经症状，两腿麻痹或抽搐，或者出现颈部扭曲、角弓反张等。病程1~2d。

3. 亚急性型 多发生于2周龄以上的雏鹅，常见于流行后期或母源抗体水平较低的雏鹅。主要表现为精神委顿、下痢和消瘦等，少数幸存者生长迟缓。病程一般为5~7d或更长。

【病理变化】主要特征是肠道发生弥漫性、卡他性炎症和纤维素性、坏死性炎症。受侵害的小肠黏膜大片坏死、脱落，积集于小肠后段形成特征性栓子堵塞肠腔，使中后段的空肠和回肠膨大增粗，可比正常增大1~3倍，肠壁菲薄，触摸有紧实感，外观如香肠。

【诊断】本病具有特征的流行病学表现，如果孵出不久的雏鹅群大批发病及死亡，结合症状和特有的香肠状病变，可做出初步诊断，确诊需要进行实验室诊断。

【预防与治疗】

1. 生物安全措施

（1）严禁从疫病正在流行的地区购进种蛋、种苗及种鹅，对入孵的种蛋应严格进行药液和福尔马林熏蒸消毒，以防止病毒经蛋垂直传播。

（2）必须定期对孵化场进行彻底消毒，一旦发现被污染，应立即停止孵化，在进行严密的消毒后方能继续孵化。

（3）新购进的雏鹅，应隔离饲养观察20d以上，在确认无小鹅瘟发生时，才能与其他雏鹅合群饲养。

（4）母鹅在产蛋前一个月应进行全面的预防接种，受病毒威胁的鹅群一律注射弱毒疫苗。

（5）病死的雏鹅应焚烧或深埋处理，对病毒污染的场地进行彻底消毒，严禁病鹅外调或出售。

2. 免疫预防

（1）采用小鹅瘟鸭胚化弱毒疫苗在产蛋前1个月注射免疫母鹅（流行严重地区免疫2次），可使雏鹅获得坚强的被动免疫。另外，用弱毒疫苗直接接种1日龄雏鹅，也具有一定效果。

（2）对感染小鹅瘟或受威胁的雏鹅群注射抗小鹅瘟高免血清，可达到治疗和预防的效果。治疗剂量为每只每次2～3mL，对刚受感染的雏鹅，保护率可达80%～90%，对刚发病的雏鹅保护率为40%～50%。预防剂量为刚出壳后每只雏鹅0.5～1mL，可防止小鹅瘟的暴发流行。抗小鹅瘟高免蛋黄液的用途同抗小鹅瘟高免血清，也能起到预防和治疗的作用。

> **相关链接**：你知道我国科学家在国际上首先发现的禽病是什么吗？
> **答案**：1956年原苏北农学院方定一教授等在我国江苏省扬州地区首次详细描述了雏鹅发生一种严重的疾病，取名为小鹅瘟，并最早研制出了疫苗。1965年以后欧洲很多国家报道有本病存在。1978年国际上将该病称为鹅细小病毒感染，1981年方定一和王永坤报道小鹅瘟是由细小病毒引起。

十九、番鸭细小病毒病

番鸭细小病毒病（MDP）又称喘泻病，或"三周病"，是由细小病毒引起的一种急性、败血性传染病。临床特征为腹泻、呼吸困难、软脚和肠黏膜坏死、脱落。本病主要侵害3周龄以内的雏番鸭，具有高度传染、发病率高和死亡率高的特点，可造成雏番鸭大批死亡，即使耐过也成为僵鸭。

【病原】病原为番鸭细小病毒，为细小病毒科细小病毒属的成员，目前只有1个血清型。病毒抵抗力较强，对乙醚、胰蛋白酶不敏感，耐酸和热，但对紫外线辐射较敏感。

【流行病学】番鸭是唯一自然感染发病的易感动物，发病率和死亡率与日龄密切相关，日龄愈小发病率和死亡率愈高，一般4～5日龄初见发病，10日龄左右达到高峰，以后逐日减少，20日龄以后为零星发生。近年来，发病日龄有延迟的趋势，即30日龄以上的番鸭，偶有发病的报道，但其死亡率较低。除番鸭外，未见其他水禽感染发病。

病番鸭和带毒番鸭是主要传染源。成年番鸭感染病毒后不表现症状，但能随分泌物、排泄物排出大量病毒，成为重要传染来源。带毒的种蛋污染孵化器及出雏器可使刚出壳的雏番鸭感染，引起成批发病。患病的雏番鸭通过粪便排出大量病毒，污染饲料、饮水，也可使其他易感番鸭感染。

本病无明显的季节性，特别是我国南部地区，常年平均温度较高，湿度较大，易于发生本病。散养的雏番鸭全年均可发病，但集约化养殖场主要发生于9月至翌年3月，因这段时间气温相对较低，育雏室内门窗紧闭，空气流通不畅，污染较为严重，发病率和死亡率均较高；而在夏季，通风较好，发病率较低。

【症状】以消化系统和神经系统功能紊乱为主。表现为精神沉郁、食欲下降，饮水增加，消瘦；两脚无力，不愿走动；粪便稀薄呈黄白或黄绿色，含有气泡，肛门周围羽毛污染；呼吸困难，喙端发绀，后期张口呼吸；死前两脚麻痹，倒地抽搐，最后衰竭死亡。急性型病程2～4d，死亡率较高。亚急性型病程5～7d，病死率低，大部分病愈番鸭颈部、尾部脱毛，嘴变短，生长发育受阻，成为僵鸭。

【病理变化】 典型的眼观变化为全身败血症。病死番鸭全身脱水较明显，肛门周围有大量稀粪黏着，泄殖腔扩张、外翻。心脏变圆，心房扩张，心壁松弛，肾和脾表面有针尖大小、灰白色坏死灶。特征性病变在肠道，肠黏膜有不同程度的充血和点状出血，尤以十二指肠和直肠后段黏膜出血严重，少数病例盲肠黏膜也有点状出血。

【诊断】 根据流行病学、症状及病理变化特征可以做出初步诊断，但本病常与小鹅瘟、鸭病毒性肝炎或鸭传染性浆膜炎混合感染，容易造成误诊或漏诊。确诊必须进行病毒分离鉴定。

【预防与治疗】

1. 生物安全措施 加强环境控制，减少病原污染，增强雏番鸭的抵抗能力。孵坊的一切用具、物品、器械等在使用前后应彻底清洗和消毒，购入的种蛋在孵化前要进行甲醛熏蒸消毒，刚出壳的雏鸭应避免与新进入种蛋接触，育雏室要定期消毒。如孵场已被病原污染，则应立即停止孵化，待育雏室及全部器械和用具彻底消毒后再继续孵化。

2. 免疫预防 可用番鸭细小病毒弱毒疫苗进行免疫接种。接种疫苗3d后部分雏番鸭产生免疫，7d全部产生免疫，21d抗体水平达到高峰。也可通过免疫种鸭，使出壳雏鸭得到一定的保护。

3. 高免血清防治 可用番鸭细小病毒高免血清对雏番鸭进行防治，可大大减少发病率和死亡率。用番鸭细小病毒弱毒疫苗反复免疫鸭，收集效价为1:32以上的血清备用。该血清可用于5日龄雏番鸭的免疫预防，剂量为每只皮下注射1mL；也可用于发病番鸭的治疗，剂量为每只皮下注射3mL，治愈率可达70%。

> **相关链接**：2010年春季以来在我国南方主要养鸭地区的产蛋鸭发生一种导致产蛋严重下降的疫病病原和临床特征是什么？会不会感染人？
>
> **答案**：中国科学院微生物研究所高福研究组与中国农业大学动物医学院苏敬良研究组联合发现了2010年引起我国部分养鸭区鸭产蛋下降的元凶，即一种新的黄病毒-BYD（白洋淀）病毒，这是鸭感染黄病毒的首次报道。
>
> 从2010年4月起，中国东南部分省份的鸭场流行着一种严重的疾病，该疾病迅速蔓延至中国各养鸭重地，包括江西、山东、河北、江苏和北京。疾病影响包括北京鸭和麻鸭在内的多种产蛋鸭。感染鸭呈现出最突出的临床症状就是采食量忽然下降伴随产蛋率的骤降，产蛋率在5d内可降至10%，剖检可见卵巢发生出血、萎缩、破裂等严重病变。BYD病毒的发现一方面解释了这场不明原因的鸭场疾病，另一方面由于黄病毒本身的特点，不排除能够传染给人的可能性，因此应该引起动物卫生防控和公共卫生安全部门的高度重视。

思考题

一、填空题

1. 传染性法氏囊病之所以受人们的重视，是因为_____。

2. 传染性法氏囊病最易引起_____周龄的鸡发病。
3. 传染性法氏囊病的特征病变为_____。
4. 鸡马立克氏病根据病变的主要部位可分_____、_____、_____及_____等4种类型。
5. 马立克氏病疫苗根据保存条件不同可分为_____、_____2类，其中_____需要在液氮中保存。
6. 变异型传染性支气管炎的特征性病变是_____。
7. 传染性支气管炎根据病变类型，可分为_____、_____、_____及_____。
8. 鸡传染性喉气管炎是的一种急性呼吸道传染病，临床诊断以_____、_____、_____为特点。
9. 禽网状内皮增生病是禽类的一群病理综合征，包括_____、_____和_____。
10. 马立克氏病病毒有3个血清型，1型为_____，2型为_____，3型为_____，常用作冻干苗的为血清_____型病毒。

二、判断题

1. 传染性法氏囊病的传播只是通过消化道传染，感染鸡群和健康鸡群之间不相互传染。（　　）
2. 雏鸡感染传染性法氏囊病病毒，对新城疫等其他疫苗产生免疫抑制。（　　）
3. 法氏囊肿瘤是禽白血病最典型的病理变化。（　　）
4. 种鸡接种传染性法氏囊病疫苗目的是使其后代雏鸡获得母源抗体而得到保护。（　　）
5. 疫苗污染是禽网状内皮增生病发生的主要原因。（　　）
6. 雏鸡早期感染传染性支气管炎病毒会引起输卵管永久性损伤，到成年后终身不产蛋，变成"假母鸡"。（　　）
7. 传染性支气管炎雏鸡的首免常用H52疫苗，二免常用H120疫苗。（　　）
8. 鸡传染性支气管炎的特征病变是喉和气管黏膜出血和坏死，并有纤维素性伪膜覆盖。（　　）
9. 传染性喉气管炎主要发生于雏鸡。（　　）
10. 鸡群一旦发生传染性法氏囊病，应立即对该鸡群紧急接种传染性法氏囊病活疫苗。（　　）

三、选择题

1. 典型性新城疫出现的特征性病变为（　　）。
   A. 全身黏膜和浆膜出血
   B. 淋巴组织肿胀、出血和坏死
   C. 肠黏膜有大小不等的出血点
   D. 腺胃黏膜水肿，其乳头或乳头间有鲜明的出血点，或有溃疡和坏死
2. 非典型性新城疫出现的原因（　　）。
   A. 由于母源抗体高，接种新城疫疫苗后不能获得坚强免疫力，当有NDV侵入时，免疫鸡群可发生非典型新城疫

B. 由于母源抗体低，接种新城疫疫苗后不能获得坚强免疫力，当有NDV侵入时，免疫鸡群可发生非典型新城疫

C. 由于饲养环境不好，会出现非典型性新城疫

D. A、B、C都对

3. 非典型性新城疫的症状特点是（　　）。
   A. 突然发病，迅速死亡
   B. 嗉囊内充满大量酸臭液体
   C. 腹泻，粪便呈黄绿色或黄白色，有时混有少量血液
   D. 仅表现呼吸道和神经症状

4. 鸡新城疫活疫苗为中等毒力的是（　　）。
   A. 鸡新城疫Ⅰ系　　B. 鸡新城疫Ⅱ系　　C. 鸡新城疫Ⅲ系　　D. 鸡新城疫Ⅳ系

5. 过去曾称为真性鸡瘟的疾病是（　　）。
   A. 新城疫　　B. 呈隐性感染的禽流感　　C. 亚洲鸡瘟　　D. 高致病性禽流感

6. 在禽流感病毒的所有宿主中，被认为是流感病毒的最主要的储存宿主是（　　）。
   A. 水禽　　B. 鸡　　C. 候鸟　　D. 观赏鸟类

7. 关于低致病性禽流感描述正确的是（　　）。
   A. 轻度呼吸道症状，头和颜面部水肿，少数鸡有神经症状及下痢
   B. 冠肉髯发生皮肤坏死，头颈、腿部皮下水肿，急性死亡，病死率高达100%
   C. 通过粪—口途径传播
   D. A、B、C全不对

8. 对传染性喉气管炎描述正确的是（　　）。
   A. 病鸡有伸颈张口等症状
   B. 鸡、鸭均可感染发病
   C. 本病在鸡群中呈散发性流行
   D. 疫苗预防常采用滴鼻或喷雾方法

9. 传染性喉气管炎的临床特征为（　　）。
   A. 呼吸困难，下痢，神经紊乱，黏膜和浆膜出血
   B. 呼吸困难，咳嗽，咳出含有血液的渗出物，喉部和气管黏膜肿胀，出血并形成糜烂
   C. 咳嗽，喷嚏和气管发生啰音。在雏鸡还可出现流涕，产蛋鸡产蛋量下降和气管发生啰音
   D. 咳嗽，流鼻液，呼吸道啰音和张口呼吸

10. 鸡传染性支气管炎的特征病变（　　）。
    A. 气管黏膜增厚和混浊，表面有结节样病灶，内含干酪样物
    B. 鼻旁窦、眶下窦和眼结膜囊内有干酪样物
    C. 喉和气管黏膜出血和坏死，并有纤维素性伪膜覆盖
    D. 气管和支气管黏膜呈卡他性炎症，并有浆液性或干酪样渗出物

11. 鸡传染性支气管炎病原的特点是（　　）。
    A. 属疱疹病毒，在鸡胚中繁殖后在绒尿膜上产生痘斑

B. 血清型众多，型与型之间的交叉保护力低
C. 病毒可分为 A、C 两个型，我国以 A 型分离株较多
D. 属痘病毒，血清型很少

12. 鸡感染（　　）法氏囊早期显著肿大，后期萎缩。
    A. 马立克氏病　　B. 禽霍乱　　C. 鸡白痢　　D. 传染性法氏囊病
13. 传染性法氏囊病最易引起（　　）的鸡发病。
    A. 3～6 日龄　　B. 3～6 周龄　　C. 3～6 月龄　　D. 2～15 周龄
14. 鸡马立克氏病弱毒疫苗用于（　　）日龄雏鸡接种。
    A. 1　　B. 7　　C. 10　　D. 15
15. 鸡马立克氏病活疫苗的免疫途径为（　　）。
    A. 点眼　　B. 滴鼻　　C. 皮下注射　　D. 肌内注射
16. 马立克氏病发生后常可见到（　　）。
    A. 法氏囊萎缩　　B. 法氏囊肿瘤　　C. 胸腺增生　　D. 胸腺出血
17. 诊断马立克氏病必须注意与（　　）鉴别。
    A. 鸡淋巴白血病　　B. 鸡白痢　　C. 新城疫　　D. 鸡球虫病
18. 鸡马立克氏病最典型的症状是（　　）。
    A. 劈叉姿势　　B. 转圈运动　　C. 头颈扭转　　D. 观星状
19. 鸡马立克氏病火鸡疱疹病毒疫苗接种的主要目的是（　　）。
    A. 防止鸡只感染野毒
    B. 在后来感染野毒时，可以防止形成肿瘤
    C. 诱发高水平母源抗体以保护其后代
    D. 使体内产生保护力很强的中和抗体
20. 传染性喉气管炎弱毒苗最佳免疫途径是（　　）。
    A. 点眼　　B. 气雾　　C. 皮下注射　　D. 肌内注射
21. 禽网状内皮增生病最易感染（　　）。
    A. 鸡　　B. 火鸡　　C. 鸭　　D. 鹅
22. （　　）可引起禽病毒性肿瘤（　　）。
    A. 新城疫　　B. 禽流感　　C. 网状内皮组织增殖病　　D. 鸡传染性贫血
23. 5 万只规模蛋鸡场，鸡突然发病；体温升高、呆立、闭目昏睡。产蛋量大幅度下降或停止，头面部水肿，无毛处皮肤和鸡冠、肉髯等出血、发绀，流泪；呼吸高度困难，不断吞咽、甩头、口流黏液、叫声沙哑，头颈部上下点动或扭曲颤抖；排黄白、黄绿或绿色稀粪。据以上症状，初步判定该鸡场的鸡感染了（　　）。
    A. 鸡新城疫　　B. 鸡传染支气管炎　　C. 传染性喉气管炎　　D. 禽流感
24. 一群成年番鸭突然发病，病死率在 60% 以上，临床表现主要为体温升高、两腿麻痹、排绿色稀粪。剖检见食道黏膜出血、水肿和坏死，并有灰黄色伪膜覆盖或溃疡；泄殖腔黏膜出血；肝有坏死点。该群鸭发生的疾病可能是（　　）。
    A. 鸭瘟　　B. 禽流感　　C. 鸭病毒性肝炎　　D. 番鸭细小病毒病

四、问答题

1. 急性新城疫的典型症状有哪些？非典型新城疫的病变特点是什么？

2. 如何预防和扑灭新城疫？
3. 禽流感症状和病变特点是什么？如何防制？
4. 试述传染性支气管炎的症状、病变及防治措施。
5. 试述马立克氏病的症状、病变及防制措施。
6. 试述传染性法氏囊病的流行特点、病变及防制方法。

项目二 细菌性传染病

一、大肠杆菌病

大肠杆菌病是指部分或全部由禽致病性大肠杆菌（APEC）所引起的局部或全身性感染的疾病，包括大肠杆菌性败血症、大肠杆菌性肉芽肿、气囊病（慢性呼吸道疾病）、大肠杆菌性蜂窝织炎（炎性过程）、肿头综合征、大肠杆菌性腹膜炎、大肠杆菌性输卵管炎、大肠杆菌性骨髓炎/滑膜炎、大肠杆菌性全眼球炎及大肠杆菌性脐炎/卵黄囊感染。大肠杆菌病往往引起禽类发生典型的继发性局部或全身感染。

【病原】大肠杆菌是中等大小杆菌，其大小为 $0.6\mu m\times(2\sim3)\mu m$，有周鞭毛，无芽孢，有的菌株可形成荚膜，革兰氏染色阴性，需氧或兼性厌氧，生化反应活泼，在普通培养基上易于增殖，适应性强。

本菌血清型众多，目前已确定的大肠杆菌菌体（O）抗原173种，荚膜（K）抗原80种，鞭毛（H）抗原56种，引起鸡大肠杆菌病最常见的血清型为 O_1、O_2、O_{35} 和 O_{78}。

本菌对外界环境因素的抵抗力属中等，对理化因素敏感。$60\sim70$℃，$2\sim30$min 即可灭活大多数菌株。在低温条件下能长期存活。其对一般消毒剂敏感，对抗生素及磺胺类药等极易产生耐药性，且耐药性可从家禽传递给人类。

【流行病学】大肠杆菌是健康家禽肠道中的常在菌，其总数的 $10\%\sim15\%$ 属于致病性大肠杆菌。大肠杆菌也是一种条件性致病菌，当各种应激因素造成禽体免疫功能降低时，就会产生感染，在临床上常常成为某些传染病的并发病（如支原体）或继发病（如传染性法氏囊病）。

鸡大肠杆菌病有3种感染途径：一是经蛋传播。成年鸡发病时引起卵巢炎和输卵管炎，病原菌进入正在形成的卵内；种蛋外壳被粪便污染时，细菌可经蛋壳和蛋壳膜侵入感染鸡胚，并引起鸡胚和雏鸡的早期死亡，这种雏鸡可排菌污染周围环境，感染周围的健康雏。二是经呼吸道感染。鸡舍空气中的尘埃含有大量的病原菌，经呼吸道进入气囊，引起气囊炎和败血症。鸡舍通风不良，氨气、煤烟等有害气体和尘埃含量过高、卫生状况差、阴暗潮湿、消毒不严格、密度过大等是引起大肠杆菌呼吸道感染的最常见因素。三是经口感染，健康鸡因采食被污染的饲料和饮水而感染，尤以水源被污染引起发病最为常见。

禽大肠杆菌病的发生无季节性，但以春冬季节天气寒冷、气温变化剧烈时容易发生。另外 $7\sim8$ 月气温过高，易由于热应激而引发本病。

【症状与病理变化】

1. 急性败血症 最多见的病型。病鸡无任何症状突然死亡。4周龄以上的病鸡，病程较长，常有呼吸道症状，鼻液增多，呼吸时有"咕咕"的声响，张口呼吸，结膜发炎，排黄白色或黄绿色稀便，食欲减退或废绝。

剖检特征性病变是纤维素性心包炎，心包膜增厚、混浊、其上有大量灰白色绒毛状的纤维素性渗出物附着，有时心包膜和心外膜粘连。常伴发肝周炎，肝肿大，包膜增厚、混浊、有纤维素性渗出物，甚至整个肝为一层纤维素性薄膜所包裹。有时肝表面有坏死灶。气囊混浊增厚，上附有干酪样渗出物。

2. 死胎、初生雏腹膜炎及脐炎 多为经蛋感染，鸡胚通常在孵化后期死亡，孵出的雏鸡体弱，卵黄吸收不良，脐带炎，排白色、黄绿色或泥土样的稀便。在出壳后 2~3d 死亡，5~6 日龄后死亡减少或停止。死胚和死亡雏鸡的卵黄膜变薄，卵黄呈黄绿色黏稠或干酪样。4 日龄后感染的雏鸡可见心包炎。

3. 卵黄性腹膜炎 又称"蛋子瘟"。这是笼养蛋鸡和种母鸡大肠杆菌病的一种重要病型。病鸡腹腔和输卵管发炎，卵泡不能进入输卵管而坠入腹腔引起广泛的卵黄性腹膜炎，故大多数病禽往往突然死亡。剖开腹腔，见腹腔积有大量卵黄，腹腔脏器的表面覆盖一层淡黄色、凝固的纤维素性渗出物。腹腔脏器严重粘连。卵巢中的卵泡变形，呈灰色、褐色或酱色等，有的卵泡皱缩。

4. 输卵管炎 多发于产蛋期母鸡，表现为慢性输卵管炎，病鸡粪便中含有蛋清、凝固蛋白或凝固蛋黄，常呈蛋汤样稀便。剖检初期输卵黏膜充血、出血、坏死，内有多量纤维素性渗出物，或有凝固性蛋黄和蛋白滞留；后期可见输卵管壁变薄，黏膜脱落，内有干酪样坏死物团块，可持续存在几个月之久。

5. 肉芽肿 特征性病变是十二指肠和盲肠出现典型的肉芽肿，还见于肝、肠系膜。肉芽肿大小不等，呈灰白色或黄白色肿瘤样小结节。

6. 关节炎 一般呈慢性经过，病鸡关节肿胀、跛行。剖检主要表现关节囊增厚，关节液混浊，关节内有干酪样或脓样渗出物。

7. 全眼球炎 为败血症的后遗症。眼睛灰白色，角膜混浊，眼前房积脓，失明。

8. 脑膜炎 病鸡表现昏睡、瘫痪、歪头转圈、强迫站立时头颈震颤。

9. 鸭大肠杆菌性败血症 特征性病变是心包膜、肝被膜和气囊壁表面附有黄白色纤维素性渗出物。肝肿大，色变深，并浸染胆汁。脾肿大，色泽变深。各内脏器官都能分离到大肠杆菌。

【诊断】 根据本病的流行病学、症状及病理变化可做出初步诊断，但确诊需进行细菌的分离鉴定。

根据病型采取不同的病料，如果败血性疾病，采取血液、肝、脾等内脏实质器官；若是局限性病灶，直接采取病变组织。采取病料应尽可能在病禽濒死期或死亡不久，因死亡时间过久，肠道菌很容易侵入机体内。

本病易与鸡毒支原体感染相混淆，支原体感染有气囊炎、心包炎等变化，但其呼吸道症状较为突出，发病缓慢，病程长，多发生于 1~2 月龄鸡，两者经常相互继发或并发。

【预防与治疗】

1. 生物安全措施

（1）加强鸡群的饲养管理。降低饲养密度，控制禽舍的温度、湿度和通风，降低舍内尘埃；保证饲料和饮水的清洁，饮水中添加氯制剂有利于大肠杆菌病的控制。

（2）搞好孵化过程的卫生消毒工作。孵化用的种蛋被粪便污染，是大肠杆菌病传播的重要方式之一。在种蛋产下 1.5~2h 后用福尔马林熏蒸处理；同时淘汰裂纹和粪便污染的种蛋，孵化器用福尔马林熏蒸消毒。

（3）做好常见多发病的预防工作。避免 ND、IB、AI、IBD、MG 与大肠杆菌病的并发、继发感染。

2. 免疫接种 目前，较为实用的方法是从本场病鸡或死鸡中分离大肠杆菌，制成自家苗，效果较好。肉仔鸡在 7~10 日龄免疫 1 次即可；三黄鸡在 15~25 日龄免疫；种鸡在 70

日龄和100日龄进行2次免疫,接种后对后代有保护作用。

3. 药物预防　选择本病多发日龄提前投药预防是较好的方法,最佳时机是肉鸡出雏后1周和3～4周,蛋鸡产蛋率达到40%～60%的高峰前后。常用的药物有:硫酸新霉素、黄霉素、杆菌肽锌、硫酸黏菌素、益生素等。雏鸡可在1日龄注射头孢噻呋。

4. 治疗　常用抗菌药物有头孢噻呋钠、氟苯尼考、新霉素、阿米卡星、第三代喹诺酮类、安普霉素等。

(1) 头孢噻呋钠。皮下注射:1日龄雏鸡,每羽0.1mg。

(2) 氟苯尼考。溶液,混饮:以氟苯尼考计,100mg/L,连用3～5d。注射液,肌内注射:每千克体重20mg,隔天1次,连用2次。粉剂,内服:每千克体重20～30mg。

(3) 硫酸新霉素。可溶性粉,混饮:50～75mg/L,连用3～5d。预混剂,混饲:以硫酸新霉素计,每吨饲料鸡77～154g,连用3～5d。

(4) 硫酸阿米卡星。肌内注射:每千克体重5～7.5mg。混饮:1g纯粉加水10～20L,1d 2次,连用3d。

(5) 硫酸卡那霉素。肌内注射:每千克体重10～30mg。混饮:30～120mg/L,每d 2～3次。混饲:每吨饲料60～240g,连用2～3d。

(6) 硫酸安普霉素。可溶性粉,混饮:以硫酸安普霉素计,250～500mg/L,连用5d。

(7) 恩诺沙星。可溶性粉,混饮:以恩诺沙星计,50～75mg/L,连用3～5d。溶液,混饮:50～75mg/L,连用3～5d,片剂,内服:每千克体重5～7.5mg,每d 2次,连用3～5d。

(8) 中药。黄柏、黄连各100g,大黄50g,共加水1 500mL,微火煎至1 000mL,取药液;剩下药渣再加水1 500mL,再煎至1 000mL。合并2次药液,10倍稀释后供1 000羽鸡自由饮服。每d 1剂,连用3剂。

> **相关链接**:你知道为什么判断饮用水是否合格要测定大肠杆菌数是否超标吗?
> **答案**:因为大肠杆菌是人和动物肠道的常在菌,饮水中大肠杆菌的存在,常被认为是粪便污染的结果。

✅ 实训 2-4　鸡大肠杆菌病的诊断

【目的要求】

1. 通过尸体剖检实训,能根据眼观病变识别鸡大肠杆菌病。
2. 学会用病料涂片镜检、分离培养诊断鸡大肠杆菌病。

【材料】疑似大肠杆菌病死鸡、普通剪、手术剪、镊子、普通琼脂平板、普通肉汤、麦康凯琼脂平板、酒精灯、接种环、载玻片、吸水纸、生理盐水、革兰氏染色液、染色架、洗瓶、显微镜、香柏油、二甲苯、擦镜纸。

【方法步骤】

(一) 病理剖检

鸡大肠杆菌病具有诊断意义的剖检病变是纤维素性心包炎和肝周炎。

肝周炎:肝肿大,表面有一层黄白色的纤维素附着。

气囊炎:气囊混浊,壁增厚,不透明,内有黏稠淡黄色干酪样物。

纤维素性心包炎：心包膜混浊，增厚，心包液增量、混浊，心包膜上附有纤维素性渗出物，呈白色，严重者心包膜与心外膜粘连。

(二) 病料镜检、分离培养

1. 病料 感染的鸡胚，脐炎的卵黄物质，败血症鸡的肝、心包、气囊，关节的渗出液或脓液，输卵管炎和腹膜炎的干酪样物等。

2. 镜检 取病死鸡肝、脾、心血或培养物等涂片，革兰氏染色后镜检。大肠杆菌为粗短两端钝圆的小杆菌，革兰氏染色阴性，多单个散在，个别成双排列。病料涂片，瑞氏染色后镜检，可见两端钝圆的短小球杆菌，两极着染。

3. 分离培养 将病料直接划线接种在麦康凯琼脂平板上分离培养，置于37℃恒温箱中培养24h后观察。大肠杆菌在麦康凯琼脂培养基上呈边缘整齐或波状，稍凸起，表面光滑湿润，直径1.5～2.0mm，粉红色或深红色的圆形菌落。在普通琼脂平板上形成直径1.5～2.0mm、隆起、半透明、灰白色圆形菌落。在普通肉汤中呈均匀混浊，管底有少许黏液状沉淀物。有条件的还可进一步做生化试验和动物接种试验。

思考： 记录病理剖检变化和细菌分离培养结果，写出诊断报告。

实训 2-5　鸡大肠杆菌药敏试验

【目的要求】通过实训使学生掌握药敏试验的操作方法及结果判断，为临床用药提供依据。

【材料】

1. 细菌 从病死鸡分离的大肠杆菌。

2. 器材 手术刀、剪、眼科镊子、酒精灯、工业用酒精适量、铂金接种环、定性滤纸、干燥箱、恒温箱、高压灭菌器、打孔器、分析天平、无菌100mL三角瓶、无菌10、5、1mL吸管。

3. 培养基 配制普通营养琼脂液装在三角烧瓶中，102.9kPa（121℃）高温灭菌20min，调pH7.4后铺在90mm培养皿内备用。

4. 药品 灭菌生理盐水和各种抗菌药物，或市售各种干燥抗菌药纸片。

【方法步骤】

(一) 药敏试验操作方法

1. 病料分离培养 取新鲜病死鸡的心、肝、脾，用灼热的刀片烙热其表面，然后用酒精灯火焰灭菌的铂金接种环透过烙面插入，取少量组织或血浆，接种于普通琼脂斜面或平板培养基上，置37℃恒温箱内培养24h待用。

2. 药物滤纸片的准备

（1）纸片制作。用定量滤纸打成直径6mm的圆纸片，每瓶按100片分装在西林瓶内高压灭菌后，60℃下烘干。

（2）抗菌药物的浓度。如：10%氟苯尼考制剂1mL；15%强力菌沙星口服液1mL；庆大霉素原粉0.02g/mL；痢菌净原粉0.02g/mL等。

（3）用无菌操作法将配制好浓度的各种抗菌药分别加入装有100片纸片的西林瓶内混均，浸泡1～2h，放在恒温箱内37℃自然干燥备用。

3. 药敏试验 用经火焰灭菌的铂金接种环挑取待试细菌的纯培养物，以划线接种方式将挑取的细菌涂布到普通琼脂培养基表面（越密越好）。也可以将上述病料培养物移入 1～2mL 灭菌生理盐水中，充分混合均匀，用灭菌吸管吸取此培养物滴入琼脂平板培养基中，每个平皿 3～4 滴，用灭菌的铂金接种环涂布均匀（灭菌棉拭子蘸取菌液涂布），然后用灭菌的小镊子夹住各种药物滤纸片，平贴于已接种过培养物的培养基表面，每个平皿可放 4 张不同药物的滤纸片，使其距离相等。最后将平皿置于 37℃ 恒温箱中 24h 后观察。

（二）结果判定

若培养物中的细菌对某种药物敏感，则在该种药物滤纸片周围出现抑菌圈（图 2-6），其抑菌圈越大，表明细菌对该种药物的敏感性越高。如果没有出现抑菌圈，则说明该种药物对本病鸡所感染细菌无效。抑菌圈直径的大小是判断敏感度高低的标准。抑菌圈的大小用卡尺量取，直径 20mm 以上的为极敏，15～20mm 的为高敏，10～15mm 的为中敏，10mm 以下者为低敏，0mm 的为无敏感性。

根据药敏试验结果，药物治疗时，极敏和高敏药物为首选药。在不违反药物配伍禁忌的情况下，也可同时选用 2 种药物协同作用，以减少抗药菌株的形成。

思考： 记录药敏试验结果，并提出用药意见。

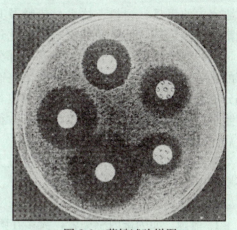

图 2-6 药敏试验样图
（引自杜元钊，《禽病诊断与防治图谱》，2005）

二、禽沙门氏菌病

沙门氏菌是肠杆菌科中的一个大属，该属包括 2 400 多个不同的血清型，主要在人和各种动物肠道内寄生。禽沙门氏菌病根据病原的抗原结构不同可分为鸡白痢、禽伤寒和禽副伤寒，其中禽副伤寒能引起人类食物中毒，具有重要的公共卫生意义。

（一）鸡白痢

鸡白痢（PD）是由鸡白痢沙门氏菌引起的一种急性全身性疾病，主要侵害雏鸡和雏火鸡。雏鸡以急性败血症和排白色糊状稀粪为特征，发病率和死亡率均很高。成年禽多为慢性经过或呈隐性感染。

【病原】 鸡白痢沙门氏菌为革兰氏阴性、不形成芽孢，细长杆菌。在牛肉琼脂或肉汤培养基上生长良好。在普通琼脂平板培养基上生长贫瘠，菌落较小，在 SS 琼脂、麦康凯琼脂平板上生长良好，24h 后呈细小无色透明、圆形的光滑菌落。

本菌对热及直射阳光的抵抗力不强，一般消毒药均可迅速将其杀死。但本菌在自然环境中的耐受力较强，如在尸体中可存活 3 个月以上，在干燥的粪便及分泌物中可存活 4 年之久。

【流行病学】 鸡对本病最敏感，其次是火鸡，本病主要发生于 2～3 周龄的雏鸡，尤其是 10 日龄以内的雏鸡有较高的发病率和死亡率。后备鸡及成年鸡较少发病，但往往可隐性带菌。

病鸡和带菌鸡是本病的主要传染源。本病是典型的经蛋传播的疾病之一，既可垂直传播，也可水平传播。经蛋传播（包括蛋壳污染和内部带菌）是本病最常见和最重要的传播方式，带菌鸡所产的蛋一部分带菌（带菌率约为 30%）。大部分带菌蛋的胚胎在孵化过程中死亡或停止发育，少部分虽能孵出，但雏鸡呈带菌状态。这种雏鸡往往在出壳不久发病，病雏鸡胎绒的飞散、粪便的污染，使孵化室、育雏室内的用具、饲料、饮水、垫料及其环境都被严重污染，可使同群雏鸡经消化道感染，这些感染雏鸡多数死亡。但有一部分带菌的雏鸡始终不表现症状，在长大后将有大部分成为带菌鸡，产出带菌蛋，又孵出带菌的雏鸡或病雏鸡，如此形成反复感染，循环发病，代代相传（图 2-7）。

营养不良、温度过低、饲养密度过大和环境潮湿等容易诱发本病。

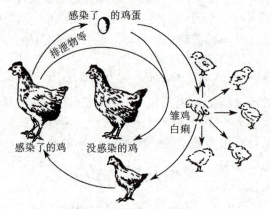

图 2-7　鸡白痢的循环传播
（引自董瑞璠，1999）

【症状】

1. 雏鸡　如为蛋内感染者，大多在孵化过程中死亡，或孵出病弱雏鸡，但出壳后不久也死亡，见不到明显症状。出壳后感染者，4～5 日龄才出现症状，7～10 日龄后发病率和死亡率逐渐升高，至 2～3 周龄达到高峰。病雏鸡怕冷寒战，常成堆拥挤在一起，翅下垂，精神萎靡，不食，闭眼嗜睡。突出的表现是下痢，排出白色、糊糊状稀粪，肛门周围的绒毛常被粪便污染，干后结成石灰样硬块，封住肛门，造成排便困难。因此，排便时发出尖叫声。如果感染累及肺部，还会出现呼吸困难。有些病鸡出现关节肿胀、跛行等症状。病程一般为 4～10d，死亡率一般为 40%～70%。3 周龄以上发病的鸡较少死亡。但耐过者多生长发育不良，成为带菌者。

2. 青年鸡　症状与雏鸡相似。最明显的是腹泻，排出颜色不一的稀粪，病程比雏鸡白痢长一些，本病在鸡群中可持续 20～30d，不断地有个别鸡只死亡。病死率 10%～20%。

3. 成年鸡　成年鸡感染后，一般呈慢性经过，无症状或仅见轻微的症状。有些病鸡精神不振，鸡冠苍白，食欲降低，渴欲增加，常有腹泻，排白色稀便。有时可发生卵黄性腹膜炎，使腹膜增厚呈"垂腹"现象，母鸡的产蛋率、受精率和孵化率下降，死淘率增加。

【病理变化】

1. 雏鸡　急性死亡的雏鸡往往无明显的病理变化，或仅见内脏器官充血，或见肝出血及一般败血症的病变。病程较长者，心肌、肺、肝、肌胃等脏器有黄白色坏死灶或大小不等的灰白色结节；肝肿大，有条纹状出血，胆囊肿大，充满胆汁；心脏常因结节而变形；有时可见心包炎和肠炎，盲肠内常有干酪样物；卵黄吸收不良，内容物呈带黄色的奶油状或干酪样；脾有时肿大，常见坏死；肾充血或贫血，输尿管内充满白色尿酸盐。病菌如累及关节，则可见关节肿胀、发炎。

2. 青年鸡　突出的变化是肝明显肿大，瘀血呈暗红色，或略呈土黄色，质脆易破，表面散在或密布灰白、灰黄色坏死点，有时肝被膜破裂，破裂处有凝血块，腹腔内也有血块或血水。

3. 成年鸡 主要病变在卵巢，最常见的病变为卵泡变形、变色、变质，卵黄性腹膜炎及腹腔脏器粘连，常有心包炎。公鸡的病变仅限于睾丸和输精管，睾丸极度萎缩，有小脓肿，输精管肿胀，充满黏稠的渗出物。

【诊断】鸡白痢的初步诊断主要依据本病在不同年龄鸡群中发生的特点以及病死鸡的剖检变化。成年鸡及青年鸡常为隐性带菌者，无可见症状，必须对全群进行血清学试验，才能查出感染鸡。目前，我国大多数鸡场采用全血平板凝集试验对群体进行检疫。

雏鸡白痢应与禽曲霉菌病进行鉴别诊断。两者肺部均有结节，但曲霉菌病的结节明显突出于肺表面，柔软有弹性，内容物呈干酪样，且肺、气囊、气管等处有霉菌斑。

【预防与治疗】目前本病尚无有效疫苗。预防鸡白痢的关键在于清除种鸡群中的带菌鸡，同时结合卫生消毒及药物预防，才能有效地预防和治疗本病。

1. 生物安全措施

（1）严格对种鸡进行检疫净化。鸡白痢主要是通过种蛋传播，因此，清除种鸡群中的带菌鸡是控制本病的最重要措施。可用全血平板凝集试验进行定期全面检疫，种鸡的第1次检疫在140～150日龄进行，若阳性率为5%～10%，间隔30d再进行1次普检，第2次普检阳性率没有达到规定的标准（0.1%～0.3%），还需进行普检或抽检。若阳性率在0.1%～0.3%，建议在产蛋高峰后300～350日龄再进行1次普检。必要时，可以在产蛋后期进行1次抽检。每次检出的阳性鸡应坚决淘汰。

（2）卫生消毒措施。种蛋入孵前要熏蒸消毒，做好孵化环境、孵化器、出雏器及所用器具的消毒。由于鸡白痢主要发生在育雏早期，育雏温度过低易导致鸡白痢的发生。因此，必须保证育雏温度相对恒定和适宜。

（3）育雏早期可用敏感药物进行预防。出壳后至5日龄，用庆大霉素针剂饮水，每只雏每天上、下午各1次，每次用量1 000～1 500U，连用4d。其他常用的药物有环丙沙星和卡那霉素等。中鸡或大鸡在饲料中添加益生素。

2. 治疗 鸡群发病后，饲料中添加敏感的药物，同时要加强饲养管理。治疗时，在饲料或饮水中添加敏感抗生素，常用的药物有诺氟沙星、恩诺沙星、环丙沙星、氟苯尼考、阿米卡星。

诺氟沙星：可溶性粉，混饮：50～100mg/L，连用3～5d。

环丙沙星：可溶性粉，混饮：40～80mg/L，每天2次，连用3～5d。

恩诺沙星：可溶性粉，混饮：50～75mg/L，连用3～5d。

（二）禽伤寒

禽伤寒（FT）是由鸡伤寒沙门氏菌引起家禽的一种急性败血性或慢性传染病。主要侵害鸡、火鸡和鸭，特别是生长期和产蛋期的母鸡。本病的特征是黄绿色下痢，肝和脾肿大，肝呈青铜色。禽伤寒与鸡白痢有许多相似之处，但对鸡的危害小于鸡白痢。

【病原】本病病原为鸡伤寒沙门氏菌，它与鸡白痢沙门氏菌均为肠杆菌科、沙门氏菌属D血清群中的成员，是一种革兰阴性的短粗小杆菌，在一般培养基上均能生长。本菌的抵抗力不强。

【流行病学】主要侵害3周龄以上的鸡，雏鸡发生本病时与鸡白痢难以区别。病鸡和带菌鸡是主要的传染源，既可水平传播，也可垂直传播。一方面，病鸡或带菌鸡通过其排泄物污染饲料、饮水、用具、车辆和环境等而水平传播；另一方面，通过其所产的带菌蛋，将病原传递给下一代，这是引起雏鸡发病的主要原因之一。

【症状】雏鸡和雏火鸡发病时，其症状与鸡白痢很相似。病雏鸡表现为精神沉郁，怕冷，打堆，排白色稀粪。当肺部受到侵害时，出现呼吸困难。雏鸡的死亡率可达10%～50%。青年鸡和成年鸡发病时，常见腹泻，排黄绿色稀粪。

【病理变化】本病的特征性病变为肝和脾显著肿大，肿大的肝可达正常的2～3倍，呈青铜色，肝和心肌上有灰白色粟粒大坏死灶。胆囊胀满并充满胆汁。脾肿大1～2倍，也有粟粒大小的坏死点，心包积液，有纤维素性渗出物。

【诊断】根据流行病学、症状可做出初步诊断。确诊必须进行细菌的分离和鉴定。由于本菌与鸡白痢沙门氏菌具有相同的菌体抗原，现采用鸡伤寒和鸡白痢多价染色平板抗原进行凝集试验，检出带菌鸡。

本病在鉴别诊断上，应注意与鸡白痢、禽副伤寒、禽霍乱、大肠杆菌性败血症相区别。

【预防与治疗】参看鸡白痢。

（三）禽副伤寒

禽副伤寒（DT）是由多种能运动的沙门氏菌引起的一种传染病。除了家禽外，人和许多动物也能感染发病，所以被认为是影响最广泛的人兽共患病之一。

【病原】引起禽副伤寒的沙门氏菌约有60多种150多个血清型，其中最为常见的是鼠伤寒沙门氏菌。

副伤寒沙门氏菌的抵抗力不强，但在外界环境中生存和繁殖能力很强，如在粪便和蛋壳上能保持活力约2年，在土壤中可存活280d以上。

【流行病学】本病能感染各种家禽和野禽，最常发生于鸡、火鸡和鸭。大多数来自家禽的沙门氏菌均能感染人，并引起胃肠炎甚至严重的败血症。

禽副伤寒多发生于1月龄内雏鸡，带菌动物如病鸡、鼠是主要传染源。本病的传播方式与鸡伤寒相同，主要通过消化道感染，也可通过种蛋垂直传播，沾污在蛋壳表面的病菌能够进入蛋内，在孵化器内传播。

【症状】症状与鸡白痢和鸡伤寒相似，不易区别。主要侵害雏鸡，表现为下痢、消瘦、羽毛蓬乱。

成年鸡常呈隐性感染，症状不明显，只表现为下痢和消瘦。

【病理变化】主要可见肝脾肿大、出血，有灰白色坏死点；心包炎及心包粘连，但心肌和肺的坏死结节没有鸡白痢那样常见；盲肠有干酪样栓子，肠道炎症明显，尤其是十二指肠出血性肠炎特别突出。

【诊断】根据流行病学、症状与病理变化可以做出初步诊断。确诊需做病原分离和鉴定。

【预防与治疗】目前，控制沙门氏菌感染可采用综合性防治措施：种蛋和雏禽应来自确认无沙门氏菌的种群；种蛋应进行合理的消毒并按严格的卫生标准进行孵化；进禽之前禽舍应按推荐的程序清洗和消毒；养殖场生产区设立消毒设施，对进出车辆、用具要彻底清洗、消毒；饲养人员进入生产区应更换衣服、鞋子；杜绝无关人员参观；防止水源和饲料被病原菌污染；防止接触别的家禽和野鸟；定期对禽舍及周围环境进行消毒；定期消灭养殖场内有害昆虫如蚊、蝇等和鼠类；死亡禽只必须焚烧或深埋；加强饲养管理，提高禽只的抵抗力等。

治疗可参考鸡白痢。

相关链接：你知道本病的病原为什么叫沙门氏菌吗？
答案：对人和动物具有致病性的沙门氏菌是美国农业部已故兽医细菌学家 Daniel E. Salmon（1850—1914）发现，为纪念他的贡献，用他的姓作为该属细菌的属名，称为沙门氏菌属。他于 1885 年首次分离到猪霍乱沙门氏菌。

✅ 实训 2-6　鸡白痢的检疫

【目的要求】学会用全血平板凝集试验诊断成年鸡鸡白痢。

【材料】

1. 鸡伤寒和鸡白痢多价染色平板抗原、强阳性血清（500IU/mL）、弱阳性血清（10IU/mL）、阴性血清。

2. 玻璃板、吸管、金属丝环（内径 7.5～8.0mm）、反应盒、酒精灯、针头、消毒盘和酒精棉等。

【方法步骤】全血平板凝集试验。

1. 操作　在 20～25℃环境条件下，用定量滴管或吸管吸取抗原，垂直滴于玻璃板上 1 滴（相当于 0.05mL），然后用针头刺破鸡的翅静脉或冠尖取血 0.05mL（相当于内径 7.5～8.0mm 金属丝环的 2 满环血液），与抗原充分混合均匀，并使其散开至直径为 2cm，不断摇动玻璃板，计时判定结果，同时设强阳性血清、弱阳性血清、阴性血清对照。

2. 结果判定

（1）凝集反应判定标准如下。

100%凝集（♯）：紫色凝集块大而明显，混合液稍混浊。

75%凝集（＋＋＋）：紫色凝集块较明显，但混合液有轻度混浊。

50%凝集（＋＋）：出现明显的紫色凝集颗粒，但混合液较为混浊。

25%凝集（＋）：仅出现少量的细小颗粒，而混合液混浊。

0%凝集（－）：无凝集颗粒出现，混合液混浊。

（2）在 2min 内，抗原与强阳性血清应呈 100%凝集（♯），弱阳性血清应呈 50%凝集（＋＋），阴性血清不凝集（－），判试验有效。

（3）在 2min 内，被检全血与抗原出现 50%（＋＋）以上凝集者为阳性，不发生凝集则为阴性，介于两者之间为可疑反应，将可疑鸡隔离饲养 1 个月后，再作检疫，若仍为可疑反应，按阳性反应判定。

思考：根据实训过程和结果写一份实训报告。

三、鸡传染性鼻炎

鸡传染性鼻炎（IC）是由副鸡嗜血杆菌（HPG）引起的鸡的一种急性上呼吸道传染病。主要症状为鼻腔与鼻旁窦发炎，打喷嚏，流鼻液，颜面肿胀，结膜炎等。本病可在育成鸡群和蛋鸡群中发生，造成鸡生长停滞、淘汰率增加以及产蛋率明显下降。

【病原】本病病原是副鸡嗜血杆菌，为革兰阴性的球杆菌或短杆菌，两极染色，本菌呈单个、成对或形成短链排列。

本菌对生长条件要求较为苛刻，需要 V 因子和二氧化碳才能生长良好。最适培养基为巧克力琼脂。

本菌有 A、B、C 等 3 个血清型，各型又分若干个亚型。不同血清型之间没有交叉保护力，同一血清型的不同亚型之间有部分交叉保护力。目前我国主要流行的是 A 型，其次为 C 型，B 型偶有发生。

本菌对外界环境的抵抗力很弱，对热、阳光、干燥及常用的消毒药均十分敏感。

【流行病学】 各种日龄的鸡均易感，随着日龄的增加易感性增强，以育成鸡和产蛋鸡最易感，尤以产蛋鸡发病时症状最典型、最严重。雏鸡易感性差，临床上很少发病。

病鸡和带菌鸡是本病重要传染源。其传播途径是呼吸道，也可通过污染的饮水和饲料经消化道感染，但不经蛋传播。

本病具有来势猛、传播快的特点。一旦发病，3～5d 可波及全群。

本病以秋冬、春初时节多发。潜伏期短，传播快。鸡群密度过大，鸡舍寒冷、潮湿、通风不良，维生素 A 缺乏，寄生虫感染等，均可促使本病的发生和流行。

本病发病率高且极易复发。一般前期死亡率低，后期死淘率高。常与鸡传染性喉气管炎、大肠杆菌病、葡萄球菌病、支原体病混合感染。某些细菌常常产生副鸡嗜血杆菌生长所需的 V 因子，助长了副鸡嗜血杆菌，使病情加重，引起更高的死亡率。

【症状】 主要表现为鼻炎和鼻旁窦炎。最明显的特点是鼻腔和鼻旁窦内有浆液或黏液性分泌物，因而面部水肿，结膜发炎。为了排出鼻腔分泌物，病鸡不断甩头、打喷嚏，面部水肿可蔓延到肉髯，出现明显肿胀（公鸡特别明显）。眼结膜发炎，眼睑肿胀，有的流泪，严重时眼睑被分泌物粘连不能睁开。如炎症蔓延到下呼吸道，可听到啰音。病鸡可出现腹泻，排绿色粪便，采食、饮水减少。育成鸡表现为生长不良，开产延迟，淘汰鸡增加，产蛋鸡群在发病 1 周左右产蛋率下降，下降幅度为 5%～35%。一般情况下单纯的传染性鼻炎很少造成鸡只死亡，但在流行后期鸡群开始好转，产蛋率逐渐回升时死亡增多，多由于其他疾病继发或并发感染（主要是支原体感染或大肠杆菌病）所致，没有明显的死亡高峰。

【病理变化】 主要病变为鼻腔及鼻旁窦黏膜充血肿胀，表面覆有大量黏液，窦内有多量渗出物凝块，后成为干酪样坏死物。发生结膜炎时，结膜充血肿胀，内有干酪样物，严重的可引起眼睛失明。

【诊断】 根据流行病学、症状与病理变化可初步诊断，确诊需进行细菌的分离培养、鉴定、血清学试验和动物接种试验。

本病必须与慢性呼吸道病、慢性禽霍乱、禽流感等病相区别。慢性呼吸道病，病程长，易反复。眶下窦发炎，形成硬结节，抗生素治疗有效。慢性禽霍乱，在禽霍乱流行的后期出现肉髯肿大，发硬；部分病鸡出现歪颈、关节肿大、跛行，抗生素治疗有效。禽流感，发病急，死亡率高。肉髯和鸡冠发紫、出血，抗生素治疗无效。

【预防与治疗】

1. 管理措施 康复的带菌鸡是主要的传染源，不能留作种用，应该与健康鸡群隔离饲养并且及时淘汰。不从疫情不明的鸡场购买种公鸡和开产鸡，或仅购买 1 日龄鸡作为后备鸡，并远离老鸡群进行隔离饲养。鸡场内每栋鸡舍应做到全进全出，禁止不同日龄的鸡混群饲养。鸡舍腾空后，应进行彻底清洗、消毒，空置 2 周后方可重新养鸡。鸡舍应通风良好，鸡群不能过分拥挤，要降低鸡舍内氨气浓度。

2. 免疫接种 使用传染性鼻炎二价油乳剂灭活苗,其免疫程序为种鸡和蛋鸡 30~40 日龄首免,110~120 日龄二免。

3. 药物防治 预防可用多西环素、磺胺间甲氧嘧啶。多种药物对本病都有明显的治疗作用。磺胺类、喹诺酮类、氨基糖苷类药物为首选药物。其中磺胺类药物治疗传染性鼻炎最为有效,产蛋鸡可选用毒性低、水溶性好的药物,如磺胺二甲嘧啶以 0.1%~0.2% 比例混饮,连用 7d。磺胺间甲氧嘧啶按 0.1% 浓度饮水 3d,0.05% 浓度饮水 3d。育成鸡可选用复方新诺明,按 0.2% 浓度拌料用 2d,0.1% 浓度拌料用 2d,0.05% 浓度拌料用 2d。间隔 5d 再重复一个疗程,以防复发。

在使用磺胺类药物过程中,应注意以下几个方面。

(1) 要使用高—中—低的用药程序;前两天剂量加倍,再按治疗量用 2d,预防量用 2d。

(2) 磺胺类药物副作用较大,用药时一定要搅拌均匀,防止中毒,同时添加维生素 K_3 和小苏打。

(3) 传染性鼻炎易复发,间隔 3~5d,重复一个疗程。本病易继发或并发慢性呼吸道病,所以在治疗鼻炎的同时添加预防慢性呼吸道病的药物如多西环素、红霉素、泰乐菌素等。

(4) 投药要考虑鸡群的采食情况,当食欲变化不明显时,可选用口服易吸收的磺胺类药物或抗生素。当采食明显减少口服给药不能达到治疗浓度时,应采取注射途径给药,可肌内注射链霉素或庆大霉素,连用 3~5d。

四、禽霍乱

禽霍乱(FC)又称禽出败、禽巴氏杆菌病,是由多杀性巴氏杆菌引起禽类的一种接触性传染病。通常呈急性败血性经过并伴有剧烈下痢,死亡率高。本病在我国广大农村的鸡、鸭群中时有发生,造成一定经济损失。在农村,成年鸡所造成的危害仅次于鸡新城疫,南方各地常年流行。

【病原】 本病的病原为多杀性巴氏杆菌。菌体为卵圆形的短小杆菌,无鞭毛,不形成芽孢,革兰氏染色阴性。病料组织或血液涂片用美蓝染色镜检,菌体两端浓染,呈明显的两极着色,这一染色特点有诊断意义。本菌对外界抵抗力不强,阳光照射、干燥、加热、常用消毒药均可将其杀死。

【流行病学】 各种家禽和野禽对本病都易感,家禽中以火鸡、鸡、鸭最易感,鹅的感受性稍差。2月龄内的鸡很少发病,3~4月龄的鸡和成年产蛋鸡较易感染。鸡、鸭可互相传染。

病禽、带菌禽是主要的传染源。此外,禽霍乱的病原是一种条件性致病菌,在某些健康鸡的呼吸道存在本菌,当饲养管理不当、天气突然变化、营养不良等因素造成机体抵抗力降低时,即可发病。本病传播途径较多,主要是消化道,其次是呼吸道,也可经皮肤伤口和带菌的吸血昆虫叮刺皮肤感染。

本病一年四季都可发生,但在高温、潮湿、多雨的夏、秋两季以及气候多变的春季最容易发生。

【症状】

1. 最急性型 常见于流行初期,成年高产蛋鸡最容易发生。病鸡常无任何先兆,突然倒地，双翅扑动几下就死亡。

2. 急性型 最为常见的类型。病鸡体温升高到43～44℃，精神沉郁，羽毛松乱，食欲废绝，离群呆立，呼吸急促，口和鼻流出带泡沫的黏液。鸡冠及肉髯发绀呈黑紫色，肉髯常水肿，发热和疼痛。后期常有剧烈下痢，粪便灰黄色或绿色，最后衰竭、昏迷而死。病程1～3d，病死率很高。

3. 慢性型 多发生于流行的后期或由急性病例转变而来。病鸡食欲不振，精神沉郁，冠和肉髯苍白，有的发生水肿、变硬，出现干酪样变化，甚至坏死脱落。有的关节肿大、跛行，甚至瘫痪，有的发生长期腹泻。有的可见鼻旁窦肿大，鼻腔分泌物增多，喉部有分泌物蓄积，影响呼吸。病程常可拖延数周后才死亡，或康复后长期带菌。

鸭常以病程短促的急性型为主。症状与鸡基本相似，表现沉郁，鸣叫停止，两脚瘫痪，眼半闭，少食或不食，口渴，鼻和口中流出黏液，张口呼吸，摇头，俗称"摇头瘟"，一般于发病后1～3d死亡。

成年鹅的症状与鸭相似，仔鹅发病和死亡较成年鹅严重，常以急性为主。

【病理变化】

1. 最急性型 常无明显的剖检变化，有时仅见心外膜有少量针尖大出血点。

2. 急性型 主要病变是出血和坏死，腹膜、皮下组织和腹部脂肪有小点状出血。心包发炎，心包变厚，心包内积有多量不透明淡黄色液体，并混有纤维素性凝块。心外膜有出血，尤其是心冠沟脂肪出血最明显。肺有充血和出血点。小肠前段尤以十二指肠的病变最显著，发生急性卡他性和出血性肠炎，肠黏膜充血、出血，布满小出血点，肠内容物中含有血液。肝肿胀，棕红色，质脆，表面有许多针头大灰黄色坏死点。

3. 慢性型 病变多局限于某些器官。鼻腔、气管呈卡他性炎症，有多量黏性分泌物，肺质地变硬，有较大的黄色干酪样坏死灶；关节肿大、变形，有炎性渗出物和干酪样坏死；公鸡的肉髯肿大，内有干酪样渗出物；母鸡的卵巢明显出血，卵黄破裂，腹腔器官表面上附着干酪样的卵黄物质。

【诊断】 通常根据病理变化，结合症状和流行病学，做出初步诊断。确诊需进行实验室检查。本病的急性型与鸡新城疫极易混淆。

【预防与治疗】

1. 加强饲养管理 本病的发生常常是由于某些应激因素的影响，使机体抵抗力降低的结果。因此，预防禽霍乱的关键是搞好平时的饲养管理工作，保持鸡舍环境清洁卫生，通风良好，定时清粪消毒。

2. 免疫接种

（1）疫苗种类。主要有活苗和灭活苗，活苗有G190E40弱毒苗、731弱毒苗、833弱毒苗，采用皮下注射或喷雾，免疫期为3～3.5个月。灭活苗有油乳剂灭活苗和蜂胶灭活苗，只能肌内注射，免疫期为3～6个月。这些疫苗的共同特点是免疫期较短，效力均不够理想。

（2）免疫程序。10～12周首免，16～18周二免。

3. 治疗

（1）庆大霉素。肌内注射：一次量，每羽，小鸡5 000U，成年鸡1万～2万U，每天2次，连用3d。

(2) 诺氟沙星。混饮，以烟酸诺氟沙星计，100mg/L，连用 3～7d。混饲：以诺氟沙星计，每吨饲料 100～200g，连用 3～7d。

土霉素：预混剂，混饲，以土霉素计，每吨饲料 500～1 000g。

> **相关链接**：请问禽霍乱是巴斯德首次命名的吗？
> **答案**：不是。法国学者 Chabert（1782）首先描述此病，并首次使用禽霍乱这一名称。Pasteur（巴斯德）是第 1 个（1880 年）分离此病原的学者。
> **相关链接**：请问巴斯德于 19 世纪发明创造的 3 种重要疫苗是什么？
> **答案**：禽霍乱弱毒苗、人狂犬疫苗、动物炭疽菌苗。

五、葡萄球菌病

鸡葡萄球菌病是由金黄色葡萄球菌引起的一种急性败血性或慢性传染病。临床表现为败血症、关节炎、雏鸡脐炎、皮肤坏死和骨（髓）炎。雏鸡感染后多为急性，成年鸡多为慢性。

【病原】本病的病原是金黄色葡萄球菌，革兰氏阳性菌。本菌对外界环境的抵抗力较强，对抗生素易产生耐药性。

【流行病学】各种日龄的鸡均可发生，40～60 日龄的中雏多呈败血症型，中雏发生皮肤病，成鸡发生关节炎和关节滑膜炎，脐炎多发生于刚孵出不久的雏鸡；地面和网上平养多发且严重。

金黄色葡萄球菌在自然界分布很广，土壤、饲料、饮水、禽类的皮肤、羽毛、黏膜、肠道中都有葡萄球菌存在。

本病是一种条件性疾病。皮肤或黏膜表面的破损是主要的传染途径。如鸡群感染鸡痘，疫苗接种，网刺刮伤和扭伤，啄伤，断喙及带翅号等均可导致葡萄球菌的感染。

雏鸡脐带愈合不良，易引起葡萄球菌感染，导致脐带发炎。

鸡群发生鸡传染性贫血时，翅尖皮肤破溃，易继发葡萄球菌病；另外，鸡群饲养密度过大、拥挤等因素均可加剧本病的发生。

【症状】根据感染部位不同可分为败血症型、关节炎型、脐炎型、眼炎型等。

1. **败血症型** 这是本病最常见的病型，危害最大。病鸡除全身症状外，特征性症状是在翼下、皮下组织出现浮肿，进而扩展到胸、腹及股内，外观呈紫黑色，内含血样渗出液，皮肤脱毛坏死，有时破溃，流出污秽血水，并带有恶臭味。有的病禽在体表发生大小不一的出血灶和炎性坏死，形成黑紫色结痂。

2. **关节炎型** 多发生于肉鸡及肉种鸡。发病突然，不能站立，驱赶时尚可勉强行动。以体重较大鸡多见。趾和跖关节肿大，呈紫黑色，囊腔内含血样浆液或干酪样物，有的出现趾瘤，脚底肿大、化脓。

3. **脐炎型** 初生雏鸡脐带愈合不良，易感染葡萄球菌。脐孔发炎肿大，腹部膨胀，皮下充血、出血，有黄色胶冻样渗出物，俗称"大肚脐"。

4. **眼炎型** 表现为眼睛肿胀、化脓、有干酪样物聚积以致失明。

【诊断】根据发病特点、症状与病理变化等情况可以做出初步诊断。进一步确诊需取病料作镜检、细菌分离和鉴定。

【预防与治疗】

1. 加强饲养管理，注意环境消毒，避免外伤发生。创伤是引发本病的重要原因，因此在饲养管理过程中应尽量减少外伤。如鸡舍内网架安装要合理，网孔不要过大，捆扎地板网或塑料网的铁丝末端不应有"毛刺"，脱焊的地方要及时修复。断喙、剪趾和注射、刺种疫苗时，要做好消毒工作。提供营养全价平衡的饲料，防止因维生素缺乏而导致皮炎和干裂。

2. 做好鸡痘和鸡传染性贫血的预防。

3. 治疗。鸡群发病后，可用庆大霉素、青霉素、头孢噻呋等敏感药物进行治疗，同时用0.3%过氧乙酸溶液消毒。

当发生眼炎型葡萄球菌病时，采用青霉素、氯霉素眼药点眼治疗，饲料中维生素A加倍使用。

六、坏死性肠炎

坏死性肠炎是由产气荚膜梭菌（A型或C型产气荚膜梭菌）引起的鸡的一种急性散发性传染病。其特征是发病急、死亡快，剖检病变主要在肠道，小肠后段黏膜出血、溃疡、坏死。

【病原】 本病的病原为A型或C型产气荚膜梭菌。A型和C型产气荚膜梭菌产生的α毒素、C型产气荚膜梭菌产生的β毒素，引起肠黏膜坏死，这2种毒素均可从坏死性肠炎病禽的粪便中查到。

【流行病学】 鸡对坏死性肠炎最易感，蛋鸡的自然发病日龄为2～6周龄，肉鸡的发病日龄一般为2～5周龄。仅呈散发，多发于肉鸡。粪便、土壤、污染的饲料、垫料或肠内容物均含有产气荚膜梭菌。在暴发各型坏死性肠炎时，污染的饲料和垫料通常是其传染来源，主要通过消化道传播。目前还不清楚本病产生是由于存在于健康鸡大肠和盲肠的细菌向小肠迁移的原因，还是产生毒素的原因。

从健康鸡群的肠道中到底能分离出多少个产气荚膜梭菌仍有争议。有人认为该菌是鸡肠道中主要的厌氧菌；但也有人认为，从1～5日龄的健康鸡肠道中，仅偶尔能分离或可只分离到数量有限的细菌。改变日粮可影响禽肠道中产气荚膜梭菌的数量，含鱼粉或小麦或大麦量高的日粮可促发或加重坏死性肠炎暴发。饲喂小麦日粮的鸡，添加一定量的纤维与复合碳水化合物可降低坏死性肠炎病变的严重性。饲料应激因素可增加粪便产气荚膜梭菌的排出量。

坏死性肠炎发病的另一个诱发因素是肠黏膜损伤。高纤维垫料、各种球虫感染和超过正常数量的产气荚膜梭菌相互协同作用即可诱发坏死性肠炎。还有人报道，坏死性肠炎可能是谷物的比例（小麦/大麦/玉米）、饲料中动物蛋白水平及气候因素等复合作用的结果。

【症状】 病鸡表现明显的精神沉郁、食欲下降、不愿走动、羽毛蓬乱。粪便稀，呈黑色，有时混有血液。病程短，病禽出现症状后很快急性死亡。

【病理变化】 剖检主要病变部位在小肠后1/3段，以弥散性黏膜坏死为特征。小肠因产生气体而膨胀，肠壁表现充血、变薄，容易破裂，严重者黏膜呈弥漫性土黄色，干燥无光，呈严重的纤维素性坏死，形成伪膜；肠腔内含有出血性物质。肝充血肿大并含有坏死灶。

【诊断】 根据典型剖检病变、发病特点以及病原分离即可确诊本病。

本病应与溃疡性肠炎和球虫病相区别。溃疡性肠炎的病原是鹑梭状芽孢杆菌，特征性病变为小肠后段及盲肠上有许多坏死灶和溃疡，肝也有坏死灶；而坏死性肠炎的病变则局限于空肠和回肠，盲肠和肝很少发生病变。球虫病与坏死性肠炎也有相似之处，但球虫病的病变以肠黏膜严重出血为特征。由于球虫常与产气荚膜梭菌混合感染，所以诊断时应加以注意。

【预防与治疗】

1. 预防

（1）做好鸡舍的清洁卫生工作。肉鸡舍要及时清理垫料。鸡舍环境中有大量的芽孢会反复暴发感染。此时，彻底清洁后往地面洒氯化钠可防止本病复发。

（2）加强饲养管理。不用潮湿霉变、腐败变质的饲料，避免饲料中小麦、大麦及鱼粉的含量过高，许多证据表明，饲料中麦类含量过高能诱发坏死性肠炎，建议小于30%，并且最好加入足量麦类专用酶；日粮中保证适量的食盐、钙、磷，以防相互啄羽或异食癖增加疾病传播机会。

（3）控制球虫病。采取接种球虫疫苗或在饲料中添加敏感药物来控制球虫病的发生，对预防本病有积极作用。

（4）应用药物预防。多种抗生素可降低粪便产气荚膜梭菌的排菌量，包括弗吉尼亚霉素、泰乐菌素、青霉素、氨苄西林、杆菌肽等。

（5）应用微生态制剂。乳酸杆菌、粪链球菌等益生素可减轻坏死性肠炎的危害。

2. 治疗 暴发坏死性肠炎后用林可霉素、杆菌肽、土霉素、青霉素、酒石酸泰乐菌素饮水治疗有效。该菌对复方敌菌净、庆大霉素不敏感。

青霉素：雏鸡每只每次2 000U，成鸡每只每次2万～3万U，混料或饮水，每天2次，连用3～5d。

杆菌肽：雏鸡每只每次0.6～0.7mg，育成鸡3.6～7.2mg，成年鸡7.2mg，拌料，每天2～3次，连用5d。

林可霉素：每天每千克体重15～30mg，拌料，每天1次，连用3～5d。

氨苄青霉素：2周龄以内的雏鸡，100L饮水中加入15g，每天2次，每次2～3h，连用3～5d。

氟苯尼考：按100mg/L的浓度饮水给药（用量以氟苯尼考计），也可按每千克饲料200mg拌料喂服，连用3d。

七、鸭传染性浆膜炎

鸭传染性浆膜炎有多种病名，如新鸭病、鸭败血症、鸭疫综合征、鸭疫败血征、鸭疫巴氏杆菌病、鸭疫里默氏杆菌病等，而鹅的鸭疫里默氏杆菌病曾被称为鹅流感或鹅渗出性败血症。该病是雏鸭、雏火鸡和其他多种禽类的一种常见的急性败血性传染病。感染鸭以纤维素性心包炎、肝周炎、气囊炎、干酪样输卵管炎和脑膜炎为特征。由于该病的高死亡率，高淘汰率，造成经济损失严重，目前已成为危害肉鸭养殖业的一种最常见细菌病。

【病原】病原为鸭疫里默氏杆菌（Ra），为革兰氏阴性、无运动性、不形成芽孢的小杆菌，呈单个、成双、偶尔呈链状排列。印度墨汁染色可见有荚膜，瑞氏染色呈两极着色。到目前为止共有21个血清型，我国流行的以1型为主。

本菌对理化因素的抵抗力不强。37℃或室温条件下，大多数菌株在固体培养基中存活不超过3～4d，肉汤培养物贮存于4℃则可以存活2～3周，细菌经55℃处理12～16h全部失活。对多数抗菌药物敏感，但对卡那霉素和多黏菌素不敏感，对庆大霉素有一定耐药性。

【流行病学】 家禽中以鸭最易感，樱桃谷鸭、番鸭、麻鸭等多个品种均可发病。主要侵害 2～7 周龄幼鸭，尤以 2～3 周龄雏鸭表现最严重，成鸭和种鸭较少发病。对鹅、火鸡、水禽等也有致病性，其中以雏鹅易感性较强，并表现出症状。

病鸭和带菌鸭是主要的传染源，病原可以通过呼吸道、消化道以及损伤的皮肤等多种途径感染发病。恶劣的饲养环境，如密度过大、通风不良、潮湿、过冷过热、饲料中缺乏维生素或微量元素、蛋白水平过低等，均易诱发本病。地面育雏也可因垫料粗硬、潮湿使雏鸭脚掌损伤而引起感染。本病发生后常继发大肠杆菌病，使病情加重，死亡率增加。

【症状】 最常见的临床表现是精神倦怠、厌食、缩颈闭眼、眼鼻有浆液或黏液性分泌物，常因鼻孔被分泌物干涸堵塞，引起打喷嚏，眼周围羽毛被分泌物黏结；有不同程度的下痢，粪便稀薄呈淡黄白色、绿色或黄绿色；病鸭软脚无力，不愿走动、伏卧、站立不稳，常用喙抵地面；部分病鸭出现不自主地点头、摇头摇尾、扭颈、前仰后翻、翻倒后划腿、头颈歪斜等神经症状。病鸭死前可见抽搐，死后常呈角弓反张姿势。耐过鸭生长受阻，失去饲养价值。

【病理变化】 本病特征性变化是广泛性纤维素渗出性浆膜炎，其中以心包炎和肝周炎最为显著。主要表现为纤维素性心包炎，心包液增多，心外膜表面覆盖纤维性渗出物，慢性病例心包增厚、混浊，与纤维性渗出物粘连在一起；气囊混浊、增厚且附有纤维素性渗出物；肝肿大、坏死，呈土黄色或红褐色，表面被一层灰白色或淡黄色纤维素膜覆盖；脾肿大，呈斑驳状，表面有灰白色坏死点；脑膜充血、出血，脑膜上也有纤维素渗出物附着；鼻旁窦内充满炎性分泌物；少数日龄较大的鸭见有输卵管发炎、膨大，内有干酪样物。

【诊断】 根据临床表现的神经症状和剖检所见的广泛性纤维素渗出性炎症变化可做出初步诊断，但应与多杀性巴氏杆菌、大肠杆菌和沙门氏菌等引起的败血性疾病相区别。确诊必须进行实验室的细菌分离和鉴定。

【预防与治疗】

1. 生物安全措施 加强饲养管理工作，改善饲养条件，并喂以优质全价的饲料，保证能满足其生长需要量，以增强雏鸭的体质。适当调整鸭群的饲养密度，注意控制鸭棚内的温度、湿度，尤其是在春天多雨、夏天炎热和冬天寒冷的季节，做好雏鸭的保暖、防湿和通风工作，尽量减少受寒、淋雨、驱赶、日晒及其他不良因素的影响。实行"全进全出"的饲养管理制度，不同批次、不同日龄的鸭不能混养在一起。鸭群出栏后，对各种用具、场地、棚舍、水池等要全部进行消毒。做好场地卫生工作，坚持消毒和防疫制度。定期对饮水器、料槽清洁消毒，并做好其他疾病，如鸭瘟、鸭病毒性肝炎、番鸭三周病、禽流感等疫苗的接种和防治，减少其他疾病的发生。

2. 免疫预防 我国目前应用较多的是各种佐剂的灭活苗（如福尔马林灭活苗、油佐剂灭活苗、蜂胶佐剂灭活苗和加有其他佐剂的灭活苗），如 1 型 Ra 的单价灭活苗、1，2 型二价灭活苗、或其他血清型的多价苗、Ra 和大肠杆菌的二联灭活苗、Ra 和出败及大肠杆菌的三联灭活苗等。采用灭活疫苗免疫鸭群，一般需要免疫 2 次才能得到较为有效的保护力，肉鸭在 7～10 日龄进行首次免疫，肌内注射或皮下注射 0.2～0.5 mL/只，相隔 1～2 周后进行二免，0.5～1 mL/只，能取得较好的防治效果。

3. 药物防治 庆大霉素、卡那霉素、磺胺 5-甲氧嘧啶、头孢类药物、喹诺酮类等药物都有比较好的效果。5%氟苯尼考按0.2%的比例（以氟苯尼考计，每千克饲料100g）拌料，连用5d，个别重症者可按每千克体重25mg肌内注射，连用2d，能取得显著疗效。也可用庆大霉素8 000～10 000U肌内注射，结合大群用药拌料，连续3～5d。或环丙沙星或恩诺沙星等每1 000L水加入25～50g，自由饮用，同时添加多种维生素，都可取得明显的治疗效果。

八、鸡支原体病

支原体是一类介于细菌与病毒之间、营独立生活的最小的单细胞微生物。从禽类分离的最常见而又有明显致病作用的支原体有鸡毒支原体、滑液囊支原体。

（一）鸡毒支原体感染

鸡毒支原体感染又称为慢性呼吸道病（CRD），在火鸡则称为传染性窦炎，是由鸡毒支原体引起的鸡和火鸡等禽类的一种呼吸道疾病，以咳嗽、流鼻液、喘气、呼吸道啰音及发生气囊炎、眼炎、鼻旁窦炎等为特征。本病发展缓慢且病程长，常与其他病毒或细菌混合感染。感染此病后，幼鸡发育迟缓，蛋鸡产蛋下降，饲料转化率降低，而且可在鸡群长期存在和蔓延，还可通过蛋垂直传播给下一代。

【病原】病原为鸡毒支原体（MG）。其形态呈多样性，基本上是球状或球杆状，也有丝状及环状的，可通过0.45μm的细菌滤膜。姬姆萨氏染色着色良好，呈淡紫色。MG人工培养时对营养要求较高，接种于7日龄鸡胚卵黄囊内生长良好。

MG对外界抵抗力不强，在水中立刻死亡，在20℃鸡粪中可存活1～3d。对紫外线的抵抗力极差，在阳光直射下会很快失去活力。但经冻干后于4℃保存可存活7年。一般消毒药均能很快将其杀死。MG对链霉素、四环素类、红霉素和泰乐菌素等敏感，而对青霉素、新霉素、多黏菌素、醋酸铊、磺胺类药物等有抵抗力。

【流行病学】鸡和火鸡对本病均有易感性，少数鹌鹑、孔雀和鸽也能感染发病。鸡毒支原体在鸡群中的感染相当普遍，感染率平均在70%～80%。病鸡和带菌鸡是主要的传染源，其可以通过垂直和水平2种方式传播。易感鸡与带菌鸡接触可发生感染；病原体通过病鸡咳嗽、喷嚏形成的飞沫和污染的尘埃经呼吸道感染；被支原体污染的饮水、饲料、用具可使本病由一个鸡群传播到另一个鸡群。被感染的种鸡可以将支原体经蛋垂直传播给下一代。感染早期和疾病较严重的鸡群经蛋传播率高，可构成代代相传，使本病在鸡群中连续不断地发生。

本病在鸡群中传播较为缓慢，但在新发病的鸡群中传播较快。单独感染支原体的鸡群，在正常饲养管理条件下，常不表现症状，多呈隐性经过，当遇到气候突变及寒冷、饲养密度大、卫生与通风不良、呼吸道接种疫苗或发生呼吸道病等诱发因素则表现出明显的症状。

本病一年四季均可发生，以寒冷季节多发。

【症状】幼龄鸡发病时，症状较典型，最常见的症状是呼吸道症状，表现为咳嗽、喷嚏、气管啰音。病初流浆液性或黏液性鼻液，使鼻孔堵塞妨碍呼吸而频频摇头。当炎症蔓延下呼吸道时，喘气和咳嗽更为显著，并有呼吸道啰音。到了后期，如鼻腔和眶下窦中蓄积较多渗出物，可引起眼部突出形成所谓"金鱼眼"样。

本病一般呈慢性经过，病程长达1个月以上。产蛋鸡感染只表现产蛋量下降，孵化率降低，孵出的雏鸡增重受阻。本病常与大肠杆菌合并感染，出现发热、下痢等症状，使死亡率升高。

【病理变化】 主要为鼻道、气管、支气管和气囊的卡他性炎症，内含有混浊的黏稠渗出物。气囊的病变最具特征性，气囊壁变厚和混浊，气囊壁上出现干酪样渗出物，开始如珠状，严重时成堆成块。如有大肠杆菌混合感染时，可见纤维素性心包炎和肝周炎。

【诊断】 根据流行特点、症状和剖检变化一般可做出诊断。如需确诊必须进行病原分离鉴定和血清学试验。在临床上应注意与传染性鼻炎、传染性支气管炎等相区别。

【预防与治疗】

1. 生物安全措施

（1）加强饲养管理。本病的发生具有明显的诱因，因此合理的饲养管理和避免各种应激因素是预防本病的关键。最重要的是饲养密度不能过大，保持良好通风，尽力避免忽冷忽热，进行呼吸道接种活疫苗（如ND、IB等）时要预防性投药。

（2）消除种蛋内支原体。可选用有效的药物浸泡种蛋，或加热处理种蛋，从而达到减少蛋内支原体的目的。方法是将药物注入气室，或者将蛋放在药物溶液中，加压使药物浸入。也可以在种蛋入孵时先加温至37.8℃，然后将种蛋置于5℃左右的对支原体有抑制作用的抗生素溶液中，浸泡15～20min，但这种方法对支原体消除不彻底，对孵化率也略有影响。

（3）培育无支原体感染鸡群。主要程序如下：

①选用对支原体有抑制作用的药物降低种鸡群支原体的带菌率和带菌强度，从而降低种蛋的污染率。

②将种蛋于恒温45℃处理14h，后转入正常孵化，这样可有效地消灭种蛋内支原体，只要温度控制适宜，对孵化率无明显影响。

③种蛋小批量孵化，每批100～200枚，减少出雏时相互之间可能的传染机会。

④小群分群饲养，定期进行血清学检查，一旦出现阳性反应鸡，立即将小群淘汰。

⑤在进行全部程序时，要做好孵化箱、孵化室、用具、房舍等的消毒和兽医卫生工作，防止外来感染。

通过上述程序育成的鸡群，在产蛋前全部进行一次血清学检查，必须是阴性反应才能用作种鸡。当完全阴性反应亲代鸡群所产种蛋不经过药物或热处理孵出的子代鸡群，经过几次检测都未出现阳性反应鸡后，可以认为已建立成功无支原体感染群。

2. 免疫预防 免疫接种是减少支原体感染的一种有效方法。疫苗有弱毒疫苗和灭活疫苗2种。目前常用的弱毒苗是F株疫苗，可用于点眼或饮水免疫，不宜滴鼻。蛋鸡和种鸡可于2～3周龄和开产前各接种1次。对油乳剂灭活苗，雏鸡3～4周龄肌内注射1次可免疫半年，开产前再注射1次。免疫后可有效地防止本病的发生和种蛋的垂直感染，并减少诱发其他疾病的机会，增加产蛋量。

3. 治疗 许多抗生素（如泰乐菌素、壮观霉素、链霉素和红霉素等）对本病都有一定的疗效，早期治疗效果明显。但支原体易产生耐药性，在选用药物之前，最好进行药敏试验，并交替用药。

红霉素：每100L水加入15g，混饮，连用3～5d。

泰乐菌素：每100L水加入60g，混饮，连用3～5d。

泰妙菌素（支原净）：每100L水加入30g，混饮，连用5～7d。

替米考星：每1 000kg饲料加入100g混饲，连用3～5d。

恩诺沙星：每 100L 水加入 5g，混饮，连用 3~5d。

（二）滑液囊支原体感染

滑液囊支原体感染是鸡和火鸡的一种急性或慢性传染病，一般呈亚临床型的上呼吸道感染，严重感染时可以侵害关节的滑液囊膜及腱鞘，引起渗出性滑膜炎、腱鞘滑膜炎及黏液囊炎。

【病原】病原为滑液囊支原体（MS），其对外界环境和消毒剂的抵抗力较差，将其污染的鸡舍经清洗、彻底消毒后，再空舍 1 周，放入 1 日龄易感鸡不引起感染。

【流行病学】易感动物主要是鸡（特别是肉鸡）、珍珠鸡和火鸡。鸭、鹅、鸽和鹌鹑也有自然感染的报道。不分大小均可感染，但急性感染多发生于 4~12 周龄的鸡和 10~24 周龄的火鸡。病鸡和带菌鸡是主要的传染来源，可以通过垂直和水平 2 种方式传播。垂直传播是本病重要的传播方式，产蛋种鸡在产蛋过程中感染时，蛋传播率在感染后 4~6d 间最高，随后传播可能停止，但感染群体会随时排菌。本病也可通过呼吸道感染。本病的感染率很高，可达 100%，但不一定表现出症状。

【症状】自然感染的潜伏期通常为 11~21d。

1. 鸡　最初症状是冠苍白、跛行和生长迟缓，随着病情的发展，出现羽毛粗乱，鸡冠萎缩，常伴有胸骨囊肿，喜卧，排水样含有多量尿酸盐的稀粪。病鸡表现不安、脱水和消瘦。有的病鸡表现轻度的呼吸道症状。

2. 火鸡　火鸡的症状与鸡基本相似，最明显的症状是跛行，其中的一个或多个关节表现发热和肿胀，偶见胸骨滑液囊增大。患病火鸡体重减轻，生长迟缓，一般不表现呼吸道症状。

【病理变化】

1. 鸡　早期在腱鞘的滑液囊膜、关节、龙骨滑膜囊可见有黏稠的乳白色至灰白色渗出物，并伴有肝、脾肿大。肾肿大，苍白，呈斑驳状，内含有多量尿酸盐。随着病情的发展，在腱鞘、关节、甚至肌肉和气囊中有干酪样渗出物。同时，关节表面，尤其是跗关节和肩关节的表面出现不同程度变薄甚至凹陷。

2. 火鸡　关节肿胀不如鸡明显，但切开跗关节常见有纤维素性及化脓性分泌物。

【诊断】根据病史、典型症状和病变可初步诊断，确诊则应进行病原分离及血清学试验。

【防治方法】参照鸡毒支原体感染的防治方法。

九、禽曲霉菌病

曲霉菌病是由曲霉菌属的真菌感染所引起的多种家禽和哺乳动物的一类疾病，其特点是在组织器官，尤其是肺及气囊发生炎症和形成小结节。

【病原】病原为半知菌纲曲霉菌属中的真菌，主要为烟曲霉，其次为黄曲霉。另外，黑曲霉、构巢曲霉、土曲霉等也有不同程度的致病性。

曲霉菌的孢子抵抗力很强，煮沸后 5min 才能杀死，常用消毒剂有 5% 甲醛、苯酚、过氧乙酸和含氯消毒剂等。

【流行病学】曲霉菌的孢子广泛分布于自然界，禽类常因接触发霉饲料和垫料经呼吸道或消化道感染。各种禽类都有易感性，以 4~12 日龄的幼禽易感性最高，常表现为急性和群发性，成年禽以慢性和散发性为主。阴暗潮湿的鸡舍、不洁的育雏器和其他用具、梅雨季节、空气污浊等有利于曲霉菌增殖，均可促使本病发生。

【症状】急性者可见病禽精神委顿，对外界反应淡漠，离群独处，闭目昏睡，羽毛松乱；喜卧伏，拒食。病程稍长，可见呼吸困难，伸颈张口呼吸，细听可闻气管啰音，但不发生明显的"咯咯"声。由于缺氧，冠和肉髯颜色暗红或发紫，食欲显著减少或不食，饮欲增加，常有下痢。病原侵害眼时，结膜充血、肿眼、眼睑封闭，内有干酪样物，严重者失明。急性病程2~7d死亡，慢性可延至数周。

【病理变化】病变一般以肺部为主。典型病例可在肺部发现粟粒大至黄豆大的黄白色和灰白色结节，切开似有层状结构。有的病例还呈局灶性或弥漫性肺炎变化。除肺外，气管和气囊也能见到结节。其他部位，如胸腔、腹腔、肝、肾、肠浆膜等处有时也可见到。

【诊断】根据流行特点、症状和剖检特征可做出初步诊断。确诊需进行微生物学检查。

【预防与治疗】

1. 生物安全措施

（1）预防本病的关键是不使用发霉的垫料和饲料，垫料要经常翻晒，妥善保存，尤其是阴雨季节，防止霉菌生长繁殖。种蛋、孵化器及孵化厅均要按卫生要求进行严格消毒。

（2）育雏室应注意通风换气，保持室内干燥、清洁。长期被烟曲霉污染的育雏室、土壤、尘埃中含有大量孢子，雏禽进入之前，应彻底清扫、换土和消毒。消毒可用福尔马林熏蒸法，或0.4%过氧乙酸，或5%石炭酸喷雾后密闭数小时，经通风换气后使用。

2. 治疗 发现本病时，迅速查明原因，并立即排除，同时进行环境、用具等的消毒工作。

本病目前尚无特效的治疗方法。制霉菌素防治本病有一定效果，剂量为每100只雏鸡每次用50万U，每天2次，连用2d。或用克霉唑治疗，剂量为每100只雏鸡用1g，混饲。饮水中可添加硫酸铜（1∶2 000倍稀释），连喂3~5d，也有一定效果。

思考题

一、填空题

1. 鸡白痢的病原是_____，禽霍乱的病原是_____。
2. 治疗禽大肠杆菌病，选择药物的依据是进行_____试验。
3. 禽大肠杆菌病最常与_____病并发或继发。
4. 鸡葡萄球菌病的主要传播途径是_____。
5. 鸡传染性鼻炎以_____和_____鸡多发，最明显的症状是_____、_____和_____。

二、判断题

1. 禽大肠杆菌病既可水平传播也可垂直传播。（　）
2. 禽沙门氏菌病常见的有鸡白痢、禽霍乱和禽副伤寒。（　）
3. 鸡白痢最重要的传播方式是经蛋垂直传播。（　）
4. 禽伤寒肝肿大呈青铜色。（　）
5. 鸡霍乱不会传染给鸭。（　）
6. 传染性鼻炎可发生于各种年龄的鸡，但幼龄鸡感染后表现较为严重。（　）
7. 鸡葡萄球菌病的发生与外伤及环境不良有关，与鸡痘无关。（　）

8. 鸡坏死性肠炎的病变以十二指肠段最明显。（   ）

三、选择题

1. 禽大肠杆菌病的病变特征是（   ）。
   A. 纤维素性心包炎、肝周炎   B. 肠黏膜出血
   C. 肠黏膜坏死   D. 凝固性盲肠栓子
2. 当前防治禽大肠杆菌病的主要措施是（   ）。
   A. 封锁疫区   B. 免疫接种   C. 药物防治   D. 淘汰感染鸡
3. 鸡葡萄球菌病的传播途径是（   ）。
   A. 损伤的皮肤或黏膜   B. 呼吸道   C. 消化道   D. 飞沫
4. 鸡葡萄球菌病的特征性症状是（   ）。
   A. 下痢   B. 呼吸困难
   C. 站立不稳   D. 胸腹下皮肤水肿，紫黑色，内含血样渗出液，脱毛
5. 下列疾病中呈垂直传播的是（   ）。
   A. 鸡白痢   B. 禽霍乱   C. 传染性法氏囊病   D. 鸡毒支原体感染
6. 禽沙门氏菌病中，具有公共卫生意义的是（   ）。
   A. 鸡白痢   B. 禽伤寒   C. 禽副伤寒   D. 鸡白痢和禽伤寒
7. 鸡白痢最常用的检疫方法是（   ）。
   A. 细菌分离鉴定   B. 变态反应   C. 分子生物学方法   D. 全血平板凝集试验
8. 产蛋母鸡感染鸡白痢沙门氏菌后常表现为（   ）。
   A. 无任何影响   B. 败血症
   C. 排白色、黏糊状粪便   D. 常无症状，但产蛋率与受精率降低
9. 鸡白痢对成年鸡的侵害主要表现于（   ）。
   A. 慢性肝炎   B. 慢性肠炎   C. 卵巢炎   D. 增生性脾炎
10. 禽霍乱的病原是（   ）。
    A. 禽巴氏杆菌   B. 多杀性巴氏杆菌
    C. 溶血性巴氏杆菌   D. 里默氏杆菌
11. 禽霍乱剖检的典型病变是（   ）。
    A. 败血症   B. 肺出血
    C. 肾肿大、尿酸盐沉积   D. 肝肿大、点状坏死
12. 目前禽霍乱疫苗最长的保护期一般为（   ）。
    A. 3个月   B. 4个月   C. 6个月   D. 8个月
13. 禽霍乱病原具有诊断意义的特点是（   ）。
    A. 病料组织美蓝染色镜检，菌体两极着色   B. 革兰氏染色阴性
    C. 对外界抵抗力不强   D. 无鞭毛，不形成芽孢
14. 传染性鼻炎发病感染较为严重的鸡是（   ）。
    A. 雏鸡   B. 青年鸡   C. 老龄鸡   D. ABC 都对
15. 治疗鸡传染性鼻炎最有效的药物是（   ）。
    A. 链霉素   B. 庆大霉素   C. 磺胺类药物   D. 喹诺酮类药物
16. 某鸡场 7 日龄雏鸡发病，排白色糨糊状粪便；肝病料接种麦康凯培养基，生长出无

色菌落，生长菌革兰氏染色阴性。该鸡群感染的病原可能是（　　）。

  A. 大肠杆菌 B. 沙门氏菌 C. 巴氏杆菌 D. 葡萄球菌

17. 某鸡场，1~3日龄雏鸡死亡率3％，病死鸡剖检，见肺、肾、肝、心脏潮红湿润，部分病死雏脐带处可见绿豆大、黄白色包囊状物，卵黄囊呈黄绿色，吸收稍差，此病可能是（　　）。

  A. 新城疫 B. 药物中毒 C. 饲料中毒 D. 大肠杆菌感染

18. 下列禽病中，不能经蛋传播的是（　　）。

  A. 慢性呼吸道病 B. 传染性支气管炎 C. 禽脑脊髓炎 D. 鸡白痢

19. 下列疾病中，只能使鸡感染的是（　　）。

  A. 传染性鼻炎 B. 慢性呼吸道病 C. 大肠杆菌病 D. 禽流感

四、问答题

1. 鸡白痢的净化检疫程序如何制订？
2. 如何预防鸡坏死性肠炎的发生？

模块三

寄生虫病

项目一 禽原虫病

一、球虫病

（一）鸡球虫病

鸡球虫病是由多种艾美耳球虫在肠道上皮细胞内繁殖引起的一种原虫病。主要特征是病鸡消瘦、贫血和血痢。该病主要危害幼龄鸡，发病率和病死率均较高。病愈鸡生长受阻，增重缓慢；成年鸡多为带虫者，增重和产蛋能力降低。鸡球虫病是养鸡业中重要而常见的一种疾病，对养鸡生产的危害十分严重，往往会造成巨大的经济损失。

【病原】寄生于鸡体内的球虫主要有7种，即柔嫩艾美耳球虫、毒害艾美耳球虫、堆型艾美耳球虫、巨型艾美耳球虫、布氏艾美耳球虫和缓艾美耳球虫和早熟艾美耳球虫。其中，致病力最强、危害最大的是柔嫩艾美耳球虫，其次为毒害艾美耳球虫。它们分别寄生于鸡的盲肠和小肠中段，人们通常称之为盲肠球虫和小肠球虫。在鸡粪中可见到球虫的卵囊。

鸡球虫抵抗力非常强，一般消毒药不能将其杀死，干燥能使其发育停止或死亡。氨气对卵囊有强大的杀灭作用。卵囊在外界发育的适宜温度为20～30℃。高于37℃或低于7℃则发育停止。

【生活史】鸡球虫的发育过程可分为裂殖生殖、配子生殖和孢子生殖3个阶段。裂殖生殖阶段和配子生殖阶段是在鸡体内进行的，孢子生殖阶段在体外完成。当鸡通过饲料和饮水摄食了孢子化卵囊后，卵囊中的子孢子游离出来，钻入肠黏膜上皮细胞进行裂殖生殖，这时的虫体称为裂殖体。一个裂殖体可分裂成大约900个香蕉形的第一代裂殖子，这时宿主细胞即遭破坏。裂殖子进入肠腔，又侵入新的肠黏膜上皮细胞，形成第二代裂殖体。第二代裂殖体发育成熟后，又引起肠上皮细胞破裂，释放出第二代裂殖子。这些裂殖子再次

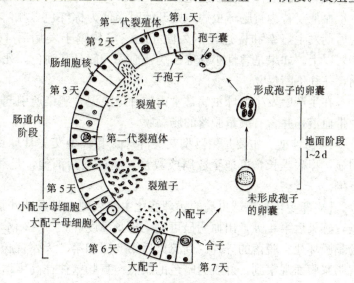

图3-1 柔嫩艾美耳球虫的生活史

（引自赵余放，《简明鸡病防治图说》，1995）

侵入肠黏膜上皮细胞，可发育为大配子体和小配子体，开始配子生殖。大配子和小配子结合形成合子，合子周围形成一层厚的被膜，具有被膜的合子叫做卵囊。卵囊从肠黏膜上脱落下来，随鸡的粪便排出体外（图3-1）。

刚排出体外的卵囊对鸡没有致病性，在外界温暖、潮湿的环境中进行孢子生殖，形成孢子囊和子孢子，含有成熟子孢子的卵囊称为感染性卵囊，这种卵囊具有致病性。整个体内繁殖过程为4～6d。

【流行病学】鸡是球虫唯一的天然宿主。所有日龄和品种的鸡对球虫都易感染，但2周龄以下的雏鸡由于有母源抗体的保护，因而很少发病；3～6周龄最容易暴发急性球虫病。柔嫩艾美耳球虫常发生于3～7周龄的雏鸡；毒害艾美耳球虫常见于8～18周龄的鸡。

产蛋鸡和种鸡如果在其早期生活中没有接触过某一种球虫，或因为其他疾病使免疫力受到抑制，那么蛋鸡进入产蛋鸡舍后，也可能会暴发球虫病。如果在生长前期已接触球虫并产生了免疫力，则很少发生球虫病。

本病的感染途径是消化道，主要是由于雏鸡吃入有活力的孢子化卵囊而发生感染。凡被带虫鸡的粪便污染的饲料、饮水、土壤及用具等，都有卵囊存在。而其他家畜、昆虫、鸟类和尘埃以及管理人员，都可成为球虫病的机械传播者。特别是地面平养鸡容易发生本病。

本病在温暖多雨的春夏季节发病最多，但在全年孵化的养鸡场和笼养的鸡场中，一年四季均有发生。当鸡舍潮湿、拥挤、卫生不良时，最易发病，且往往迅速波及全群。饲料中缺乏维生素A、维生素K以及日粮营养不平衡等，也可诱发本病的发生。

【症状】临床上常根据发病的严重程度将鸡球虫病分为急性型和慢性型两型。

1. 急性型　由柔嫩艾美耳球虫和毒害艾美耳球虫所引起，前者引起急性盲肠球虫病，多见于幼鸡；后者引起急性小肠球虫病，多见于成年鸡。两者均可造成鸡群的大批发病死亡。表现为病初病鸡精神沉郁，羽毛松乱，不喜活动，食欲减退，泄殖腔周围羽毛为稀粪所沾污。以后由于肠上皮细胞被大量破坏和机体中毒，使病鸡运动失调，翅膀轻瘫，渴欲增加，嗉囊充满液体，食欲废绝，冠、髯及可视黏膜苍白，逐渐消瘦，排出水样稀粪，并带有少量血液。若为盲肠球虫病，则开始时粪便为棕红色（咖啡色），以后变为完全的血粪，病的后期发生痉挛和昏迷，不久便死亡。多数鸡于发病后4～8d死亡。雏鸡的死亡率可达50%以上。如果是急性小肠球虫病，血粪一般呈酱油色，死亡率不会太高，但病程可长达数周，往往不断反复。

在生产中发生的球虫病常常由数种球虫混合感染所引起，若多种球虫混合感染，则粪便中带血液，并含有大量脱落的肠黏膜。

2. 慢性型　主要是由巨型艾美耳球虫和堆型艾美耳球虫感染所引起，虽然临床症状不明显，但病程长，可拖至数周或数月。病鸡逐渐消瘦，足和翅常发生轻瘫，并出现间歇性下痢。

【病理变化】鸡球虫病的病理变化主要表现在盲肠或小肠。柔嫩艾美耳球虫主要侵害盲肠，感染后第4天，出血明显可见，盲肠高度肿大2～3倍，肠腔中充满暗红色凝血块和盲肠黏膜坏死、脱落的碎片。到感染后第6天和第7天，盲肠芯逐渐变硬和干燥。感染常常从盲肠浆膜面观察到，外观为暗色的瘀点。盲肠壁往往高度增厚。

毒害艾美耳球虫主要侵害小肠中段，肠管高度肿胀，肠壁增厚，从浆膜面观察，在裂殖体繁殖的地方，有明显的淡白色斑点，黏膜上还有许多小出血点。肠壁深部及肠腔中有凝固血液，使肠外观呈淡红色或黑色。

【诊断】根据流行病学、症状和病理变化可初步诊断，再结合粪便卵囊的检查可进行确诊。

本病多发生于温暖潮湿的季节，以 3 月龄以内，尤其是 21～45 日龄的雏鸡最易感染，发病率和死亡率都高。出现血性下痢，剖检可见盲肠或小肠有病变。根据上述特点可初步诊断。生前用饱和盐水漂浮法或粪便涂片显微镜检查或死后刮取肠黏膜涂片，发现球虫卵囊、裂殖子，均可确诊为球虫感染。

在临床上，小肠球虫病容易和坏死性肠炎相混淆，认为有血痢便是球虫病，但使用抗球虫药却收不到理想效果。二者的主要区别并不在血痢，最重要的是小肠球虫病的病变主要在小肠的中段，但肠壁明显增厚，肠内容物中多含血液或黏液，剪开病变肠段出现自动外翻等；而坏死性肠炎仅在小肠的中后段有病变，肠管因充气而明显膨胀增粗可达正常的 2～3 倍。肠壁菲薄，肠内容物呈血样，其他肠段无明显变化。

【预防与治疗】

1. 加强饲养管理 保持鸡舍通风透光，饲养密度适宜；推广网养或笼养；注重清粪工作，缩短卵囊在舍内停留时间，不让它有充分时间孢子化，以打断球虫发育史，从而降低本病的发生率；用生物热方法处理粪便，以杀灭其中的球虫卵囊；雏鸡与成年鸡分开饲养，以减少交叉感染的机会；增加或补充饲料中维生素 A 和维生素 K 的含量。以往在球虫病控制上常常建议搞好环境卫生和消毒，以预防球虫病的暴发。但现在已不再认为这样做是有效的，这是因为卵囊对普通消毒药有极强的抵抗力，搞好环境卫生和消毒不可能彻底消灭球虫卵囊，而无卵囊环境对平养鸡不能较早地建立免疫力，因而会造成后期球虫病的暴发。

2. 疫苗预防

（1）疫苗种类。目前防治鸡球虫病的商品化疫苗主要有 2 种类型：强毒活苗和弱毒活苗。强毒活苗主要有美国先灵葆雅公司的 Coccivac 疫苗和加拿大 VETECH 公司的 Immucox 疫苗。弱毒活苗主要有国产的双重致弱鸡球虫病三价疫苗、早熟株弱毒疫苗和鸡胚传代弱毒株疫苗。

（2）免疫程序。种鸡：Coccivac D 型，10 日龄饮水或 Livacox-Q（球倍灵）1 日龄孵化场喷雾或 3 日龄饮水。肉鸡：Coccivac B 型，1～3 日龄饮水或 1 日龄孵化场喷雾或 Liva-cox-T（球倍灵）1 日龄孵化场喷雾。每只 1 头份，1 次即可。种鸡需加免 1 次：16～18 周龄，1/5 的首免剂量。

3. 药物预防

（1）常用药物。国内目前使用的抗球虫药大致可分为 3 类，即聚醚类离子载体抗生素、化学合成药和中草药制剂。

聚醚类离子载体抗生素类抗球虫药主要有莫能菌素、拉沙菌素（拉沙洛西）、盐霉素、马杜霉素以及海南霉素等。

化学合成类抗球虫药主要有磺胺类、二硝托胺（球痢灵）、氯羟吡啶（克球粉）、氯苯胍、氨丙啉、尼卡巴嗪、常山酮（速丹）、地克珠利和托曲珠利（百球清）等。上述 2 类抗球虫药中，拉沙菌素、马杜霉素、地克珠利、速丹、尼卡巴嗪、氯苯胍的抗球虫效果较好。百球清抗球虫疗效好，使用方便，但由于其价格较贵，主要作为治疗用药。而莫能菌素、克球粉、盐霉素、球痢灵和氨丙啉效果稍差。

目前常用的抗球虫中药包括青蒿、常山、白芍、蒲公英、旱莲草、鸭跖草、地锦草、败酱草和翻白草等。

（2）预防用抗球虫药物的用法用量。

尼卡巴嗪：预混剂，混饲（以本品计），鸡每吨饲料 500~625g。

尼卡巴嗪、乙氧酰胺苯甲酯预混剂：100g，尼卡巴嗪 25g+乙氧酰胺苯甲酯 1.6g。混饲（以本品计）：鸡每吨饲料 500g。

二硝托胺：预混剂，混饲（以本品计），鸡每吨饲料 500g。

盐酸氯苯胍：片剂，内服，鸡每千克体重 10~15mg。预混剂，混饲（以本品计），鸡每吨饲料 300~600g。

氢溴酸常山酮：预混剂，混饲（以本品计），鸡每吨饲料 500g。

癸氧喹酯：预混剂，6%。混饲（以本品计），鸡每吨饲料 453g，连用 7~14d。

地克珠利：预混剂，混饲，家禽每吨饲料 1g。溶液剂，混饮，鸡 0.5~1mg/L。易产生抗药性，北方已不使用。

盐酸氨丙啉、乙氧酰胺苯甲酯预混剂：混饲（以本品计），鸡每吨饲料 500g。

盐酸氨丙啉、乙氧酰胺苯甲酯、磺胺喹噁啉预混剂：混饲（以本品计），鸡每吨饲料 500g。

复方盐酸氨丙啉：可溶性粉，混饮（以本品计），鸡 0.5g/L。治疗，连用 3d，停 2~3d。再用 2~3d。预防，连用 2~4d。

莫能菌素钠：预混剂，混饲（以莫能菌素计），鸡每吨饲料 90~110g。常用的配伍有，莫能菌素+杆菌肽锌、莫能菌素+金霉素、莫能菌素+林可霉素、莫能菌素+土霉素。

拉沙洛西钠：预混剂，混饲（以拉沙洛西计），鸡每吨饲料 75~125g。

盐霉素钠：预混剂，混饲（以盐霉素计），鸡每吨饲料 50~70g。常用的配伍有，盐霉素+洛克沙生、盐霉素+杆菌肽锌。

甲基盐霉素：预混剂，混饲（以本品计），鸡每吨饲料 600~800g。

甲基盐霉素、尼卡巴嗪预混剂：100g，甲基盐霉素 8g+尼卡巴嗪 8g。混饲（以甲基盐霉素计），鸡每吨饲料 500~625g。

马杜霉素铵：预混剂，混饲（以本品计），鸡每吨饲料 500g。

海南霉素钠：预混剂，混饲（以本品计），鸡每吨饲料 500~750g。

赛杜霉素钠：预混剂，混饲（以本品计），鸡每吨饲料 500g。

美国肉鸡中使用的药物包括莫能菌素、盐霉素、拉沙里菌素、尼卡巴嗪、盐酸氨丙啉、乙氧酰胺苯甲酯、癸氧喹酯、克球粉、磺胺二甲氧嘧啶+二甲氧基苄氨嘧啶（奥美普林）、磺胺喹噁啉等。

（3）肉鸡的抗球虫药使用方案。主要有穿梭方案和轮换方案 2 种。

穿梭方案（二元方案）：在同一个饲养期内，在开始时使用一种药物，至生长期时使用另一种药物。例如离子载体类药—化学药的穿梭用药，开始时使用盐霉素、马杜霉素，至生长期时使用地克珠利。由于在生产上多年来大量使用聚醚类离子载体抗生素，因而产生了对这类药物敏感性降低的球虫虫株。若在开始或生长期的饲料中使用化学合成的药物如地克珠利、尼卡巴嗪或常山酮，便能提高对球虫病的控制效果，并减轻离子载体类药物的压力，3~4 周后再改换一种聚醚类药物如盐霉素、马杜霉素、莫能菌素等。使用穿梭方案能减少药物耐受性的产生。

轮换方案：即季节性地或定期地合理变换使用抗球虫药。大多数生产者认为，养禽场至少每6个月要更换抗球虫药1次，应在春季和秋季轮换药物。药物的轮换可改善生长性能。针对抗药性的主要预防对策是采用穿梭方案和经常变换药物。在一个大型鸡场要有计划地更换药物，但避免2种同类药物同时使用，以免产生交叉耐药性。

应用药物预防应注意：一定要在2周龄以前使用抗球虫药物；应科学合理地选择球虫药；一般应采用二元给药方案；注意药物的轮换；应用抗球虫药时，要加大维生素的用量；一定要了解饲料中是否已经添加抗球虫药，以免重复用药而导致中毒或效果不佳。

4. 治疗　治疗时应选用水溶性抗球虫药物。常用的治疗药物有以下几种：

托曲珠利（市售2.5%百球清）：溶液，2.5%。混饮，鸡25mg/L（1L水中用百球清1mL），连用2d。

磺胺喹噁啉钠：可溶性粉，10%。混饮（以本品计），鸡3~5g/L。

磺胺喹噁啉、二甲氧苄啶预混剂：1 000g，磺胺喹噁啉200g+二甲氧苄啶40g。混饲（以本品计），鸡每吨饲料500g。

复方磺胺喹噁啉钠可溶性粉：100g，磺胺喹噁啉钠53.65g+甲氧苄啶16.5g。混饮（以本品计），鸡0.4g/L。

磺胺氯吡嗪钠：可溶性粉，30%。混饮（以本品计），肉鸡、火鸡1g/L。混饲，肉鸡、火鸡每吨饲料2kg，连用3d。

磺胺类药物已使用多年，不少球虫对其产生抗药性或交叉抗药性，因此应与其他抗球虫药，如氨丙啉或抗菌增效剂并用。

发生球虫病后要及时用药，一旦出现症状就会造成组织损伤，药物往往无济于事，所以，实施治疗应不晚于感染后96h。但药量不宜过大，应至少保持1个疗程。治疗时除药物治疗以外，饲料中多维素要增至3~5倍，每千克饲料或饮水中加维生素K_3 3~5mg，饲料中的粗蛋白质降5%~10%。补充维生素K可大幅度地降低柔嫩艾美耳球虫发病的死亡率。因为这种维生素的最小需要量（0.53mg/kg）可缩短血液凝固时间和阻止出血，幼鸡和母鸡对维生素K的需要量都很高，必须给予充分补充。补充高剂量的维生素A（3~7倍国家推荐量）可加速球虫病暴发后的康复。

> **相关链接**：在气候干燥的澳大利亚狄高公司的种鸡舍内，每10个饮水器中，有1个是人为地将水位调高，使鸡饮水时将水溅到地面上，造成垫料潮湿，你知道这是为什么吗？
>
> **答案**：球虫卵囊需要高湿度的环境才能发育到具有感染性阶段。垫料过干会抑制其发育，可以限制其感染性卵囊的数目，以致引起的感染太轻，不足以激发良好的免疫反应。

（二）鹅球虫病

鹅球虫病主要在我国南方流行。鹅的球虫大多数寄生于鹅的肠道，只有一种寄生于肾。本病主要危害小鹅，可引起小鹅的大批死亡。

【病原】引起鹅球虫病的球虫种类很多，其中以截形艾美耳球虫致病力最强，寄生于肾小管上皮，使肾组织遭到严重损伤，引起鹅的肾球虫病，可引起幼龄鹅很高的死亡率。寄生于鹅肠道的球虫主要有柯氏艾美耳球虫、黄褐艾美耳球虫、斑点艾美耳球虫、鹅艾美耳球虫、有害艾美耳球虫和微小泰泽球虫。其中以柯氏艾美耳球虫的致病力最强。

【生活史】鹅的各种球虫的生活史与鸡球虫相似，也需经过在体内的裂殖生殖、配子生殖和在外界的孢子生殖阶段。

【流行病学】截形艾美耳球虫引起的鹅肾球虫病，通常多发于3～12周龄的小鹅，常呈急性经过，病程2～3d，致死率可高达87%；肠球虫病多发于9日龄以内的小鹅，其发病多在5～8月。

【症状】患肾球虫病的小鹅，临床上多呈现急性症状。表现出精神萎靡，双翅下垂，食欲不振，衰弱，消瘦。腹泻，粪带白色。颈扭转贴在背上。重症幼鹅致死率颇高；患肠球虫病的小鹅，临床上也有和肾球虫病相似的症状，如精神萎靡、食欲缺乏和腹泻等。可引起出血性肠炎，使粪便呈现血红色。重者可因衰竭而死亡。

【病理变化】肾球虫病可见肾肿大，有出血斑和针尖大小的灰白色病灶。肾小管肿胀，内含卵囊、崩解的宿主细胞和尿酸盐。肠球虫病可见小肠肿胀，呈现出血性卡他性炎症，尤以小肠中段和下段最为严重，肠内充满稀薄的红褐色液体。

【诊断】根据流行病学、症状、病理变化及刮取肾小管或肠黏膜进行镜检，发现裂殖体和卵囊；粪便检查发现大量球虫卵囊，据此即可确诊。

【预防与治疗】

1. 预防措施　参照鸡球虫病的预防措施。

2. 治疗　发生本病后，尽可能早期用药，方能达到较好的效果，所选用药物一个疗程以5～7d为宜。常用的药物有以下几种：

磺胺间甲氧嘧啶：混饲，每吨饲料50～200g。

盐霉素：混饲，每吨饲料50～60g。

氯苯胍：混饲，每吨饲料33～60g。

氨丙啉：混饲，每吨饲料125～200g。

尼卡巴嗪：混饲，每吨饲料125g。

二硝苯甲酰胺：混饲，每吨饲料200g。

（三）鸭球虫病

鸭球虫病是鸭的一种常见病，其特征是雏鸭下痢和血便。可引起雏鸭大量发病和死亡，对养鸭业危害很大。

【病原】鸭球虫的种类很多，多寄生于肠道，少数艾美耳属球虫寄生于肾。在国内发现的致病性球虫主要有毁灭泰泽球虫和菲莱氏温扬球虫2种。以毁灭泰泽球虫致病力最强，暴发性鸭球虫病多由毁灭泰泽球虫和菲莱氏温扬球虫混合感染所致，后者的致病力较弱。

【生活史】鸭球虫的发育过程也需要经过裂殖生殖、配子生殖和孢子生殖三个阶段，与鸡艾美耳球虫的发育过程相似。

【流行病学】鸭球虫病主要危害2～3周龄的雏鸭，其发病率和死亡率均较高。本病多流行于温暖和多雨的季节，一般在5～11月发生，其中以7～9月发病率最高。

凡被带虫鸭或病鸭粪便污染了的饲料、饮水、土壤、用具等，均可作为本病的传播媒介，饲喂人员也可机械传播。

【症状】急性型鸭球虫病多发生于2～3周龄的雏鸭，表现为精神委顿，缩颈，不食，喜卧，渴欲增加。病初腹泻，随后排暗红色或深紫色血便，死亡率一般为20%～70%，甚至可高达80%以上。耐过急性期的病鸭逐渐恢复食欲，死亡停止，但生长受阻，增重缓慢。

慢性型一般症状不明显，偶见有腹泻，常成为球虫携带者和传染源。

【病理变化】毁灭泰泽球虫引起的鸭球虫病整个小肠呈广泛性出血性肠炎，肠壁肿胀、出血，黏膜上有出血斑或针尖大小的出血点。有的黏膜上覆盖一层糠麸状或奶酪状黏液。

菲莱氏温扬球虫致病性不强，肉眼病变不明显，仅可见回肠后部和直肠轻度充血，偶尔在回肠后部黏膜上见有散在的出血点，直肠黏膜弥漫性充血。

【诊断】雏鸭的带虫现象极为普遍，所以不能仅根据粪便中有无卵囊而做出诊断。鸭球虫病的诊断和鸡球虫病一样，可将流行病学、症状、病理变化和粪便检查的情况结合起来进行综合判断。急性死亡病例可从病变部位刮取少量黏膜置载玻片上，加1～2滴生理盐水混匀，加盖玻片用高倍镜检查，见到有大量裂殖体和裂殖子即可确诊。

【预防与治疗】

1. 预防　参照鸡球虫病的预防措施。
2. 治疗　磺胺间甲氧嘧啶：混饲，每千克饲料200mg，连喂5d，停3d，再喂5d。

实训　鸡球虫病的诊断

【目的要求】

1. 掌握鸡球虫病的流行特点、症状和病理剖检诊断要点。
2. 会用粪便涂片法和漂浮法诊断鸡球虫病。

【材料】显微镜、粪盒、铜筛、玻璃棒、铁丝圈（直径5～10mm）、镊子、烧杯、漏斗、载玻片、盖玻片、培养皿、试管、剪刀、肠剪、饱和盐水、50%甘油生理盐水（等量混合液）、球虫病雏鸡和鸡球虫形态图。

【方法步骤】

1. 临床诊断　本病多发生在温暖季节，以3～6周龄的雏鸡易感染，发病率和死亡率都高。病雏衰弱和消瘦，鸡冠苍白，排出血便。对病鸡进行剖检，仔细检查盲肠、小肠的病变。

2. 球虫卵囊的检查方法

（1）直接涂片法。在载玻片上滴加1～2滴50%甘油生理盐水，取少许粪便加入其中，混匀，然后除去粪渣，涂抹成一层均匀的粪液，加上盖玻片，先用低倍镜检查。发现卵囊后再用高倍镜检查。

（2）饱和盐水漂浮法。饱和盐水的制备是在大烧杯内将水煮沸加入食盐，直到食盐不再溶解为止（1 000mL水中加入400g食盐）。然后过滤，冷却，装瓶备用。若溶液中出现食盐结晶沉淀时，即证明为饱和盐溶液。取新鲜鸡粪便或死鸡肠内容物约5g，放入50mL的烧杯内，再加入40mL饱和盐水，搅拌均匀，用铜筛或2层纱布过滤到另一个50mL烧杯中，加饱和盐水到满杯，静置约30min，用一铁丝圈与液面平行接触，蘸取表面液膜，抖落于载玻片上，加盖玻片镜检有无球虫卵囊。

3. 球虫的鉴定　鸡球虫卵囊一般呈卵圆形、椭圆形或近似圆形；有的略带淡绿色或黄褐色，或淡灰白色。中央有一个深色的圆形部分，周围是透明区，整个卵囊外面有一个双层的亮膜。刚从机体内排出的卵囊，内含一个球形的合子。

思考：描绘出当地鸡球虫的形态简图，用文字说明其形态特征。

二、鸡住白细胞虫病

鸡住白细胞虫病俗称"白冠病",是由住白细胞原虫寄生于鸡红细胞和白细胞内引起的一种原虫病。其主要特征是下痢、贫血、鸡冠苍白、内脏器官和肌肉广泛性出血以及形成灰白色裂殖体结节。本病在我国南方相当普遍,常呈地方性流行,近年来北方地区也有发生。此病对雏鸡和青年鸡危害严重,发病率和死亡率都较高,能引起鸡大批死亡,给养鸡业造成较大的损失。

【病原】 鸡住白细胞原虫有2种,即卡氏住白细胞原虫和沙氏住白细胞原虫。其中,卡氏住白细胞原虫致病性强且危害较大。目前世界各地主要流行的是卡氏住白细胞虫病。

【生活史】 住白细胞原虫的生活史可分为裂殖生殖、配子生殖和孢子生殖三个阶段,裂殖生殖和配子生殖的大部分在鸡(终末宿主)体内完成,配子生殖的一小部分和孢子生殖在昆虫库蠓和蚋(中间宿主)体内完成。住白细胞原虫寄生在家禽内脏器官的细胞内,可进行裂殖生殖,在这些器官的细胞内可以发现大小不等的裂殖体。裂殖体呈圆球形,外围一层薄膜,里面含有大量点状的裂殖子。裂殖子进入血液中的红细胞和白细胞内形成配子体(图3-2、图3-3),配子体再产生雌、雄配子,含配子的血液被库蠓和蚋吸食后,又开始下一个生活周期。

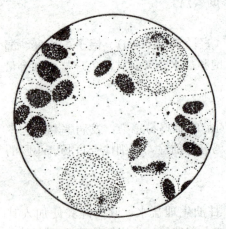

图3-2 卡氏住白细胞原虫
(引自越余放,《简明鸡病防治图说》,1995)

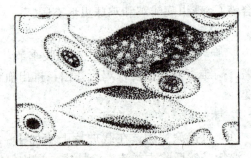

图3-3 沙氏住白细胞原虫
[原虫深染的大配子体(上方)和浅染的小配子体(下方)]
(引自赵余放,《简明鸡病防治图说》,1995)

【流行病学】 本病主要通过库蠓和蚋等昆虫叮咬而传播。卡氏住白细胞虫病的传播者为库蠓,沙氏住白细胞虫病的传播者为蚋。

本病的发生有明显的季节性。当气温在20℃以上时,库蠓繁殖快,活动力强,本病的发生和流行也就日趋严重。北方主要发生于7~9月,南方主要发生于4~10月。各种日龄鸡都可感染,但以3~6周龄的雏鸡发病最为严重,死亡率也最高,可达50%~80%;中鸡也会严重发病,但死亡率不高,一般为10%~30%;大鸡的死亡率通常为5%~10%。靠近池塘、水沟、杂草丛生的地方易发生本病。

【症状】 病鸡精神沉郁,食欲消失。贫血,鸡冠苍白。下痢,粪便呈黄绿色。两翅下垂,两腿轻瘫。口中流涎,呼吸困难。严重病例病鸡口中流出鲜血或咯血,此为特征性症状。产蛋鸡蛋壳褪色，产蛋率下降，时间可长达 1 个月，下降 10%～30%。

【病理变化】尸体消瘦，鸡冠苍白。血液稀薄，高度贫血。脾明显肿大，有出血点。肺、肾、胰、输卵管等内脏器官出血，呈小囊状。心外膜、腹部脂肪、胸、腿部肌肉有突出表面的白色小结节或血囊肿。结节为针尖大至粟粒大，与周围组织有明显的界线。

【诊断】根据流行特点、症状和病理变化，可做出初步诊断。本病应与磺胺药中毒进行鉴别诊断。磺胺药中毒的特点是机体主要器官均有不同程度的出血，胸肌弥漫性斑点状或涂刷状出血，肌肉苍白或呈透明样淡黄色，大腿肌肉散在出血斑，血液稀薄，凝固不良，骨髓黄染。

【预防与治疗】

1. 预防 消灭库蠓等吸血昆虫是预防本病的关键。在立秋前，清除鸡舍周围杂草、填平臭水沟。在鸡舍内外安装纱窗门帘，在流行季节每隔 6～7d 喷洒杀虫剂如 7% 马拉硫磷、0.1% 溴氰菊酯（敌杀死）、0.01% 氰戊菊酯（速灭杀丁）等。在发病高峰季节，可用小剂量的磺胺类药物进行预防。如磺胺间甲氧嘧啶预混剂，混饲，预防用药为每千克饲料 100mg，连用 3～7d。

2. 治疗

磺胺喹噁啉钠：可溶性粉，混饮，50mg/L，也可以同样浓度混饲。

磺胺间甲氧嘧啶：预混剂，混饲，每千克饲料 200mg，连用 5～6d。

维生素 K_3：混饮，3～5mg/L，连用 10d。

三、鸡组织滴虫病

鸡组织滴虫病又称盲肠肝炎或黑头病，是组织滴虫寄生于鸡的盲肠和肝引起的一种原虫病。本病的主要特征是盲肠溃疡和肝坏死。

【病原】本病的病原为火鸡组织滴虫，是多形性虫体，大小不一。盲肠腔中虫体常见一根鞭毛，新鲜虫体能作有节律的钟摆样运动；肝组织中的虫体无鞭毛（图 3-4）。

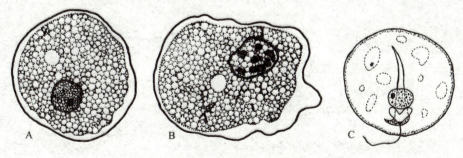

图 3-4 火鸡组织滴虫
（引自塞弗，《禽病学》，第 11 版，2005）
A. 肝病灶内虫体 B. 盲肠腔内虫体 C. 培养物中的虫体

【生活史】火鸡组织滴虫以二分裂法进行繁殖，其生活史较为复杂。寄生于盲肠内的组织滴虫，被盲肠内寄生的异刺线虫吞食，在其卵巢中繁殖并进入卵内。当异刺线虫排卵时，组织滴虫即存在卵中，随粪便排出体外。由于有卵壳的保护，因此在外界可存活数月甚至数年，因而成为重要的感染源。土壤中的蚯蚓吞食异刺线虫卵后，组织滴虫可随虫卵进入蚯蚓体内。当鸡吃到这种蚯蚓后，便可感染组织滴虫病。

【流行病学】4～6周龄的鸡最为易感，死亡率也高。散养鸡多见。成年鸡多为带虫者。本病多发生于夏季。

【症状】病鸡精神不振，食欲减退，翅膀下垂，眼半闭，头下垂。部分病鸡冠、髯及头部皮肤发绀，呈暗黑色，故有"黑头病"之称，病程一般为1～3周。

【病理变化】病变主要表现在盲肠，其次在肝，可出现盲肠炎和肝炎。剖检可见一侧或两侧盲肠肿胀，肠壁肥厚，腔内有干酪样渗出物或坏疽块，堵塞整个肠腔。肝病变具有特征性，出现黄绿色圆形坏死灶，呈扣状凹陷，直径可达1cm。

【诊断】根据流行病学、症状和病理变化可进行诊断。

【预防与治疗】

1. 预防 加强饲养管理，防止火鸡与鸡接触。采用室内饲养可减少火鸡组织滴虫病的发病率。经常用左旋咪唑驱虫能有效减少异刺线虫感染和组织滴虫感染。目前能有效预防家禽组织滴虫病的唯一药物是硝苯砷酸（商品名：Histostat-50）。

2. 治疗 发现病鸡应立即隔离，重病鸡淘汰，鸡舍地面用3%氢氧化钠溶液消毒。

> **相关链接**：现在很多国家禁止硝基咪唑类抗组织滴虫药物（甲硝唑、地美硝唑）应用于动物，我们在防治鸡、火鸡的组织滴虫病时，应采取什么措施？
> **答案**：除了采取管理措施外，别无选择。

项目二 禽蠕虫病

一、鸡蛔虫病

鸡蛔虫病是由鸡蛔虫寄生于鸡的小肠内而引起的一种线虫病。本病全国各地都有发生，是鸡常见的寄生虫病。在地面大群饲养的情况下，常感染严重。蛔虫大量寄生时，可使肠壁破裂而导致死亡，造成较大损失。

【病原】鸡蛔虫是鸡体内最大的一种线虫，呈黄白色（图3-5），像细豆芽梗一样。表皮有横纹，头端有3个唇片。雄虫长26~70mm，雌虫长65~110mm。虫卵呈椭圆形，内含1个卵细胞。

【生活史】鸡蛔虫在小肠内产卵，虫卵为椭圆形，随粪便排出体外，在适宜的条件下发育为感染性虫卵，鸡吞食被感染性虫卵污染的饲料和饮水而感染。幼虫从鸡的腺胃和肌胃处逸出，钻入肠

图3-5 鸡小肠内的蛔虫
（引自赵余放，《简明鸡病防治图说》，1995）

黏膜，经过一段发育之后，又返回肠腔发育为成虫。从感染到发育为成虫整个过程需35~50d（图3-6）。

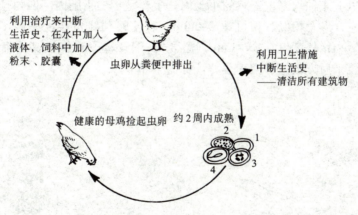

图3-6 鸡蛔虫的生活史
（引自赵余放，《简明鸡病防治图说》，1995）

【流行病学】不同年龄、品种的鸡都可感染，但3~4月龄以内的雏鸡易感性最强，病情也较重，成年鸡多为带虫者。虫卵对外界环境因素有很强的抵抗力，但对干燥和高温（50℃以上）敏感，特别是阳光直射、粪便堆沤等可使之迅速死亡。鸡自然感染主要是由于吞食了感染性虫卵，也可由于啄食携带感染性虫卵的蚯蚓而感染。

【症状】雏鸡表现为生长发育不良，精神萎靡，常呆立不动，翅膀下垂，羽毛松乱。鸡冠、黏膜苍白，消瘦，贫血。食欲不振，腹泻，粪便中常见有蛔虫，最后逐渐衰弱而死亡。成年鸡多不表现症状，严重感染时呈现腹泻和产蛋减少。

【诊断】 根据症状、剖检见有虫体、粪便检查发现大量虫卵即可确诊。

【预防与治疗】

1. 预防 4月龄内的雏鸡应与成年鸡分群饲养,不共用运动场。鸡舍内外保持清洁,及时清除粪便,进行集中发酵处理,以杀死虫卵。

2. 药物驱虫 在常发病的鸡场,每年应进行2次定期驱虫。成年鸡第1次驱虫在10~11月,第2次在春季产蛋季节前1个月进行。雏鸡第1次驱虫在2月龄左右,第2次在冬季进行。驱虫最可靠的药物是左旋咪唑,每千克体重25mg,一次内服。另外还有丙硫咪唑,每千克体重10mg,一次内服。伊维菌素,每千克体重100μg口服,或每千克体重注射0.1mg/次。

二、禽绦虫病

绦虫是一些白色、扁平、带状而分节的蠕虫,雌雄同体。虫体由一个头节和多个体节构成,头节上绝大多数都有4个吸盘和顶突。有的在吸盘上有小钩。绦虫就利用这些特殊的结构把身体吸附和钩着在禽类肠壁上。绦虫没有消化器官,营养靠从体表吸收。危害家禽较严重的主要有鸡绦虫病和水禽剑带绦虫病。

(一) 鸡绦虫病

鸡绦虫病是由戴文科、戴文属和赖利属的绦虫寄生于鸡小肠引起的寄生虫病。本病分布较广,对养鸡业的危害也较大。

【病原】 寄生在鸡体内的绦虫常见的有四角赖利绦虫、棘沟赖利绦虫、有轮赖利绦虫和节片戴文绦虫。以上4种均寄生于鸡的小肠内,主要是十二指肠内。四角赖利绦虫和棘沟赖利绦虫的虫体大小、形态相似,长可达250mm;有轮赖利绦虫长度一般不超过40mm;节片戴文绦虫虫体短小,长度仅0.5~3mm(图3-7、图3-8)。鸡绦虫都是扁平的长带状,由很多节片组成,位于后方的体节充满孕卵,称为孕卵节片。

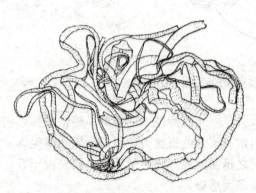

图3-7 棘沟赖利绦虫的成虫
(引自赵余放,《简明鸡病防治图说》,1995)

图3-8 节片戴文绦虫的成虫
(引自孔繁瑶,《家畜寄生虫学》第2版,1997)

【生活史】鸡绦虫的发育都需要中间宿主的参加才能完成。棘沟赖利绦虫和四角赖利绦虫的中间宿主是蚂蚁；戴文绦虫的中间宿主是蛞蝓；有轮赖利绦虫的中间宿主是甲虫、家蝇类等。中间宿主吞食了虫卵或孕卵节片后，六钩蚴在其体内发育为似囊尾蚴，鸡吞食了含有似囊尾蚴的中间宿主而感染，并在小肠内发育为成虫（图3-9）。

图3-9 戴文绦虫生活史
（引自赵余放，《简明鸡病防治图说》，1995）

【症状与病理变化】轻度感染的病鸡症状不明显。严重感染时，绦虫头节破坏肠壁，使肠黏膜出血，引起出血性肠炎。病鸡消化障碍，腹泻，粪便变稀，有时混有血样黏液。食欲减退，消瘦，贫血。虫体多量寄生时，可集聚成团阻塞肠管，甚至使肠管破裂而引起腹膜炎。其代谢产物被吸收后，可引起中毒反应，出现神经症状。雏鸡则生长停滞或继发其他疾病而导致死亡。母鸡产蛋明显下降。

节片戴文绦虫病的病鸡经常发生腹泻，粪中带有黏液或带血。高度衰弱，消瘦。有时发生麻痹，从两腿开始，逐渐波及全身，这是由于虫体的毒素被鸡吸收后引起的。

【诊断】鸡绦虫病的生前诊断可通过粪便检查发现节片或虫卵为根据，但此法检出率不高。剖检是最可靠的诊断方法，若剖检见到虫体即可确诊。棘沟赖利绦虫感染时，除可在小肠内发现虫体外，肠黏膜有针尖大褐色结节，结节中央凹陷。检查节片戴文绦虫时，可将剖开的肠管在水中漂洗，孕卵节片明显地突出于十二指肠绒毛上。

【预防与治疗】
1. 预防
（1）及时清除粪便，鸡粪发酵处理，以杀死虫卵。
（2）鸡舍内外应杀灭中间宿主，这是预防鸡绦虫病的关键。

(3) 幼鸡应与成年鸡分开饲养，新购进的鸡应在驱虫后再合群。

(4) 对鸡群定期驱虫，每年进行 2～3 次。可选用氯硝柳胺（灭绦灵），每千克体重 50～60mg 或吡喹酮 10～20mg，混入饲料中喂服；丙硫咪唑，每千克体重 20mg，混在饲料中喂服。

2. 药物治疗

氯硝柳胺（灭绦灵）：每千克体重 50～60mg，一次内服。

丙硫咪唑：每千克体重 15～20mg，一次内服。

吡喹酮：每千克体重 15～20mg，一次内服。

槟榔煎剂：每千克体重用槟榔片或槟榔粉 1～1.5g 煎汁，于清晨空腹时，用投药细胶皮管直接灌入嗉囊内，服药后经 2～5d 可排出虫体。

（二）水禽剑带绦虫病

本病是由剑带绦虫引起水禽的一种肠道寄生虫病，病禽主要表现为营养不良，生长停滞，严重病例因虫体分泌毒素，引起神经症状和虫体阻塞消化道而导致患禽死亡。

【病原】本病的病原为膜壳科、剑带属的矛形剑带绦虫，虫体呈乳白色，前窄后宽，形似矛头，成虫长达 13cm，宽 18mm，由 20～40 个节片组成。头节小，上有 4 个吸盘，顶突上有 8 个小钩。

【生活史】剑带绦虫的成虫寄生于鹅、鸭的小肠内，孕卵节片脱落后排于水中，虫卵或节片被中间宿主——剑水蚤吞食，约经 30d 发育为似囊尾蚴。鹅、鸭等吞食含似囊尾蚴的剑水蚤后，约经 19d 发育为成虫。

【症状】本病主要危害幼禽，表现为食欲减退，腹泻，生长发育受阻，贫血、消瘦等。夜间病鹅伸颈、张口，如钟摆样摇头，然后仰卧做划水动作。雏鹅严重感染时常引起死亡。

【诊断】粪便检查发现虫卵和孕卵节片即可确诊，也可通过剖检发现虫体进行确诊。

【预防与治疗】

1. 加强预防 由于剑水蚤在不流动的水里较多，因此，水禽场应尽可能靠近流动的水塘，或在流动的水面放养，以减少与剑水蚤接触的机会。在流行区，水池应轮换使用，必要时可停用 1 年后再用。

2. 药物驱虫 在流行区每年春秋季必须定期给成年鹅、鸭彻底驱虫后，才能放入水塘，以避免中间宿主接触病原。

氢溴酸槟榔碱（片）：每千克体重 1～2mg，溶于水中内服，投药前病禽禁食 16～20h。

硫双二氯酚：鸭每千克体重 20～30mg、鹅每千克体重 50～60mg，一次内服，间隔 4d，连用 2 次。鸭对本品敏感，应注意控制用量。

吡喹酮：每千克体重 10～15mg，一次内服。

丙硫咪唑：每千克体重 20～25mg，一次内服。

> **相关链接**：你知道散养鸭瘫痪的病因吗？
> 答案：所谓鸭瘫痪是民间对鸭喜卧，不愿行动或不能行动而卧地不起或两腿后伸不能站立等症状的统称，是一种常见症候群，引起鸭瘫痪的疾病很多，很复杂，其中大多数是由寄生于小肠内的绦虫所产生的毒素引起的，丙硫咪唑或吡喹酮内服有特效。

项目三 禽外寄生虫病

一、鸡虱病

鸡虱病是由鸡虱引起的禽类常见的外寄生虫病。鸡虱是寄生于鸡体表的一种最常见的外寄生虫。鸡虱的种类很多，最常见的是鸡羽虱。本病常给养鸡业带来很大损失。

【病原】本病的病原为鸡羽虱，属于短角羽虱科、禽羽虱属。雄虫长1.7mm，雌虫长2mm。体呈淡黄色，体形扁平，分头、胸、腹3部分。头部钝圆，其宽度大于胸部。咀嚼式口器，胸部有3对足，无翅（图3-10）。

【生活史】鸡羽虱是一种永久性寄生虫，寄生于鸡的体表上，以啃食羽毛和皮屑为生。其发育过程包括卵、若虫和成虫3个阶段，全部都在鸡体表上进行。雌虱产卵在鸡羽毛基部，经5~8d孵化出若虫，其外形与成虫相似，在2~3周变为成虫。鸡羽虱寄生于鸡的羽毛上，通过直接接触或间接接触进行传播。

【症状】鸡羽虱以啃食羽毛和皮屑为生，它们在寄生时虽不刺吸血液，但能引起鸡皮肤瘙痒，使鸡精神不安，常啄食寄生处，从而引起羽毛脱落，食欲减退，消瘦，产蛋率下降。虱对成年家禽无严重致病性，但对雏鸡的危害较大，严重时可引起死亡。

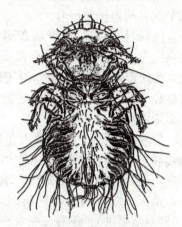

图3-10 鸡羽虱，羽干虱
（引自塞弗，《禽病学》，第11版，2005）

【诊断】根据症状，并在寄生部位见到羽虱及虱卵，即可做出诊断。

【预防与治疗】鸡羽虱的防治应从2方面进行：一方面，消灭鸡舍环境的羽虱；另一方面，驱杀鸡体上的羽虱。驱杀鸡羽虱首先必须使药剂直接接触到羽虱；其次是在第1次驱杀以后，相隔10d左右再进行1次驱杀，这样才能把新孵化出的幼虱彻底杀死。驱杀羽虱首选药物为溴氰菊酯的乳剂（含溴氰菊酯5%，商品名敌杀死），用法是在1 000L水中加入本品1L，直接向鸡体喷洒或进行药浴。用于治疗本病的药物还有氰戊菊酯（速灭杀丁）、伊维菌素和除虫菊酯等。鸡对有机磷杀虫剂敏感，为安全起见，可用于环境消毒，避免使用敌敌畏等有机磷杀虫剂喷洒鸡身。

在肉鸡的生产中，更新鸡群时，应对整个鸡舍和饲养用具进行灭虱。对于饲养期较长的鸡，可在饲养场内设置沙浴箱，沙浴箱中放置10%的硫黄粉或4%的马拉硫磷粉，可起到防治作用。

二、鸡螨病

螨又称疥癣虫，是蜘蛛纲的一种小型寄生虫，常见的鸡螨有鸡皮刺螨和鸡突变膝螨。鸡螨病是较普遍的鸡体外寄生虫病。

（一）鸡皮刺螨

【病原】鸡皮刺螨也称红螨，属于皮刺螨科、皮刺螨属。鸡皮刺螨呈长椭圆形，背面有一块长盾板，腹面偏前方有4对肢，肢端有吸盘，虫体前端有一细长针状的口器。雄虫长0.6mm，雌虫长0.7mm，吸饱血后身体膨大，可达1.5mm（图3-11），颜色由灰白色变为红色。

【生活史】鸡皮刺螨发育包括卵、幼虫、若虫和成虫4个阶段。雌螨在吸饱血后离开鸡体,在鸡舍内有缝隙处产卵,卵孵出幼虫,幼虫可以不吸血,蜕皮变为若虫。若虫吸血经2次蜕皮,发育为成虫,整个发育期为10~14d。

【症状】鸡皮刺螨寄居在鸡窝内,以吸食鸡血为生。白天隐匿在鸡舍或鸡窝的缝隙处,夜间爬到鸡体上吸血,可使鸡日渐消瘦、贫血和产蛋下降。鸡皮刺螨还能传播禽霍乱和螺旋体病。

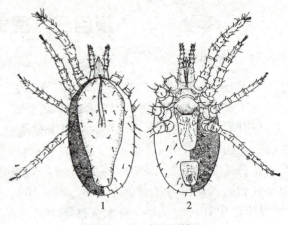

图 3-11 鸡皮刺螨
(引自赵余放,《简明难病防治图说》,1995)
1. 背面 2. 腹面

【预防与治疗】环境消毒是彻底控制鸡螨病传播的关键措施。环境消毒要及时、彻底,包括鸡舍内外的地面、墙壁、房顶、门窗、墙缝、运动场、一切用具及饲养员等。

杀灭鸡皮刺螨的首选药剂为蝇毒磷(0.05%浓度药浴或喷雾)、敌敌畏(用0.1%~0.5%溶液喷淋)。还有二嗪农、溴氰菊酯等。

(二) 鸡突变膝螨

鸡突变膝螨又称鳞足螨,属于疥螨科、膝螨属。鸡突变膝螨通常寄生于鸡和火鸡腿上无毛处及脚趾的鳞片下,故本病又名"鳞脚病"。

【病原】鸡突变膝螨形体很小,直径不到0.5mm,呈球形,足短(图3-12)。

【生活史】鸡突变膝螨可在鸡脚鳞片下掘洞,雌螨在其中产卵,幼虫经过几次变态以后变为成虫,匿居于皮肤的鳞片下面。

【症状】虫体刺激鸡胫部和腿部皮肤而发炎,炎性渗出物干燥后,在鳞片下面和鳞片上面形成一种灰白色或灰黄色的痂皮,使鳞片的结构变疏松和隆起,鸡爪和腿肿大,外观好像涂了一层厚厚的石灰(图3-13),俗称"石灰脚"。病鸡食欲减退,患部发痒,常被啄伤而

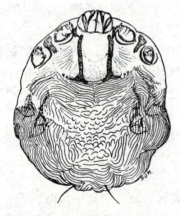

图 3-12 鸡突变膝螨
(引自赵余放,《简明难病防治图说》,1995)

图 3-13 突变膝螨引起的病变
(引自赵余放,《简明难病防治图说》,1995)

出血。严重时可引起关节肿胀，脚呈畸形，行走困难。生长发育受阻，蛋鸡产蛋率下降。

【预防与治疗】治疗鳞脚病的方法很多。大群治疗时可采用药浴法，即把病鸡脚放在药液中浸泡4~5min，一边用小刀刮去结痂，一边用小刷子刷脚，使药液能浸入组织内以杀死虫体。间隔2~3周后，可再药浴1次。常用的药液有三氯杀螨醇溶液、溴氰菊酯或杀灭菊酯等，杀虫效果都很好。

思考题

一、填空题

1. 鸡突变膝螨通常寄生于鸡和火鸡腿上_____及脚趾的_____，故本病又名"_____"。
2. 鸡羽虱寄生于鸡的体表上，以啃食_____和_____为生。
3. 鸡球虫病的主要特征是患鸡_____、_____和_____。
4. 鸡皮刺螨的发育包括_____、_____、_____和_____4个阶段。
5. 鸡皮刺螨白天隐匿在鸡舍或鸡窝的_____，夜间爬到鸡体上_____。
6. 人们通常将柔嫩艾美耳球虫和毒害艾美耳球虫称之为_____球虫和_____球虫。
7. 引起鹅球虫病的球虫种类很多，其中以_____艾美耳球虫致病力最强，寄生于_____上皮，使_____组织遭到严重损伤。
8. 鸡住白细胞虫病俗称"_____病"，是由住白细胞原虫寄生于鸡_____和_____内引起的一种原虫病。
9. 鸡组织滴虫病又称_____或_____病，是组织滴虫寄生于鸡的_____和_____引起的一种原虫病。本病的主要特征是_____溃疡和_____坏死。
10. 鸡蛔虫在_____内产卵，虫卵为_____形，随粪便排出体外，在适宜的条件下发育为_____性虫卵。

二、判断题

1. 绦虫是一些白色、扁平、带状而分节的蠕虫，雌雄异体。（   ）
2. 消灭库蠓等吸血昆虫是预防组织滴虫病的关键。（   ）
3. 寄生于鸡体内的球虫主要有7种，其中致病力最强、危害最大的是毒害艾美耳球虫。（   ）
4. 鸡突变膝螨寄居在鸡窝内，以吸食鸡血为生。（   ）
5. 卡氏住白细胞虫病的传播者为库蠓，沙氏住白细胞虫病的传播者为蚋。（   ）
6. 鸡蛔虫病是由鸡蛔虫寄生于鸡的小肠内而引起的一种原虫病。（   ）
7. 寄生于盲肠内的住白细胞原虫，被盲肠内寄生的异刺线虫吞食，在其卵巢中繁殖并进入卵内。（   ）
8. 鸡羽虱是一种永久性寄生虫，寄生于鸡的体表上，以吸食血液为生。（   ）
9. 棘沟赖利绦虫和四角赖利绦虫的中间宿主是甲虫。（   ）
10. 鸭球虫的发育过程也需要经过裂殖生殖、配子生殖和孢子生殖3个阶段，与鸡艾美耳球虫的发育过程相似。（   ）

三、选择题

1. 柔嫩艾美耳球虫主要侵害（   ）。

A. 盲肠　　　　B. 小肠中段　　　　C. 小肠前段　　　　D. 小肠后段
2. 垫料潮湿对鸡球虫卵囊的发育（　　）。
A. 有利　　　　B. 不利　　　　C. 不影响　　　　D. 不明
3. 鸡球虫病的诊断常用（　　）。
A. 血清学方法　　　　B. 饱和盐水漂浮法
C. 显微镜直接观察　　　　D. 体外培养
4. 补充（　　）可大幅度地降低柔嫩艾美耳球虫发病的死亡率。
A. 维生素K　　　　B. 维生素A　　　　C. 维生素C　　　　D. B族维生素
5. 鸡组织滴虫病特征是（　　）。
A. 盲肠溃疡和肝坏死　　　　B. 盲肠溃疡和肾坏死
C. 盲肠溃疡和小肠坏死　　　　D. 小肠溃疡和肝坏死
6. 球虫病实施治疗应不晚于感染后（　　）。
A. 48h　　　　B. 72h　　　　C. 96h　　　　D. 120h
7. 鸡体内最大的线虫是（　　）。
A. 鸡绦虫　　　　B. 鸡蛔虫　　　　C. 组织滴虫　　　　D. 异刺线虫
8. 鸡蛔虫最可靠的驱虫药物是（　　）。
A. 左旋咪唑　　　　B. 丙硫咪唑　　　　C. 吡喹酮　　　　D. 氯硝柳胺
9. 能吸血的外寄生虫是（　　）。
A. 鸡短角羽虱　　　　B. 鸡圆羽虱　　　　C. 鸡突变膝螨　　　　D. 鸡皮刺螨
10. 杀灭羽虱的用药途径是（　　）。
A. 内服　　　　B. 外用　　　　C. 注射　　　　D. 药浴
11. 具有抗球虫作用的药物是（　　）。
A. 伊维菌素　　　　B. 多西环素　　　　C. 莫能菌素　　　　D. 大观霉素
12. 预防鸡住白细胞虫病可选用的药物是（　　）。
A. 噻嘧啶　　　　B. 乙胺嘧啶　　　　C. 伊维菌素　　　　D. 左旋咪唑
13. 治疗鸡球虫病可选用的药物是（　　）。
A. 氨丙啉　　　　B. 左旋咪唑　　　　C. 阿苯达唑　　　　D. 芬苯达唑
14. 鸡皮刺螨的发育阶段不包括（　　）。
A. 蛹　　　　B. 虫卵　　　　C. 幼虫　　　　D. 若虫
15. 鸡柔嫩艾美耳球虫病的病变主要出现在（　　）。
A. 十二指肠　　　　B. 空肠　　　　C. 回肠　　　　D. 盲肠
16. 某500只散养鸡，精神委顿，食欲减退，便秘或下痢，有时见血便。用左旋咪唑驱虫后，在粪便内见圆形长条虫体。该鸡群可能感染了（　　）。
A. 鸡蛔虫　　　　B. 鸡异刺线虫　　　　C. 球虫　　　　D. 四角赖利绦虫
17. 某养鸡场散养的1 000只肉仔鸡，30日龄起大批鸡精神委顿，食欲减退，双翅下垂，羽毛逆立，下痢至排大量血便，1周内死亡率达30%以上。该鸡群最可能的诊断是（　　）。
A. 鸡蛔虫病　　　　B. 鸡球虫病　　　　C. 组织滴虫病　　　　D. 隐孢子虫病
18. 鸡住白细胞虫病的传播过程需要（　　）为传播媒介。
A. 饲料　　　　B. 水　　　　C. 工具　　　　D. 吸血昆虫

四、问答题

1. 如何防治鸡球虫病？
2. 鸡组织滴虫病的病理变化有哪些？
3. 治疗鸡绦虫病的药物有哪些？
4. 简述鸡蛔虫的生活史。
5. 肉鸡抗球虫药的使用方案有哪些？

模块四

非传染性疾病

项目一　中毒性疾病

一、聚醚类抗生素中毒

聚醚类抗生素中毒是指家禽过量摄入聚醚类离子载体抗生素药物，使体内阳离子代谢障碍所引起的中毒病。聚醚类离子载体抗生素是常用的抗球虫药物，种类很多，包括马杜霉素和拉沙菌素等。

【病因】

1. 药物用量过大　如马杜拉霉素，是一种较新型的聚醚类离子载体抗生素，其抗球虫谱广，作用强，用药剂量小。常规用量是混饲浓度为 5mg/kg，超过 6mg/kg 会明显抑制肉鸡生长。以 7mg/kg 混饲，即可引起鸡不同程度的中毒，以 9mg/kg 混饲可导致死亡。

2. 重复用药　饲料生产厂家已在饲料中添加了本药，而未在标签或包装袋上注明，养殖场（户）在饲料中又重复添加本药，造成用药量过大。

3. 用量计算错误　有的在配料时不细心，用量计算错误。如饲料中马杜霉素的浓度应为 5g/t，而误计算为 50g/t。或将几种含本品商品药物联合使用，导致用药量过大。

【症状】家禽中毒后表现为精神沉郁，食欲不振，羽毛蓬乱。腿软无力，行走不稳。排水样稀便。还可出现神经症状，如颈部扭曲、双翅下垂，或两腿后伸、伏地不起，或兴奋不安、狂蹦乱跳。严重者瘫痪、昏睡直至死亡。

【病理变化】剖检可见肠壁增厚，肠黏膜充血、出血，以十二指肠最为严重。肝肿大、质脆、出血。心脏有出血斑点。肾肿大、瘀血，有的肾充满尿酸盐。

【诊断】结合病史调查、症状及剖检变化可做出诊断。

1. 病史调查　有超量使用聚醚类离子载体抗生素的病史。

2. 临床特征　腿软、瘫痪或兴奋不安。

3. 剖检变化　肠道及内脏器官出血。

4. 鉴别诊断　注意与食盐中毒、新城疫、禽脑脊髓炎等区别。

【预防与治疗】

1. 预防　严格控制用药剂量，计算和称量药物要准确。在使用时添加饲料中一定要搅拌均匀。防止重复用药。

2. 治疗

（1）中毒后立即停喂含聚醚类抗生素的饲料，更换新鲜饲料。

（2）用电解多维和 5% 葡萄糖溶液饮水，连用 4～5d。

相关链接：市售抗球王预混剂含马杜霉素铵1%，请你算一下，每袋药可配合多少千克饲料？每1 000 kg饲料应添加本品多少克？

答案：200kg，500g。

二、喹诺酮类药物中毒

喹诺酮类药物中毒是指家禽过量使用该类药物所引起的以中枢神经机能紊乱、肾损伤为特征的中毒性疾病。

【病因】

1. 用药剂量过大或用药时间过长。
2. 重复用药。
3. 拌料不均匀。

【症状】家禽中毒后表现为精神沉郁，排灰黄色或绿色稀便。很快发展为全身震颤，翅膀下垂。行动迟缓，脚软无力，站立不稳。头颈伸直或弯曲，抽搐。卧地不起，终因衰竭而死亡。

【病理变化】剖检可见肝肿大，暗红色，有出血。胃肠黏膜充血、出血、脱落。肾肿大，输尿管内有白色尿酸盐沉积。

【诊断】根据使用氟喹诺酮类药物的病史，结合症状和剖检变化，可做出初步诊断。必要时可检测饲料、饮水及组织中氟喹诺酮类药物的含量。

【预防与治疗】

1. 预防 严格控制用药剂量和用药时间，对产蛋家禽禁止应用。避免重复用药。混饲时搅拌要均匀。

2. 治疗 中毒后应立即停止用药。主要采取促进药物排泄及对症治疗等措施。

三、痢菌净中毒

痢菌净又称乙酰甲喹，是人工合成的广谱抗菌药物，由于价格低廉，对大肠杆菌病、沙门氏菌病、巴氏杆菌病等都有较好的治疗作用，故在养鸡生产中被广泛应用。但如果使用不当 就会引起鸡群中毒，造成巨大的经济损失。

【病因】

1. 痢菌净的用量过大。
2. 使用时间过长。
3. 使用时搅拌不均。
4. 使用痢菌净后又使用含有痢菌净的其他药物。
5. 饲料中已含有痢菌净却又重复使用该药。

【症状】鸡中毒后表现为精神沉郁，羽毛松乱，食欲减退或废绝，头部皮肤呈暗紫色。排黄色水样稀粪。部分鸡瘫痪，两翅下垂，尖叫，头颈部后仰，角弓反张、抽搐，最后倒地而死。产蛋鸡和种鸡发病后，表现为产蛋率下降，出雏率降低，但死亡率较低。

【病理变化】剖检病鸡可见肠道黏膜弥漫性充血，严重者盲肠内容物呈红色，肠壁变薄。小肠中段有出血斑。腺胃、肌胃交界处糜烂、溃疡，肌胃角质膜下出血。肝肿大，呈暗红色，质脆易碎，有时可见出血点。肾偶见肿大。心外膜及心内膜有时出血。如果是产蛋鸡中毒，腹腔内见有发育不全的卵黄，可引起严重的腹膜炎症。

【诊断】 根据流行病学、症状和病理变化可以初步诊断，确诊需进行实验室诊断。本病容易与新城疫和盲肠球虫病相混淆，应注意鉴别诊断。

【预防与治疗】

1. 预防 预防本病的关键是合理使用痢菌净，不超量、不超时使用。拌料时要均匀，防止重复添加。

2. 治疗 本病无特效解毒药，发病后应立即停药，将已出现神经症状和瘫痪的病鸡挑出淘汰。在饮水中加入3‰~5‰的葡萄糖，连用3~5d。

四、甲醛中毒

甲醛是一种常用的消毒剂，在养禽业已广泛使用多年，主要用于禽舍的熏蒸消毒。但在生产实践中，因甲醛使用不当导致鸡群中毒的情况却时有发生，以至于造成重大的经济损失。

【病因】

1. 使用甲醛和高锰酸钾熏蒸消毒时浓度过高。

2. 熏蒸消毒后，打开门窗排出余气的时间不够，舍内尚有高浓度甲醛气体时便让雏鸡进入。尤其在低温时虽有余气但无刺激气味，当禽舍温度升高时使甲醛气体蒸发，从而引起中毒。

【症状】 鸡中毒时表现为精神沉郁，食欲下降。眼睑水肿，羞明流泪，畏光，结膜和角膜发炎，流鼻液、咳嗽、呼吸困难，呼吸有啰音。排黄绿色或绿色稀便。往往窒息死亡。

【病理变化】 剖检可见喉头肿胀，肺充血、水肿，有散在性、局限性的炎症病灶。腹腔有积液。

【诊断】 根据病史调查，结合症状和病理变化可进行诊断。

1. 病史调查 有接触甲醛的病史，鸡舍中应有强烈刺激性气味。

2. 症状 有流泪、流鼻液、呼吸困难，呼吸有啰音等呼吸道刺激性症状。

3. 剖检变化 喉水肿，肺充血水肿。

4. 鉴别诊断 应与慢性呼吸道病、传染性支气管炎等相鉴别。

【预防与治疗】

1. 预防 要合理控制甲醛消毒的浓度及时间，常用的消毒浓度为每立方米用福尔马林（甲醛的水溶液）20mL、高锰酸钾10g，熏蒸消毒最好在进雏前1周进行。用密封条将门窗密封好，消毒时环境温度不低于20℃，相对湿度应为60%~80%，熏蒸1d后打开门窗通风换气，至育雏舍在高温下无刺激气味方可进雏鸡。严禁带鸡消毒。

2. 治疗

（1）发现中毒后立即打开门窗，排尽甲醛气体，将鸡群转移到无甲醛气体的鸡舍，加强通风和保温。

（2）要增加饮水量，在饮水中加入牛奶或豆汁，可减轻毒物对黏膜的刺激。并加入5%葡萄糖溶液，提高抵抗力。

五、磺胺类药物中毒

磺胺类药物常用于治疗家禽的细菌性疾病和球虫病,但是如果用药不当,会引起急性或慢性中毒。主要是引起肾小管上皮细胞变性、坏死;中毒性肝病和血液病变;消化器官及中枢神经系统机能紊乱。

【病因】
1. 用药剂量过大或用药时间过长。
2. 片剂粉碎不细,拌料不匀。
3. 服用后未给予充足的饮水。
4. 未同时服用等量的碳酸氢钠。

【症状】
1. 急性中毒 主要表现兴奋不安,食欲减退,共济失调,肌肉震颤。冠和肉髯苍白,皮下广泛出血。有些病鸡下痢。雏鸡中毒时可出现大批死亡。

2. 慢性中毒 表现为精神沉郁,食欲减少,生长缓慢或停止。羽毛松乱,冠和肉髯苍白。蛋鸡产蛋率下降,薄壳蛋和软壳蛋增加。

【病理变化】剖检可见中毒鸡全身性出血,包括皮肤、肌肉、内脏器官等。骨髓色泽变浅或黄染。心肌呈刷状出血斑纹。肝瘀血稍肿大,呈紫红色或黄褐色,表面有出血点和坏死灶。腺胃和肌胃角质层下有出血点。肾肿大,呈土黄色,输尿管增粗,有白色尿酸盐沉积。

【诊断】根据用药史、症状和病理变化可以做出诊断。
1. 有超量或连续长时间应用磺胺类药物的病史。
2. 剖检可见全身广泛性出血。

【预防与治疗】
1. 预防 正确使用磺胺类药物应注意以下几点:
(1) 使用该类药物剂量不宜过大,时间不宜过长,一般用药不超过5d。
(2) 计算、称量要准确,搅拌要均匀。
(3) 对1周龄以内的雏禽和蛋鸡产蛋期禁用磺胺类药物。
(4) 用药期间应提高饲料中维生素K、B族维生素的含量。
(5) 溶解度较低的磺胺类药物宜与碳酸氢钠同服。
(6) 将2~3种磺胺类药物联合使用。
(7) 使用该类药物要供给充足的饮水。

2. 治疗 发现中毒应立即停止使用含有磺胺类药物的饲料或饮水,用0.1%碳酸氢钠、5%葡萄糖水代替饮水1~2d,同时可在每千克饲料中添加3~5mg的维生素K_3。中毒严重的禽可肌内注射维生素B_{12} 2μg或叶酸50~100μg,或复合维生素B溶液,混饮:每升水10~30mL(或每只鸡0.5~1mL),连续用药3~5d。

六、黄曲霉毒素中毒

黄曲霉毒素中毒是由黄曲霉毒素引起的中毒病。其临床特征是全身出血、消化机能紊乱、腹水和神经症状;剖检特征是肝细胞变性、坏死、出血,胆管和肝细胞增生。如果长期小剂量摄入，还有致癌作用。

【病因】 黄曲霉毒素（AFT）主要是由黄曲霉菌、寄生曲霉菌和软毛青霉菌产生的有毒代谢产物。这些霉菌广泛存在于自然界中，在温暖潮湿的环境中最易生长繁殖，产生黄曲霉毒素，主要污染玉米、花生、豆类、棉籽、麦类、大米、秸秆及其副产品。家禽采食被上述产毒霉菌污染的饲料而引起发病。

幼龄鸡、鸭和火鸡较为敏感，特别是2~6周龄的雏鸭最为敏感。

【症状】 黄曲霉毒素是高毒性和高致癌性毒素，家禽中雏鸭、火鸡和野鸡对AFT的敏感性较高，鸡、鹌鹑、珍珠鸡相当能耐受。

1. **雏鸭** 对黄曲霉毒素极敏感，中毒后表现为食欲不振，生长减慢，异常尖叫，啄羽，腿和脚呈淡紫色，严重跛行。运动失调、抽搐、角弓反张，最后可导致死亡。

2. **雏鸡** 其症状与雏鸭相似。但鸡冠淡染或苍白，排出的稀粪中多混有血液。

3. **成年禽** 耐受性较强，呈慢性经过，通常表现食欲减少，消瘦，贫血，病程长者可诱发肝癌。

黄曲霉毒素中毒的鸡对盲肠球虫病、马立克氏病、沙门氏菌病、包含体肝炎和传染性法氏囊病的易感性增加。

【病理变化】 特征性的病变在肝。鸭急性中毒时肝呈淡黄色或绿色，萎缩。雏鸡急性中毒时肝肿大，呈苍白色，有出血斑点；亚急性中毒时，肝呈淡黄褐色，有多灶性出血。其他病理变化主要有：胆囊扩张，肾苍白和稍肿大，胸部皮下和肌肉有时出血。成年鸡慢性中毒时，肝缩小，色泽变黄，质地坚硬，常有白色点状或结节状增生病灶。个别可见肝癌结节，伴有腹水。胃和嗉囊有溃疡，肠道充血、出血。黄曲霉毒素还能使雏鸡法氏囊、胸腺和脾发生萎缩，引起免疫抑制。

【诊断】 首先要调查病史，检查饲料品质与霉变情况，再结合症状和剖检变化等进行综合性分析，可做出初步诊断。

【预防与治疗】

1. **饲料防霉** 防霉是预防饲料被霉菌及其毒素污染的最根本措施。严格控制饲料温度、湿度，注意通风，防止雨淋。为防霉变，可试用化学熏蒸法，如选用溴甲烷、二氧乙烷。必要时在饲料中加入抗真菌剂如丙酸钙等。同时定期监测饲料中AFT含量，以防超过我国规定的最高容许量标准。

2. **吸附剂脱毒** 可用某些矿物质吸附脱毒，常用的吸附剂为水合硅铝酸钠钙（如霉卫宝），添加量为0.125%~0.5%。对轻微霉变的饲料经脱毒处理后利用。一般采用碱处理法，即用5%~8%石灰水浸泡霉败饲料3~5h，再加清水搅拌浸泡，反复数次，直到浸泡的水变成无色，毒素可除去大部，但仍不宜喂鸡。对重度发霉饲料应坚决废弃。

3. **治疗** 本病目前尚无特效疗法。发现中毒时，应立即停喂霉败饲料，改喂富含碳水化合物的青绿饲料和高蛋白质饲料，减少或不喂含脂肪过多的饲料。日粮中多添加1~2倍的多维素。添加1%的奶粉有助于病禽的恢复。对急性中毒的雏鸡用5%的葡萄糖水，每天饮水4次，并在每升饮水中加入维生素C 0.1g。尽早服用轻泻剂，促进肠道毒素的排出，如用硫酸钠，按每只鸡每天1~5g溶于水中，连用2~3d。口服蛋氨酸、亚硒酸钠能对抗黄曲霉毒素的毒性。

相关链接： 1960年在英国南部地区，短短两三个月内有10万只雏火鸡突然死亡，这就是历史上有名的"火鸡事件"。由于病因不明，当时称为"火鸡X病"。后来经研究发现，饲料中有从巴西进口的霉变的花生饼粉，用这种花生饼粉喂养大白鼠能诱发肝癌。1962年科学家分离并鉴定了其中致癌物质，命名为什么？

答案： 黄曲霉毒素。

七、赭曲霉毒素中毒

赭曲霉毒素中毒是家禽采食了被赭曲霉毒素污染的饲料而导致的中毒性疾病。

【病因】赭曲霉毒素的产毒菌较多，在自然界中分布较广，可污染多种农作物和食品。包括谷类、豆类、干果、咖啡、葡萄及葡萄酒、香科、油料作物、啤酒、茶叶等均可被污染。饲料污染也较严重。家禽进食被赭曲霉毒素污染的饲料后会引起中毒。

【症状】雏禽表现为精神沉郁，食欲减退，喜饮。发育缓慢，消瘦。排粪频繁，粪便稀软，甚至腹泻、脱水。有些病例随病情发展可出现神经症状，如站立不稳，多取蹲坐姿势。有的共济失调，腿和颈肌呈阵发性震颤，甚至出现休克而死亡，死亡率较高。肉仔鸡可引起骨质疏松、变软，随体重增加胫骨直径变粗，易骨折。

产蛋鸡可表现为食欲减退，体重下降；腹泻；产蛋减少，蛋重减轻，蛋壳出现黄斑；孵化早期胚胎死亡，鸡胚痛风或畸形，影响孵化率，后代生长缓慢。

【病理变化】病理变化以肾为主，剖检可见肾肿大、苍白；肝、胰腺苍白；输尿管、肾、心脏、心包、肝和脾有白色尿酸盐沉积；卡他性肠炎。

【诊断】根据饲喂霉变饲料的病史，并结合症状和病理变化，可初步诊断。确诊必须对饲料、肾、肝等样品进行赭曲霉毒素测定。

【预防与治疗】

1. 预防 防止饲料被霉菌污染；不喂被霉菌污染的饲料。

2. 治疗 本病尚无特效治疗方法。发现家禽中毒后，应立即停止饲喂霉变饲料。供给充足的饮水，给予容易消化、富含维生素的新鲜饲料。

八、食盐中毒

食盐的主要成分是氯化钠，是家禽日粮中的必需营养物质。适量的食盐有增进食欲、维持细胞和体液渗透压的平衡、调节酸碱平衡、参与水的代谢、调节心脏和肌肉活动等重要作用。但是，家禽对食盐比较敏感，特别是雏鸡，过量食用容易发生食盐中毒，甚至导致死亡。

【病因】引发本病的主要原因是饲料中食盐浓度过高。

1. 鱼粉的含盐量过高或添加过多，这是鸡食盐中毒最常见的原因。
2. 饲料配方计算失误。
3. 食盐在饲料中搅拌不均匀。
4. 饮水含盐高。
5. 饮水供应不足。
6. 高温、维生素E、钙、镁和含硫氨基酸缺乏也使鸡对食盐敏感性增高。

当雏鸡饲料中含盐量达到0.7%、成年鸡饲料中含盐量达到1%时，即会引起明显口渴感和粪便含水量增加；若雏鸡饲料中含盐量达到1%、成年鸡饲料中含盐量达到3%时，即可引起中毒，甚至死亡。饮水中含盐量达0.54%时，可导致雏鸡大批死亡。家禽食盐中毒剂量为每千克体重2g，致死量大约为每千克体重4g。

【症状与病理变化】病禽表现为精神委顿，肌肉虚弱。步态不稳，不能站立。最明显的症状是极度口渴，大量饮水，嗉囊因饮水过量而胀大。口、鼻流出大量黏液。食欲废绝，常发生腹泻，排水样粪便。抽搐，最后因呼吸衰竭而死亡。

剖检可见皮下组织水肿，许多器官发生病变，特别是胃肠道、肌肉、肝和肺出血与严重充血。腹腔和心包囊内有积液，心脏有针尖大出血点。

【诊断】根据禽群口渴暴饮、神经症状可做出初步诊断。

【预防与治疗】

1. 预防 预防本病的主要方法是严格控制饲料中食盐的含量，尤其是对雏鸡。饲料搅拌均匀，日常供应充足清洁的饮水。严格检测饲料、原料、鱼粉或其副产品的盐分含量。鸡日粮中食盐含量以0.25%~0.5%为宜，以0.37%最为适宜。如在日粮中使用鱼粉，最好经化验确知其中食盐含量，使饲料中总含盐量不超过0.37%，不要使用劣质掺盐鱼粉。

2. 治疗 发现中毒后，立即停喂含盐量高的饲料或饮水，改换新鲜的饮用水和无盐的或低盐的易消化的饲料，直至康复。饮水中加5%葡萄糖或红糖，中毒轻的能够恢复。严重中毒鸡要适当控制饮水，间断地逐渐增加饮水量，也可在糖水中另加0.5%的醋酸钾和适量维生素C，连用3~4d。

相关链接：江苏沿海某鸡场新进70 000只蛋鸡苗，饲喂全价料，饮水为自备井水，井深40m，第7天早上饮水量减少，中午绝食停饮，死亡3 000只，第8、9天分别死亡12 000只、15 000只，第10天将鸡群饮水换成自来水，未采用其他特异措施，死亡6 000只，以后几天各死亡3 000只、1 000只、800只、300只、100只，取井水化验其含盐量为3.5%，死亡原因有可能是什么？

答案：食盐中毒。

九、氟中毒

氟中毒是指家禽摄取过多的无机氟化物，而导致的以钙代谢障碍为特征的中毒病。氟是家禽机体所必需的一种微量元素，它主要存在于家禽的骨骼和喙中，适量的氟可增强家禽骨骼的硬度，但食入过量的氟又会对机体产生一系列的毒副作用。症状主要表现为关节肿大，腿畸形，运动障碍。种禽产蛋率、受精率和孵化率下降。

【病因】

1. 磷酸钙盐生产厂家在生产过程中不脱氟或脱氟不彻底是造成目前家禽氟中毒的主要原因。磷酸氢钙是目前用量较大的磷补充物之一。大多数磷矿石含有较高水平的氟，有的含氟量高达0.9%~2%，甚至高达2.68%。所以，用这些矿石提炼生产的饲料磷酸钙盐添加剂如不经脱氟工艺，含氟量很高，添加到配合饲料中将对家禽产生危害。国家标准规定，磷酸氢钙的含氟量应低于0.18%，当氟含量超过0.8%时即可引起中毒。

2. 一些不法中间商贪图利润，在优质磷酸氢钙中加入高氟磷矿石粉或石粉、壳粉、海沙等是目前造成家禽氟中毒的又一主要原因。

3. 工业污染、高氟地区的牧草和水源也可造成家禽氟中毒。

【症状】

1. 急性中毒　一般较少见到，如果一次性摄食大量氟化物后，可立即与胃酸作用产生氟氢酸，强烈刺激胃肠，引起胃肠炎。氟被吸收后迅速与血浆中的钙离子结合形成氟化钙，从而出现低血钙症。临床可见食欲废绝，呕吐，腹痛，腹泻，呼吸困难，肌肉震颤，抽搐，虚脱，血凝障碍导致出血，一般在数小时内死亡。

2. 慢性中毒　此型较为多见，表现为行走时双脚向外叉开，呈八字脚。跗关节肿大，严重的可出现跛行或瘫痪。腹泻，爪（蹼）干燥，有的因腹泻、痉挛，最后倒地不起，两脚向后蹬，衰竭而死。发病率和死亡率因饲料含氟量、饲喂的时间长短及开始采食高氟饲料的日龄而异，最高死亡率可达100%。产蛋鸡症状出现较缓慢，一般在采食高氟日粮后6~10d或更长的时间才可见到产蛋率逐步下降，下降幅度高低不等。还可见到采食量减少，蛋重下降，蛋壳质量下降，破损率上升。跛行鸡也逐渐增多，有稀便，但一般无死鸡。病程长的生长迟缓、冠苍白、羽毛松乱、无光泽。

【病理变化】

1. 急性中毒　肠黏膜肿胀、充血、出血，心脏、肝和肾等出血、变性。

2. 慢性中毒　幼禽消瘦，营养不良；长骨和肋骨较柔软，易弯而不断，肋骨与肋软骨、肋骨与椎骨接合部呈串珠状突起；喙质软如橡皮，鸭喙苍白；成年家禽骨骼易折断，骨髓颜色变淡；肾有出血点并肿胀，输尿管有尿酸盐沉积。

【诊断】首先应进行病史调查，如果有采食高氟饲料或摄食氟化物的病史，再加上具有采用同一批饲料的家禽几乎同时发病的特点，并具有上述的症状和病理变化，可初步诊断为本病。

【预防与治疗】

1. 预防

（1）保证饲料原料的质量。应选择饲料质量好、有生产脱氟磷酸氢钙能力的饲料厂家进货，保证使用含氟量符合标准的磷酸氢钙。严格检测磷酸氢钙、磷酸钙或石粉的氟含量，把好质量检测关。禁用超标产品。切勿贪便宜而购进高氟、掺假的劣质磷酸氢钙。

（2）减少磷酸氢钙的用量。可在饲料中使用植酸酶，植酸酶可提高植酸磷的利用率，从而减少磷酸氢钙的使用量，降低饲料中氟的含量。

2. 治疗

（1）发现氟中毒后应立即停用含氟高的饲料，换用正常的全价配合饲料，并在日粮中添加800mg/kg硫酸铝，可减轻氟中毒。

（2）在饲料中添加适量的鱼肝油和多维素；饮水中添加维生素C，连用3~4d。

（3）在饲料中添加1%~2%乳酸钙、2%~3%骨粉或磷酸钙盐和维生素D。

十、高锰酸钾中毒

高锰酸钾是养禽生产中常用的消毒药，可用于禽舍的熏蒸消毒和雏鸡饮水消毒等。但如果浓度过高，则会引起家禽中毒。可损伤黏膜，还会损害肾、心脏以及神经系统。严重还可导致死亡。

【病因】饮水中高锰酸钾溶液浓度过高，会引起家禽中毒。当饮水中高锰酸钾浓度达到0.03%时对消化道黏膜就有一定腐蚀性；浓度为0.1%时，可引起明显中毒。

【症状】家禽中毒后会出现食欲不振，口、舌及咽部黏膜发紫、水肿，呼吸困难，流涎，粪便稀薄，头颈伸展，横卧于地。严重者常于1d内死亡。

【病理变化】病鸡口腔黏膜充血，食道发炎，肌胃、肠道黏膜有轻度出血和黏膜脱落现象，严重者嗉囊黏膜大部分脱落。

【诊断】可通过以下几方面做出诊断。

1. 病史调查　有口服高锰酸钾溶液的病史。
2. 临床特征　口腔黏膜呈紫红色。
3. 病理变化　消化道有腐蚀和出血。

【预防与治疗】

1. 预防　给家禽饮水消毒时，只能用0.01%~0.02%的高锰酸钾溶液，不宜超过0.03%，且要待其全部溶解后再饮用。消毒黏膜、洗伤口时，也可用0.01%~0.02%的高锰酸钾溶液。消毒皮肤，宜用0.1%浓度。
2. 治疗　发现中毒后，立即停用高锰酸钾溶液，供足洁净饮水，并用3%糖水加维生素C让鸡饮服，一般经3~5d可恢复。必要时在饮水中加入适量牛奶或奶粉，以保护消化道黏膜。

十一、一氧化碳中毒

一氧化碳中毒也称煤气中毒，是由于家禽吸入一氧化碳气体所致的以机体缺氧为特征的中毒性疾病，本病主要发生在育雏阶段。

【病因】在寒冷季节禽舍内燃煤取暖，当煤炭燃烧不全时，可产生大量的一氧化碳。如果煤炉安装不当（如烟道堵塞、漏气、倒烟）或门窗紧闭室内通风不良，一氧化碳不能及时排出，可造成室内一氧化碳浓度急剧上升，禽类吸入后可引起中毒。

【症状】轻度中毒的家禽精神不振，食欲减退，羽毛松乱，运动减少。流泪，咳嗽，生长发育缓慢等。严重中毒者表现兴奋，尖叫。呼吸困难。运动失调，站立不稳，角弓反张，最后痉挛、抽搐死亡。

【病理变化】一氧化碳急性中毒时的特征性病变为血液和全身各组织器官均呈鲜红色或樱桃红色。

【诊断】根据发病鸡舍有燃煤取暖的情况，结合症状和病理变化即可做出诊断。

【预防与治疗】

1. 预防　鸡舍和育雏室采用烧煤取暖时应设通风口或安装换气扇，保持室内空气流通。煤炉必须装有烟囱，并经常检查，防止漏烟、倒烟。封火后（尤其是夜间）由于氧供应不足，煤炭不能充分燃烧，极易产生一氧化碳，此种情况最容易发生中毒，应特别注意。取暖的煤炉设在距禽舍较远处，可避免中毒事故的发生。建议使用暖气设备取暖。
2. 治疗　发现鸡群中毒后，应立即打开鸡舍门窗或通风设备进行通风换气，最好将病禽转移至空气新鲜、保温良好的鸡舍内。病鸡吸入新鲜空气后，轻度中毒鸡可自行逐渐康复。对于中毒较严重的鸡皮下注射糖盐水及强心剂有一定的疗效。饮水中添加水溶性多维素和葡萄糖，并配以适当的抗菌药物，以防继发感染呼吸道疾病。

十二、氨气中毒

氨气是一种刺激性气体，对眼睛和黏膜具有强烈的刺激性。氨气中毒是家禽常见的气体中毒病。

【病因】

1. 禽舍通风不良。
2. 家禽饲养密度过大。
3. 垫料潮湿，禽舍湿度过大，粪便不及时清除等。

【症状】慢性轻度中毒时，仅表现食欲不振，呼吸加快，排绿色稀便，慢性消瘦。雏禽生长发育不良，成年家禽产蛋量下降。而重度急性中毒时，则可见病禽眼结膜红肿，羞明流泪，流鼻涕。病禽喜卧，两翼、背部、后腹部起伏，出现呼吸困难。有的甩头，打呼噜，食欲明显下降。羽毛蓬乱，无光泽。绿色稀便增多。有的瘫痪，头颈后仰或前伸。常因呼吸困难继而呼吸麻痹，最后痉挛窒息而死。

【病理变化】病禽表现为眼结膜炎，喉头和气管黏膜水肿、充血，分泌物黏稠。肺水肿、充血、瘀血，有坏死。气囊膜增厚，混浊。肝、肾、脾肿大。肠道黏膜水肿、充血或出血，有的腹水量增多。皮肤、腿和胸肌苍白贫血，血液稀薄，尸僵不全。

【诊断】根据本病的症状、病理变化以及禽舍内氨气含量的测定，可对本病做出诊断。

【预防与治疗】

1. 预防　禽舍内要有通风换气装置，使舍内保持空气流通。禽群饲养密度要适当，要经常清除禽舍内的粪便。地面平养的垫料要经常翻动，保持干燥。

2. 治疗　发现禽群有氨气中毒症状时，要马上打开门窗、排气扇等所有通风设备，对禽舍进行通风换气。要清除禽舍粪便和垫料，同时用草木灰铺撒地面，有条件的可以把禽转移至环境较好的另一禽舍。

中毒禽群饮服或灌服1%稀醋酸，每只5～10mL。或用1%硼酸水溶液洗眼，并供饮5%糖水，口服维生素C片0.05～0.1g/只。对于已出现诸如咳嗽、腹泻等中毒症状的鸡，饮水中加入适量的环丙沙星，或在饲料中用110～330mg/kg的北里霉素，以防继发感染。

项目二　营养代谢病

一、维生素缺乏症

（一）维生素 A 缺乏症

维生素 A 缺乏症是由于动物缺乏维生素 A 所引起的以皮肤和黏膜等上皮组织角质化、夜盲症、干眼病和生长停滞等为特征的营养缺乏病。维生素 A 在胚胎发育过程中对胚胎形态的发生、维持上皮组织结构和功能的完整性、黏液的产生、骨骼的发育、机体的免疫力以及其他多种重要的生物过程发挥重要的作用。

【病因】引起维生素 A 缺乏的主要原因有：

1. 维生素 A 摄入不足。
2. 维生素 A 氧化分解。
3. 维生素 A 吸收、转化障碍。
4. 禽对维生素 A 的需要量增加。
5. 应激因素亦可促进维生素 A 缺乏症的发生。

【症状】雏鸡缺乏维生素 A 表现为食欲不振，生长停滞，羽毛蓬乱，嗜睡，虚弱，运动失调，消瘦。喙和小腿部皮肤的黄色褪色。流泪，眼睑内可见干酪样物积聚，上下眼睑常被粘合在一起。角膜混浊不透明，严重的角膜软化或穿孔，失明。干眼病是维生素 A 缺乏的一个典型病变，但并非所有的雏鸡和雏火鸡都表现有此病变。

成年鸡发病呈慢性经过，主要表现为逐渐消瘦，体质变弱且羽毛蓬乱。产蛋鸡产蛋率急剧下降。连产期的间隔延长，孵化率下降。成年公鸡维生素 A 缺乏时，精子数量减少，活力降低，且畸形率增高。

【病理变化】剖检可见病鸡口腔、咽部及食管黏膜上皮角质化，黏膜表面出现许多白色小脓包，并会波及嗉囊，脓包的大小约为 2mm。随着缺乏症的发展，病灶增大，突出于黏膜表面，并在中心部形成凹陷。在这些病变部位，出现由炎性产物包围着的小溃疡，此为本病的特征性病变。慢性维生素 A 缺乏症可引起肾小管的破坏，在严重病例中会使血液中尿酸含量升高而导致内脏型痛风。肾和输尿管内有白色尿酸盐沉积，肾灰白，表面有纤细灰白色网状花纹，输尿管极度扩大。心脏、肝、脾也常有尿酸盐沉着。

【诊断】一般根据以下几点即可初步诊断。

1. 急性或严重维生素 A 缺乏可出现眼或面部肿胀，眼睑下有乳白色干酪样物，眼球凹陷、失明。
2. 口腔、咽部及食道黏膜上有灰白色小脓包。
3. 雏禽肾肿胀，输尿管有尿酸盐沉积。

维生素 A 缺乏症要注意与传染性鼻炎、禽痘和传染性支气管炎相区别。

【预防与治疗】

1. 预防

（1）在配制饲料时，应按各类禽只不同生理阶段的营养标准加入足量的维生素 A。维生素 A（以纯品计），混饲，每千克饲料 12 000IU。多维素，混饲，每吨饲料 300~400g，当遇到疾病或应激时还应适当增加。

(2) 注意饲料的保管，防止酸败、发热、发酵、发霉和氧化，以保证维生素不被破坏。

2. 治疗 维生素 A，内服，每千克体重 1 500～4 000IU；混饲，每千克饲料添加 7 000～20 000IU。严重缺乏的，每千克饲料中含有效维生素 A 不低于 15 000IU，连喂 2 周后即可恢复。维生素 AD 油，内服，每次 1～2mL，每天 2 次，连续 5～7d。

(二) 维生素 D 缺乏症

维生素 D 缺乏症是由于饲料中供给以及体内合成的维生素 D 不足而引起的营养缺乏病。维生素 D 的主要生理功能是维持钙、磷正常代谢，以便形成正常的骨骼、坚硬的喙和爪以及结实的蛋壳。

【病因】
1. 体内合成量不足。
2. 日粮中维生素 D 供给不足。
3. 机体吸收功能障碍。
4. 饲料中锰的含量较多。

【症状】笼养产蛋母鸡往往在缺乏维生素 D 2～3 个月才开始出现症状。最初的症状是薄壳蛋和软壳蛋的数量明显增加，蛋破损率高，随后产蛋率明显下降。孵化率下降。严重者呈"企鹅形蹲坐"的特征性姿势。其后，喙、爪、龙骨和胸骨变得很软且易弯曲。

雏鸡最初症状除了生长停滞外，主要呈现以骨骼极度软弱、弯曲为特征的严重的佝偻病。在 2～3 周龄时，病鸡的喙和爪变得柔软，易弯曲，行走明显吃力。

【病理变化】成年种用产蛋母鸡维生素 D 缺乏时，剖检可见到的特征性变化局限于骨骼和甲状旁腺。甲状旁腺由于肥大与增生而体积变大。骨骼变软，易于折断。肋骨末端出现明显的结节（佝偻病性串珠状肋骨）。许多肋骨在此部位显示有病理性骨折。慢性维生素 D 缺乏时，骨骼出现明显变形。

患维生素 D 缺乏症的雏鸡，最特征的病变是肋骨末端串珠状结节以及肋骨向下向后弯曲。

【诊断】根据以下 2 点可初步诊断。
1. 雏鸡喙、腿骨变软易弯曲，剖检可见胸骨弯曲，肋骨末端有串珠状结节。
2. 蛋鸡产薄壳蛋、无壳蛋，瘫痪鸡只经太阳晒后可恢复，胸骨严重弯曲，甲状旁腺肿大。

如需确诊，可通过化验饲料维生素 D 含量，如低于营养标准要求量，即可确诊。但维生素 D 缺乏症状同饲料钙、磷比例失调很相似，应注意鉴别。

【预防与治疗】

1. 预防

(1) 保证饲料中含有足量的维生素 D_3，每千克饲料维生素 D_3 添加量雏鸡、育成鸡 2 000IU；产蛋鸡和种鸡 2 000～2 500IU，实际生产中还应增加 10%～20%。

(2) 饲料不要存放时间过长，锰的用量不能过多，钙磷比例合适，饲料中添加合成抗氧化剂，防止维生素 D_3 被氧化。

(3) 出现维生素 D 缺乏症时，应及时分析原因，必要时可对饲料中的维生素 D 和钙、磷含量进行化验，及时调整饲料，并对全群进行预防性治疗。

2. 治疗 维生素 D_3，口服，雏鸡每次 5 000～8 000IU（1IU 维生素 D＝0.25μg 维生素 D_3），每天 1 次，连续服用 3d。再根据康复情况将维生素 D_3 制剂混饲给药。蛋鸡：第 1 天口服浓鱼肝油 8~10 滴或口服维生素 D_3 8 000~10 000IU，以后药量减半混入饲料，连续给药数日可康复。

也可在饲料中添加鱼肝油，添加量为每千克饲料 10~20mL，或每千克日粮中含维生素 D_3 不低于 10 000IU，连喂 3~5d，即可治愈。

> **相关链接**：为什么在家禽饲料中添加维生素 D_3 才能有效防止雏禽佝偻病？
> **答案**：维生素 D 主要有维生素 D_2 和维生素 D_3 2 种，大多数哺乳动物可利用维生素 D_2 和维生素 D_3，对于家禽来说，维生素 D_3 的效能比维生素 D_2 高 40 倍。

（三）维生素 E 缺乏症

维生素 E 缺乏症是由维生素 E 缺乏引起的以脑软化症、渗出性素质、白肌病和成年禽繁殖障碍为特征的营养缺乏性疾病。维生素 E 的主要作用是抗氧化和维持机体的繁殖机能。

【病因】

1. 饲料本身维生素 E 含量不足。
2. 饲料贮存不当，保存期过长。
3. 混合料中其他成分对维生素 E 的破坏。如某些矿物质、不饱和脂肪酸和饲料酵母。
4. 饲料缺硒，需要较多的维生素 E 去补偿，导致维生素 E 的缺乏。
5. 球虫病及其他慢性肠道病，使维生素 E 的吸收率降低。

【症状与病理变化】

1. 雏鸡的脑软化症 脑软化症又称雏鸡疯狂病，病鸡主要表现为运动失调，头向后或向下挛缩，有的颈扭转或向前冲，少数鸡两腿痉挛性抽搐，最后不能站立，衰竭死亡。

病变主要出现在小脑。在发病初期，剖检可见小脑脑膜水肿充血，甚至有出血点。脑实质肿胀柔软，脑回平坦，小脑的 4/5 可能受到侵害，但有的病变部也可能小到肉眼不能辨认。当脑软化症状出现 1~2d 以后，在小脑可见到绿黄色不透明混浊的软化灶。

2. 雏鸡的渗出性素质 常由维生素 E 和硒一同缺乏引起，发病日龄一般比脑软化症稍迟。由于毛细血管通透性增高，血液外渗，因而形成渗出性素质，临床表现为胸腹部皮下水肿。由于腹部皮下液体的积聚，雏鸡站立时两腿向外叉开。这种绿蓝色黏性液体通过皮肤很容易看到。

3. 雏鸡的营养性肌病（白肌病） 当维生素 E 并伴有含硫氨基酸（蛋氨酸、胱氨酸）同时缺乏时，雏鸡（大约在 4 周龄时）表现为营养性肌病。雏禽主要表现为运动失调，无力站立，运步不稳，多呈蹲伏或躺卧状，严重时发生麻痹或瘫痪。幼禽白肌病病变特征为胸肌中出现灰白色的条纹。雏鸡，特别是雏火鸡在维生素 E 和硒缺乏时，可导致肌胃和心肌产生严重的病变。小鸭可见全身的骨骼肌发生肌营养不良。

【诊断】 通过对饲料维生素 E 含量的分析，结合典型的症状、发病日龄和病理变化等，一般不难做出诊断。

【预防与治疗】

1. 预防

（1）饲喂营养全面的全价日粮。

（2）避免使用劣质、陈旧或霉变的饲料，尤其是变质的油脂如鱼肝油、黄豆油、玉米油、亚麻籽油等。

(3) 长期贮存的谷物或饲料应添加抗氧化剂。

(4) 避免日粮中维生素 A 等物质过多。

2. 治疗 维生素 E，内服，一次量，鸡 2~3mg，连服 3~4d。维生素 E 粉，混饲，成年鸡每只 3~5mg，雏鸡每只 3mg。维生素 E 微粒，混饲，每千克饲料 160mg。

(四) 维生素 K 缺乏症

维生素 K 缺乏症是由于维生素 K 缺乏而引起的以血凝时间延长、血液凝固不良、皮下出血为特征的营养缺乏性疾病。

维生素 K 是合成凝血酶原所必需的，由于凝血酶原是凝血机制中的重要组成部分，故维生素 K 缺乏造成家禽血液凝固过程发生障碍，常发生皮下、肌肉及胃肠出血。

【病因】

1. 鸡肠道合成维生素 K 的数量有限，如果饲料中维生素 K 供给不足，就会出现本病。

2. 饲料贮存期过长或饲料中含有与维生素 K 相颉颃的物质，如真菌毒素，能抑制维生素 K 的作用。

3. 长期过量使用广谱抗生素或长期使用预防球虫的药物磺胺喹噁啉，杀灭了肠道内的正常菌群，使维生素 K 的合成量大大减少。

4. 胃肠、肝出现疾病时，使消化道对维生素 K 的吸收率降低。

5. 维生素 K 易被日光破坏，喂给没有避光贮存的饲料易引起缺乏症。

【症状与病理变化】主要表现为擦伤或创伤后血凝时间延长，血流不止。在胸部、腿部、翅膀和腹腔内出现大量的出血。雏鸡由于失血和骨髓发育不全而表现出贫血。

种禽日粮中维生素 K 含量不足时，可引起种蛋孵化时胚胎死亡率增加。死亡的胚胎表现出血。

【诊断】根据病史调查、日粮分析、病鸡日龄、临床上出血症状、凝血时间延长以及剖检时的出血病变等综合分析，即可做出初步诊断。

【预防与治疗】

1. 预防

(1) 平时多喂青绿饲料和多汁饲料。饲料应避光保存。禽对维生素 K 的需要量，每千克饲料，生长鸡、产蛋鸡、种母鸡为 0.5mg；肉仔鸡为 0.53mg。

(2) 磺胺类和抗生素类药物应用时间不宜过长，如饲料和饮水中含有抗菌药物、抗球虫药时，则维生素 K_3 用量可增加到每千克饲料 1.5~2.0mg。

2. 治疗 维生素 K_3 按每只鸡每天 5mg 拌入饲料喂给 1 次，若症状不消失，第 2 天再拌料喂服 2 次，间隔 10h，剂量为每千克体重 1mg。或每千克饲料添加维生素 K_3 3~8mg，用药 4~6h 内血液凝固即转为正常，但贫血的治愈和出血的消失还需要一段时间。

(五) 维生素 B_1 缺乏症

维生素 B_1 缺乏症，是由于维生素 B_1 缺乏引起的以神经组织和心肌代谢障碍为主要特征的营养代谢病。维生素 B_1 又称硫胺素，其功能主要是保证碳水化合物的正常代谢和维持神经系统的正常功能。维生素 B_1 的缺乏会导致极度的厌食、多发性神经炎和死亡。

【病因】

1. 饲料过于单一，特别是长期饲喂缺乏维生素 B_1 的日粮，如饲喂精磨谷物而缺少糠麸类饲料是主要的致病因素。

2. 饲料加工时如在中性或碱性环境下加热或饲料因长期贮存而发霉变质，尤其混有碱性物质时，维生素 B_1 会被大量破坏而导致缺乏。

3. 抗球虫药如氨丙啉使用过量也会引起维生素 B_1 缺乏症。

【症状】雏鸡缺乏维生素 B_1，多在 2 周内突然发病。表现食欲不振，生长缓慢，羽毛蓬乱，走路不稳。有的两肢麻痹或瘫痪。特征性症状是将身体坐在自己屈曲的腿上，头颈后仰呈"观星"姿势（图 4-1）。成年鸡维生素 B_1 缺乏，多在 3 周后发病，病程较缓慢，可出现多发性神经炎。开始脚趾的屈肌出现麻痹，进而蔓延到腿、翅、颈部，致使禽的行动困难，重者卧地不起。

图 4-1 维生素 B_1 缺乏的雏鸡表现为典型的"观星"姿势

（引自塞弗，《禽病学》，第 11 版，2005）

【病理变化】皮下水肿，母禽肾上腺肥大，胃肠壁严重萎缩，心脏轻度萎缩，生殖器官萎缩。

【诊断】从特征性"观星"症状、胃肠壁和心肌萎缩等病变即可初步诊断。

【预防与治疗】

1. 预防

（1）注意日粮中谷物类饲料的搭配，并适当添加维生素 B_1 添加剂。维生素 B_1 预防量为每千克饲料添加 3mg，种禽需要量要达每千克饲料 5mg。

（2）妥善贮存饲料，防止饲料因霉变、加热和遇碱性物质而致使维生素 B_1 遭受破坏。

2. 治疗 对病鸡可用硫胺素治疗，内服，一次量，每千克体重 2.5～3mg；混饲，每千克饲料 10～20mg，连用 1～2 周。口服硫胺素，数小时后即可好转。重病禽可肌内注射维生素 B_1，每千克体重 0.25～0.5mg，每天 1～2 次，直至痊愈。

（六）维生素 B_2 缺乏症

维生素 B_2 缺乏症是由于家禽体内维生素 B_2 缺乏而引起的营养代谢病。维生素 B_2 又称核黄素，主要功能是促进组织的氧化作用，参与机体的能量代谢、蛋白质代谢，并与维生素 B_1 一起，影响糖和脂肪代谢。维生素 B_2 缺乏症主要表现为雏鸡腿呈"八"字形展开，用跗关节行走，足爪向内蜷曲。

【病因】

1. 常用的禾谷类饲料中维生素 B_2 特别贫乏。

2. 饲料贮存时间过久、混合物中加有某些碱性药物或其他添加剂等。

3. 雏禽和种禽在低温及饲喂高脂肪低蛋白饲料等情况下，对维生素 B_2 的需要量增加，而饲料中又没有及时补充。

【症状】雏禽饲喂缺乏核黄素的饲粮后，多在 1～2 周龄发生腹泻，食欲尚好，但生长缓慢，消瘦衰弱。其特征性症状是产生蜷爪麻痹症，趾爪向内蜷曲（图 4-2），两脚不能站立，以跗关节着地，常借助于翅膀的展开以维持身体的平衡。有些病禽表现出严重的麻痹，双腿瘫痪但并无趾爪蜷曲表。成年鸡症状不明显，主要表现为产蛋量减少，孵化率低，胚胎在孵化后 12~14d 有大量死亡。死亡胚胎的特征性病变是皮肤表面有结节状绒毛。

【病理变化】病雏鸡剖检可见胃肠黏膜萎缩，肠壁变薄，肠内有多量泡沫状内容物。严重病例可见两侧坐骨神经和臂神经显著肿胀与松软，前者极显著，有时直径达正常的 4~5 倍。母鸡的病变主要表现为肝肿大，含脂肪较多。

【诊断】从特征性的蜷爪症状、坐骨神经与臂神经均衡双侧肿大以及胚胎的结节状绒毛等表现可做出诊断。

图 4-2　维生素 B_2 缺乏屈趾性麻痹
（引自塞弗，《禽病学》，第 11 版，2005）

【预防与治疗】

1. 预防

（1）应给予含维生素 B_2 丰富的饲料，如酵母、肝粉、鱼粉、糠麸等。

（2）由于鸡的日粮配方中使用的富含维生素 B_2 的原料量都有限，所以实际上鸡的日粮中都应补充核黄素。维生素 B_2 的推荐添加量为每千克饲料 8mg，种禽要达 15mg。

2. 治疗　连续注射 0.1mg 的核黄素 2 次，随后在日粮中添加足够的核黄素，每千克饲料中加核黄素 10~20mg，连用 1~2 周，同时适当增加多维素的用量。对个别重症病例，可用核黄素内服，一次量，成年鸡每羽 1~2mg；雏鸡每羽 0.1~0.2mg，每天 1 次，连用 3d，一般可收到良好疗效。对于趾爪蜷曲、不能站立的严重病例，治疗往往无效，应及早淘汰。成年鸡经治疗一般 1 周后孵化率可恢复正常。

（七）胆碱缺乏症

胆碱缺乏症是由于饲料中胆碱供给不足或体内胆碱合成障碍而导致的以骨短粗、脱腱症等运动障碍为特征的疾病。胆碱又称维生素 B_4，存在于体内磷脂、乙酰胆碱内。胆碱作为磷脂组分参与形成细胞膜和脂蛋白，有预防脂肪肝的作用。胆碱还参与形成蛋氨酸和肌酸。

【病因】

1. 饲料中胆碱添加不足或长时间饲喂含胆碱少的饲料（如玉米）。

2. 饲料中维生素 B_{12}、蛋氨酸和叶酸等缺乏。

3. 饲料中维生素 B_1 与胱氨酸增多。

4. 长期使用磺胺类药物和抗生素。

【症状】雏鸡胆碱缺乏时表现为生长缓慢，最明显的症状是胫骨短粗病（图 4-3）。胫骨短粗病的特征最初表现为跗关节点状出血和轻度肿大，接着发展为胫趾关节由于趾骨扭曲而明显变平。趾骨进一步扭曲则会变弯或呈弓形，以至与胫骨不成直线。出现这种情况时，腿不能支持体重，关节软骨变

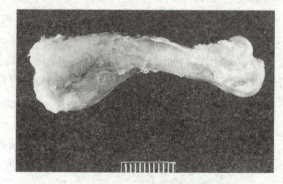

图 4-3　胆碱缺乏症
（胫骨短粗病和胫跗骨畸形）
（引自塞弗，《禽病学》，第 11 版，2005）

形，跟腱从所附着的踝滑出（脱腱症）。产蛋母鸡缺乏胆碱时，产蛋率下降，可发生脂肪肝。

【病理变化】剖检可见肝肿大及肝脂肪变性。

【诊断】从以下典型症状并结合饲料分析和治疗实验，一般可进行确诊。

1. 雏禽和青年禽出现脱腱症。
2. 成年禽群中肥胖禽多，剖检可见典型的脂肪肝。

【预防与治疗】

1. 预防 在饲料配合时满足鸡对胆碱的需要，在饲料中加入氯化胆碱粉剂，一般为50%的预混剂。混饲，每千克饲料，雏鸡1.2g；蛋鸡1.0g；肉鸡0.9g；鸭0.8g；鹅、火鸡1.0g。

2. 治疗 发病后可用氯化胆碱进行治疗。氯化胆碱，混饲，每千克饲料1g，连用10d；内服，每只鸡每天0.1～0.2g，连用1～2周。同时增加饲料中的蛋氨酸、叶酸、维生素B_{12}、肌醇、维生素E等的补给量，可提高疗效。

（八）维生素B_6缺乏症

维生素B_6缺乏症是由于维生素B_6供给不足而导致的以神经功能异常为特征的疾病。维生素B_6与氨基酸代谢有密切关系，对于脂肪、碳水化合物、各种矿物质无机盐的代谢也有一定作用。

【病因】

1. 饲料加工贮存不当。
2. 胃、肠道机能障碍可影响维生素B_6的合成和利用。
3. 家禽需求增加。

【症状】雏鸡缺乏维生素B_6表现为生长发育停滞，贫血。突出症状为神经功能紊乱，异常兴奋，常产生剧烈的痉挛性抽搐而死亡。雏鸡抽搐时会无目的地乱跑，拍打翅膀并侧身倒地或完全仰翻在地，同时腿和头快速抽搐摆动。成年鸡则表现食欲减退，产蛋率和孵化率下降，卵巢、睾丸、冠和肉髯退化。

【病理变化】皮下水肿，内脏器官肿大，脊髓和外周神经变性。

【诊断】根据以下特征症状可做出初步诊断。

1. 雏禽异常兴奋，盲目乱跑，转圈，运动失调，痉挛。
2. 跛行，胫骨短粗。
3. 生殖系统退化。

【预防与治疗】

1. 预防 在饲料加工贮存过程中，应避免高温处理和阳光暴晒，防止饲料发霉变质；饲料中蛋白质含量高时应相应提高维生素B_6的含量并适当降低饲料蛋白质含量。家禽对维生素B_6的需要量为：雏鸡每千克饲料6.2～8.2mg；青年鸡每千克饲料4.5mg；鸭每千克饲料4.5mg；鹅每千克饲料3.0mg。

2. 治疗 一旦发病，可口服维生素B_6，每只鸡每天4～8mg。同时可在日粮中添加维生素B_6，添加量为每千克饲料10～20mg，连用数天，可收到良好的效果。

（九）生物素缺乏症

生物素缺乏症是由于家禽缺乏生物素而引起的以皮肤炎及骨短粗症为特征的疾病。生物素又称维生素H，广泛存在于蛋白质饲料和青绿饲料中，对糖、脂肪、蛋白质的代谢都有一定的作用，还具有维持正常被皮系统代谢及神经、肌肉和某些内分泌腺功能的作用。

【病因】
1. 饲料中生物素的供给不足。
2. 饲料贮存时间过长或高温及氧化剂使生物素丧失活性。

【症状与病理变化】雏禽生物素缺乏主要表现为生长迟缓，皮肤干燥呈鳞片状，足底粗糙，龟裂出血，严重时足趾坏死。口角和眼边出现皮炎，附着痂样物质，眼睑被黏稠渗出物粘连。有的病例出现骨短粗症。

种禽缺乏生物素时，孵化率降低，胚胎会发生短肢性营养不良，骨骼发育畸形。

肉用仔鸡缺乏生物素时，还可表现出脂肪肝-肾综合征的症状。表现为生长抑制，肝、肾和心脂肪浸润。血糖降低，血浆游离脂肪酸水平升高。

【诊断】通过以下3点可以做出初步诊断。
1. 种禽有食蛋癖或饲料中含有变质的肉渣、肉粉、鱼粉等。种蛋孵化率低，胚胎骨骼发育异常。
2. 雏鸡皮炎症状，足部出现病变，足底粗糙，龟裂出血。
3. 骨短粗症。

【预防与治疗】
1. 预防　保证日粮中生物素的含量，在日粮中要补充生物素制剂或含有生物素丰富的饲料如鱼粉、酵母等。根据生物素易于氧化的特点，在饲料加工过程中可添加抗氧化剂；对有啄蛋癖的禽或胃肠功能紊乱的家禽应予以防治。混饲（以生物素计），每千克饲料0.15～0.35mg。

2. 治疗　生物素，混饲，每千克饲料0.4～1mg；口服或肌内注射，每羽0.01～0.05mg，同时在每千克饲料中添加0.5mg，可收到良好效果。

（十）维生素 B_{12} 缺乏症

维生素 B_{12} 缺乏症是由于家禽缺乏维生素 B_{12} 所引起的以营养代谢紊乱、恶性贫血为特征的营养代谢性疾病。维生素 B_{12} 又称钴胺素，主要功能是参与核酸和蛋白质的生物合成；促进红细胞的发育和成熟；促进胚胎的正常发育和促进雏禽的生长；是防止肌胃糜烂的必需维生素。

【病因】
1. 饲料营养不全面，维生素 B_{12} 的供应不足。
2. 家禽患有胃肠疾病、长期使用抗菌药物或笼养禽无法从粪便、土壤中获得微生物，均可影响维生素 B_{12} 的合成与吸收。
3. 饲料中维生素 B_{12} 受到破坏。
4. 维生素C、维生素 B_1 和铜存在时可以使饲料中一部分维生素 B_{12} 变为其同类物，其中一些还具有抗维生素 B_{12} 的作用，从而造成禽对维生素 B_{12} 的需要量提高。

【症状与病理变化】雏鸡缺乏维生素 B_{12} 时，表现生长迟缓，鸡冠苍白，羽毛不丰满、肾损害。当雏鸡同时缺乏胆碱和蛋氨酸时，可发生骨短粗病和脱腱症。成年鸡维生素 B_{12} 缺乏时，表现产蛋率下降，种蛋的孵化率急剧下降，胚胎壳内死亡，畸形，死亡以孵化的第17天左右最高。另外，母鸡还表现为肌胃糜烂和体况下降。

【诊断】仅从本病的症状较难做出诊断，可通过饲养实验、病史调查、测定饲料维生素

B_{12} 的含量进行确诊。

【预防与治疗】

1. 预防　要保证日粮中有足量的维生素 B_{12}，可给予维生素 B_{12} 添加剂或动物性饲料如鱼粉、肉粉等，尤其是对笼养种禽和长时间使用抗生素的家禽更应如此。鸡日粮中维生素 B_{12} 含量为 12μg/kg 即可满足其需要。

2. 治疗　对发病的鸡群应在饲料中添加维生素 B_{12}，种母鸡每千克饲料混饲 0.04mg，能维持雏鸡高的出壳率；每羽肌内注射 0.002mg，可提高所产蛋的孵化率。

二、矿物质缺乏症

(一) 钙、磷缺乏症

钙、磷缺乏症是一种以雏鸡佝偻病、成鸡骨软症为特征的营养代谢病。钙能促进骨骼生长钙化，维持其硬度。对于血液凝固、维持神经肌肉的正常兴奋性、加速神经递质和激素的释放等方面也起着关键作用。磷是骨骼、细胞膜和某些酶的组成成分，参与能量代谢，调节体液酸碱度，决定蛋壳的弹性和韧性。

【病因】

1. 饲料中钙、磷含量不足　一是设计配方时没有满足鸡对钙、磷的需要量；二是因饲料原料质量低劣或掺假，致使配方计算值和原料实际含量不符，特别是磷不足更为常见；三是配方计算有误，有效磷计算不准确，或者所使用的植酸酶在配合料中搅拌不均匀。

2. 钙、磷比例失调　钙过多会抑制磷在肠道的吸收，磷过量会导致磷酸钙的形成和排出，造成钙的不足。钙、磷在饲料中要有适当的比例才有利于吸收。

3. 维生素 D_3 缺乏　维生素 D_3 的缺乏可直接影响钙、磷的吸收。佝偻病可因磷缺乏，但大多数是由于维生素 D_3 的不足引起的。即使饲料中磷和维生素 D_3 的含量是足够的，如果喂给过多的钙，也会促使发生磷缺乏而引起佝偻病。

4. 氟过量　作为磷、钙补充剂的磷酸氢钙含氟量超标，过量氟可影响骨的钙化及骨骼脱钙。

【症状】雏鸡日粮中缺乏钙和磷时会引起佝偻病。发病较快，1~4 周龄出现症状。表现为生长发育缓慢，骨骼发育不良、质地脆且易被折断，或变软容易弯曲。严重时两腿变形外展，胸廓变形。雏鸡跗关节肿大，休息时常呈蹲坐姿势。严重者瘫痪。但磷缺乏时，一般不表现瘫痪症状。

产蛋鸡缺乏钙可导致产蛋率下降和产薄壳蛋（最先发现症状为蛋的破损率增加）。腿软，卧地不起。骨质疏松，骨硬度变差，易骨折。

【病理变化】病鸡骨骼软化，似橡皮样，长骨末端增大，骨骼的近端切面可见生长盘变宽和畸形（维生素 D_3 或钙缺乏），或变薄而无畸形（磷缺乏），与脊椎连接处的肋骨呈明显球状隆起（念珠状小结），肋骨增厚、弯曲，致使胸廓两侧变扁。喙变软，橡皮样，易弯曲。甲状旁腺常明显增大。

成年鸡钙缺乏的病变为骨质疏松，骨骼变薄甚至发生骨折，尤以椎骨、肋骨、胫骨和股骨为最常见。

【诊断】根据病禽的饲料分析、病史、症状和病理变化，可做出诊断。

【预防与治疗】

1. 预防 保证日粮中有适当的钙、磷和维生素 D，而且钙、磷比例要平衡。每千克饲料中钙、磷含量（%）：雏鸡 0.8～0.9、0.3～0.4；后备母鸡 2.0、0.3～0.4；产蛋鸡 2.71～4.06、0.21～0.31；肉鸡 0.8～1.0、0.3～0.45。钙、磷二者比例为生长期禽 3∶2 或 2∶1；产蛋鸡 5∶1。

2. 治疗 发病后要立即调整日粮，按饲养标准适当提高日粮中钙的含量，并保证维生素 D 的添加，同时让病鸡多晒太阳。

钙缺乏症主要以补钙为主，可给予骨粉、贝壳粉，辅之以补充维生素 D，并注意钙、磷比例平衡。一般家禽饲料中添加 1% 的钙即可，而产蛋鸡需钙量达 3.5%～3.75%。

磷缺乏症以补磷为主，主要用磷酸氢钙、骨粉，注意钙、磷平衡，但要慎用维生素 D。在缺乏化验条件的情况下，可添加 1%～2% 的骨粉，同时补充维生素 D_3（3 倍于平时剂量），连用 1～2 周，恢复到正常剂量。

（二）锰缺乏症

锰缺乏症是由于家禽锰缺乏引起的以骨形成障碍、骨短粗、生长受阻为特征的营养代谢性疾病。锰是数种酶的激活剂，是家禽正常生长、繁殖所必需的微量元素之一，其对骨骼发育、蛋壳形成、胚胎发育及能量代谢都具有重要作用。

【病因】

1. 饲料中硫酸锰添加量不足。
2. 饲料中钙、磷、铁含量过多。
3. 饲料中胆碱、烟酸、生物素及维生素 D_3、维生素 B_2、维生素 B_{12} 不足。

【症状】 雏鸡缺锰的特征症状是骨短粗症和脱腱症。可见单侧或双侧跗关节以下的肢体扭转，向外屈曲。跗关节肿大、扭转，腿骨变厚变短。腓肠肌的腱从关节后面的骨突上滑脱，使患肢不能站立，运动障碍，强迫运动时跗关节着地。病鸡因采食、饮水困难，可导致死亡。

成年鸡缺锰的主要表现是产蛋率下降，蛋壳变薄。受精蛋的孵化率明显降低，胚胎的软骨营养不良。软骨营养不良的胚胎特征是腿非常短、翅膀短、"鹦鹉嘴"、球形头、腹外突以及绒羽和身体发育停滞。母鸡所产种蛋孵出的雏鸡出现神经症状，如共济失调、观星姿势。

【诊断】 锰缺乏症可从以下 3 个方面进行诊断。

1. 雏禽骨短粗，但并不变软变脆，有特征性的"脱腱症"。
2. 蛋壳薄而易碎，孵化后期死胚多，胚胎短腿短翅，圆头，"鹦鹉嘴"。
3. 饲料分析可见锰含量低于需要量。

【预防与治疗】

1. 预防 在正常日粮条件下，鸡对锰的需要量：0～20 周龄为每千克饲料 50mg；20 周龄以后为每千克饲料 33mg。饲料中钙、磷含量升高时，家禽对锰的需要量也随之升高。饲料中纤维素和植酸还会阻碍家禽对锰的吸收和利用。

2. 治疗 硫酸锰，混饲，每千克饲料 0.3～0.4g，连喂 5～7d；高锰酸钾，混饮，饮水中浓度 0.01%～0.02%，连饮 2d，停 2d，再饮 2d，每天更换 2～3 次。雏禽已经出现腿骨变形或脱腱者很难治愈，最好淘汰。

> **相关链接：** 当雏鸡的日粮中缺乏什么可造成胫骨短粗症？
> **答案：** 锰、胆碱、烟酸、吡哆醇、生物素、叶酸。
> **相关链接：** 什么是胫骨短粗症？
> **答案：** 胫骨短粗症是青年鸡、火鸡、雉鸡和其他禽类腿骨的一种解剖上的畸形，其特征是骨纵向生长迟缓、胫跗关节肿大、胫骨远端和跗骨近端扭曲或弯曲、腿内翻或外翻，最终导致腓肠肌腱从所附着的踝脱落。此病变使患肢完全跛行。

（三）锌缺乏症

锌缺乏症是由于家禽缺乏锌引起的以羽毛发育不良、生长发育停滞、骨骼异常、生殖机能下降为特征的营养缺乏症。锌是许多酶和激素的重要组成成分，对蛋白质、碳水化合物、脂肪的代谢非常重要，是维持羽毛生长、皮肤健康和组织修补的必要元素。

【病因】
1. 基础日粮中锌含量较低。
2. 饲料中钙、磷过量或铜、铁、锰、植酸盐过多。
3. 胃肠道机能障碍、慢性腹泻都可以造成机体对锌的吸收障碍。
4. 饲料中维生素A、维生素B_2、生物素、泛酸和维生素B_6等缺乏。

【症状与病理变化】雏禽缺锌时，食欲下降，消化不良。生长迟缓，羽毛发育异常，出现卷曲、蓬乱、易脱落和折断，严重时羽翼和尾羽全无；皮肤角质化过度，表皮增厚形成鳞片，主要在脚部发生皮炎；胫骨短而粗，跗关节肿大僵硬，出现笨拙的关节炎步态，这是缺锌的明显表现。

成年鸡锌缺乏则产蛋量下降，蛋壳薄。孵化率低，胚胎和孵出的雏鸡畸形。

【诊断】锌缺乏可从以下3方面进行诊断。
1. 羽毛干燥、缺损、无光泽，羽毛末端折损，尤以翼羽和尾羽明显。
2. 腿爪部皮肤角化严重。
3. 饲料锌含量低于营养标准要求量。

【预防与治疗】
1. **预防** 每千克饲料中含锌0.05～0.1g即可满足家禽需要。但饲料中含锌量一般不足，通常用硫酸锌（锌≥22.5%）混饲：每千克饲料0.1～0.2g，可预防锌缺乏症。
2. **治疗** 硫酸锌，混饲：每千克饲料0.25～0.3g，连喂3～5d。

三、硒缺乏症

硒缺乏症是由于家禽硒和维生素E缺乏引起的以白肌病和渗出性素质为特征的营养缺乏症。硒是家禽必需的微量元素之一，和维生素E具有协同作用，可保护组织免遭氧化破坏；参与辅酶A和辅酶Q的合成，影响蛋白质合成、糖代谢和生物氧化；促进生长发育，提高繁殖机能，增强机体免疫力。

【病因】
1. 土壤含硒量低是缺硒症的最根本原因。
2. 饲料本身含硒量不足，微量元素添加剂质量低劣。
3. 维生素E的缺乏，也将导致硒的缺乏。

4. 硒的一些颉颃元素影响硒的吸收。

【症状与病理变化】本病主要发生于雏禽，表现为精神沉郁，食欲不振。呆立，行动困难，腿向两侧分开。有的以跗关节着地行走，倒地后难以站立。随着病程进展，病禽缩颈，羽毛蓬乱，冠苍白，腿后伸，胸着地。雏鸡突出的表现是出现渗出性素质，头、颈、胸、腹、翅下及腿内侧皮下水肿，呈淡绿色。在后期，病禽瘫倒不起，很快衰竭死亡。

剖检可见雏鸡胸肌和大腿肌肉出现白色点状或条状坏死灶，俗称白肌病。胸、腹、翅、腿皮下有淡绿色或淡黄色的胶冻样浸润。心肌有灰白色局灶性坏死，心包液增加。胰萎缩。肾肿大呈灰白色，输尿管有尿酸盐沉积。肝肿大，表面或切面呈黄色，局部坏死，呈灰白色。成年鸡有时可见到肌肉萎缩和肝坏死灶。

【诊断】根据病禽发病日龄、皮下积有大量淡黄绿色水肿液，运动失调，肌肉苍白等，结合饲料分析和测定病禽羽毛硒或血硒含量可做出诊断。

【预防与治疗】

1. 预防　预防本病的关键是在日粮中要补硒。特别是缺硒地区。一般每千克饲料补硒 0.1mg（相当于亚硒酸钠 0.22mg）。在缺乏维生素 E 的情况下，机体对硒的需要量也相应增加，要在饲料中添加足够的维生素 E。亚硒酸钠维生素 E 预混剂，混饲，每千克饲料 0.5～1g。

2. 治疗　对已发病的禽群，可在每千克饲料中添加 0.5～1.0mg 亚硒酸钠和 15～20IU 维生素 E，或在每升饮水中加入 0.5mg 亚硒酸钠和 10IU 的维生素 E，连喂 7～10d，停药 4～5d 后再喂 7～10d。亚硒酸钠维生素 E 预混剂，混饲，每千克饲料 5g。也可用 0.005% 的亚硒酸钠肌内注射（成禽 1mL；雏禽 0.1～0.3mL），每天 1 次，一般经 2～3d 症状缓解，5～8d 症状消失。

四、肉鸡腹水综合征

肉鸡腹水综合征是肉鸡生产中常见的一种非传染性疾病。本病的主要特征是大量浆液积聚在腹腔，右心房扩张肥大，肺部瘀血水肿以及肝肿大。

【病因】引起本病的原因很多，主要有遗传、饲养环境及营养等因素，已报道的原因有：慢性缺氧、高海拔（>1 500m）、氧分压低、寒冷、肥胖、鸡舍通风差、氨气过多、维生素 E 和硒缺乏、喂高能饲料或颗粒饲料、饲料或饮水中钠含量过高、饲料油脂过高、快速生长、饲料中毒、霉菌毒素中毒等。而主要因素则是低血氧症，使肺动脉压升高，导致右心扩张、肥大、充血性心力衰竭和体腔内发生腹水。

【流行病学】本病最常发生于快速生长期的肉用仔鸡，以 3～6 周龄多发，有较明显的季节性，气候寒冷的季节多发，且发病率也较高。

【症状】本病最典型的症状是病鸡腹部膨大下垂，如水袋，腹部皮肤变薄发亮，用手触压有波动感，以腹部着地呈企鹅状，两腿叉开，行动迟缓。呼吸困难，鸡冠和肉髯呈紫红色。腹水往往发展很快，病鸡常在腹水出现后 1～3d 死亡。

【病理变化】最典型的病变是腹腔积有大量清亮透明的淡黄色液体，一般为 200～300mL，多的可达 700mL。腹水中可混有纤维素凝块及少量细胞成分。心包积液，右心房明显扩张，心肌松弛。肝瘀血肿大，紫红色，表面附有灰白或淡黄色的胶冻样物。

【预防与治疗】

1. 预防

（1）改善鸡群管理和环境条件。加强饲养管理，保证良好的通风换气。在寒冷季节应处理好保温与通风的矛盾，减少鸡舍内二氧化碳和氨的含量，保证有较充足的氧气流通。

（2）早期限饲。在实际生产中，可以在肉鸡饲养的第3周（15~21d）期间减少10%喂料。

（3）合理搭配饲料。按照肉鸡生长需要供给平衡日粮，减少高油脂成分；补充足量的维生素E、硒和磷，力求钙、磷平衡；按营养要求配以食盐量。在颗粒饲料中添加维生素C和维生素E，用粉料代替颗粒饲料等，对降低发病率和死亡率均有较好的效果。

（4）抑制肠道中氨的水平。在每千克饲料中添加125mg脲酶抑制剂，可大幅降低死亡率。

（5）添加碳酸氢钠。在饲料中添加1%~2%的碳酸氢钠可以中和低氧环境所引发的酸中毒，使血管扩张而使肺动脉压降低，从而降低肉鸡腹水综合征的发病率。

2. 治疗
本病一旦发生和出现症状，单纯治疗往往难以奏效。服用利尿剂或腹腔穿刺放出腹水，收效甚微，多以死亡而告终。

五、肉鸡猝死综合征

肉鸡猝死综合征（SDS）又称肉鸡急死综合征（ADS）、翻仰症、两腿朝天病，是肉鸡常见的一种非传染性疾病。本病以肌肉丰满、外观健康的肉鸡突然死亡为特征。

【病因】 本病的确切病因至今尚未清楚，但大多认为与营养、环境、酸碱平衡、遗传及个体发育等因素有关。可能的诱发原因有以下几种：

1. 肉仔鸡生长速度过快，心脏的负荷过重。
2. 日粮营养水平过高及营养不均衡。
3. 酸碱平衡失调及低血钾。
4. 饲养密度大、噪声、惊吓、持续强光照等。

【流行病学】 本病一年四季均可发生，但在夏、冬两季发病严重，死亡率为0.5%~4%。以肉仔鸡、肉种鸡多发。肉仔鸡发病有2个高峰，即2~3周龄和6~7周龄；肉种鸡的发病高峰是27周前后。体重越大，发病率越高。公鸡发病率比母鸡高约3倍。采食颗粒饲料者比采食粉料者发病率高。

【症状】 本病以肌肉丰满、外观正常且个体大的鸡突然死亡为特征。发病前，鸡只无明显征兆。发病时尖叫，身体失去平衡，向前或向后跌倒，呈仰卧或腹卧。肌肉痉挛，翅膀剧烈扑动，有的离地跳起。从发病到死亡，持续时间只有1min左右，死亡鸡多数背部着地，两脚朝天。少数腹卧或侧卧，腿和颈伸展。

【病理变化】 剖检可见鸡的嗉囊和肌胃内充满刚采食的饲料，胆囊小或空虚，右心房扩张瘀血，内有凝血块，心室紧缩呈长条状，质地硬实，内无血液。肺瘀血、水肿。

【预防与治疗】

1. 预防

（1）早期限饲。从第2周开始对鸡只进行限制饲喂。可利用调整光照的方式来控制采食，变持续光照为间隙光照。

（2）调整日粮。提高日粮中蛋白质的水平（提高肉粉的比例，而降低豆饼比例）；添加牛磺酸（150g/t）；用葵花籽油代替等量的动物脂肪；添加维生素 A、维生素 D、维生素 E、B族维生素。维生素 B_6 为正常量的 1 倍；添加生物素每千克饲料 300μg，可降低本病死亡率。8~21 日龄或在本病易发日龄段的鸡群，用亚硒酸钠-维生素 E 拌料，有一定的防治作用。用粉状饲料替代颗粒饲料可降低 SDS 的发病率。

（3）加强管理。防止饲养密度过大，光照时间及光照度要适宜，避免转群或受惊吓时的互相挤压等刺激，减少应激因素。

2. 治疗 本病目前尚无有效治疗方法，低血钾的病鸡可用碳酸氢钾治疗，每只鸡用量为 0.62g，混饮，连用 3~5d；或每千克饲料加入 3.6g 碳酸氢钾。

六、脂肪肝综合征

脂肪肝综合征是以肝中沉积大量脂肪为特征的营养代谢性疾病。目前，本病已成为世界上许多养鸡发达国家的常见病。

【病因】
1. 摄入能量过多，造成脂肪在肝中的大量沉积。因此，饲喂高能量饲料是引起本病的根本原因。
2. 笼养、缺乏运动、环境温度过高在本病的发生中也起着重要作用。
3. 饲料中含有黄曲霉毒素可引起肝脂肪变性。
4. 高产蛋鸡与高雌激素活性有关，雌激素又可刺激肝中的脂肪合成。
5. 饲料中胆碱、B族维生素、维生素 E 及蛋氨酸含量不足，也可促使本病发生。

【症状】本病多见于产蛋良好的鸡群，生前无明显症状。病鸡外观体况良好，鸡群中有许多鸡是过度肥胖的，体重比正常鸡高出 25%。本病的一个表现是死亡率增加，可发现处于产蛋高峰的鸡死亡，头部苍白。死亡率通常不高于 5%，且常常出现产蛋率不明原因突然下降的情况。

【病理变化】本病的特征性病变为肝肿大，呈黄色油腻状，表面有出血点，质脆，易碎如泥。在肝实质中可能有小的血肿。突然死亡的病鸡肝破裂，在肝被膜下和腹腔内有大的凝血块。病禽腹腔和内脏周围有大量的脂肪沉积。输卵管内有正在发育的蛋。

【诊断】本病诊断要点是：
1. 肝肿大，有大量脂肪沉积，呈黄色油腻状。
2. 肥胖母鸡腹腔内或肝被膜下有凝血块。
3. 皮下或腹腔脂肪过多。
4. 产蛋率下降或无产蛋高峰。

【预防与治疗】
1. 预防
（1）调整日粮的配方，合理搭配饲料。
（2）育成母鸡要注意限制饲料的喂量，勿使体重超标。

2. 治疗 已发病鸡群，在每千克日粮中补加胆碱 22~110mg，治疗 1 周后有一定效果。在美国曾有报道，每吨日粮中补加 50% 氯化胆碱 1 000g、维生素 E 10 000IU、维生素 B_{12} 12mg、肌醇 900g，连用 2 周或更长时间，对预防本病有效。

七、笼养鸡疲劳症

笼养鸡疲劳症又称笼养蛋鸡骨质疏松症或笼养鸡软腿病,是指结构骨正常矿化作用降低、骨脆性增加、易发生骨折的一种疾病。其临床特征是站立困难、骨骼变形和易发生骨折,软壳蛋增加,蛋的破损率增高。

【病因】本病主要是由于笼养鸡所处的环境以及矿物质、电解质失去平衡、生理紊乱所致。

1. 生理性骨质疏松。
2. 矿物质缺乏导致骨脆性提高。
3. 运动缺乏。
4. 遗传因素。

【症状】病鸡两腿无力,站立困难,瘫倒在地。脱水,体重下降。产蛋减少,软壳蛋增加,蛋的破损率增高。体况越好、生长越快、产蛋越多的鸡,越易发生本病。

【病理变化】骨骼变薄,变脆,易自发性折断。胸骨变形,肋骨特征性向内弯曲。卵巢退化,甲状旁腺肿大。皮质骨变薄,髓质骨减少。

【诊断】根据以下几点可做出初步诊断,进一步确诊需进行饲料钙、磷和维生素 D 含量的化验。

1. 发生于高产蛋鸡或产蛋高峰期。
2. 腿软无力,瘫痪;胸骨变形,长骨易于自发性骨折。
3. 胫骨和股骨疏松变脆及肋软骨处呈串珠状增生。

【预防与治疗】

1. 预防

(1) 上笼时间不宜过早,应在 17~18 周龄,在此之前应实行平养,让其自由运动,以增强体质。

(2) 饲料中实际钙、磷含量要充足,比例要适当,维生素 D 要充足。产蛋前增加日粮中钙的含量,形成强壮的骨皮质和足量的髓质骨,可减少笼养鸡疲劳症的发生。

(3) 笼养鸡在产蛋高峰期应供给含 3.5% 钙和含 0.9% 磷的日粮。

(4) 饲料配方要合理,依据产蛋的不同阶段及实际生产表现水平对配方进行调整,使用合格原料。

2. 治疗 治疗的原则是补充钙、磷,加强光照,控制温度,调整胃肠机能。

将病情较轻的病鸡挑出,移出笼外,单独饲养,补充骨粒或粗颗粒碳酸钙,一般可于 4~7d 恢复。有些停产的病鸡单独喂养,保证吃料饮水时,一般不超过 1 周即可自行恢复。对同群鸡(正常钙水平除外)饲料中添加 2%~3% 粗颗粒碳酸钙、维生素 D_3 2 000IU/kg,经 2~3 周,鸡群的血钙水平就可上升到正常水平,发病率明显下降。钙耗尽的母鸡腿骨在 3 周后可完全再钙化。粗颗粒碳酸钙及维生素 D_3 的补充需持续 1 个月左右。如果病情发现较晚,一般 20d 左右才能康复。

> **相关链接**:从 2012 年开始,欧盟各国禁止使用层架式鸡笼,而代之以地面平养、自由放养。这主要是考虑:
> **答案**:蛋鸡福利。

> **相关链接**：动物福利的基本原则是什么？
> **答案**：保证动物康乐（well-being），包括无疾病、无损伤、无异常行为、无痛苦、无压抑。
>
> **相关链接**：英国家畜福利委员会（FAWC）举出的5项基本福利（5种自由权利）是什么？
> **答案**：① 避免饥渴的自由；② 避免环境不适感的自由；③ 免受疾病与伤害的自由；④ 免受恐惧与应激的自由；⑤ 自然表现行为的自由。

八、痛风

家禽痛风是指在家禽血液中蓄积过量尿酸盐不能被迅速排出体外而引起的高尿酸盐血症。痛风有2种表现，即内脏型痛风和关节型痛风。内脏型痛风的特征是肾、心脏、肝的浆膜表面，肠系膜、气囊或腹膜有尿酸盐沉积。关节型痛风以痛风石和关节周围尿酸盐沉积为特征。

【病因】引起家禽痛风的原因主要是体内尿酸生成过多和机体尿酸排泄障碍。

内脏型痛风是由机体尿酸排泄障碍引起。包括所有引起家禽肾功能不全的因素。

1. 饮水不足。由于饮水供应不足导致脱水、尿液浓缩是家禽内脏型痛风的常见原因。

2. 饲料中钙过剩。钙含量过高，特别是同时可利用磷含量低的日粮，可引起钙盐在肾的沉积，引起肾损伤，阻碍尿酸排泄。

3. 维生素A缺乏。当维生素A缺乏时可使输尿管、肾小管的黏膜角质化而脱落，导致输尿管的尿路障碍而发生肾和输尿管的尿酸盐沉积。

4. 中毒。饲料中某些重金属、微量元素、磺胺类药物、氨基糖苷类药物、抗球虫类药以及霉菌毒素中毒等，可直接损伤肾，引起肾机能障碍并导致痛风。

5. 传染病。一些重要传染病，如肾型传染性支气管炎、传染性法氏囊病、传染性肾炎、鸡白痢和球虫病等常可诱发痛风。

关节型痛风是由于尿酸生成过多引起，常见原因是饲喂高蛋白质日粮如豆饼、花生饼、鱼粉、肉骨粉、动物内脏等，饲料中粗蛋白质含量超过28%或鱼粉用量超过8%，蛋白质水平超过动物的需要量，过量的蛋白质被机体降解，释放出的氮转化为尿酸。蛋白质大幅度过量时，会引起高尿酸血症和关节型痛风。

【症状】临床上以内脏型痛风为主，关节型痛风较少见。

1. 内脏型痛风 零星或成批发生，病禽多为慢性经过，表现为食欲下降、鸡冠泛白、贫血、脱羽、生长缓慢、粪便呈白色稀水样，多因肾功能衰竭而导致死亡。

2. 关节型痛风 腿、翅关节肿胀，变形，尤其是趾跖关节。疼痛，运动迟缓，跛行，瘫痪。

【病理变化】剖检可见病鸡内脏浆膜（如心包膜、胸膜、肠系膜）及肝、脾、肠等器官表面覆盖一层白色、石灰样的白色絮状物（尿酸盐结晶）。肾多呈不对称性肿大，颜色变淡，因肾小管内充满尿酸盐而呈白色网织状外观，输尿管增粗，内有尿酸盐结晶。

切开患病关节，可见关节周围软组织因尿酸盐沉积而变白，关节腔内可见白色黏稠液体，几乎完全由滑液和尿酸盐结晶组成。严重时关节组织发生溃疡、坏死。

【诊断】根据症状和病理变化可做出诊断。内脏型痛风和关节型痛风这2种疾病的鉴别见表 4-1。

表 4-1　禽类内脏型痛风和关节型痛风的区别

(引自塞弗,《禽病学》,第 11 版,2005)

项　目		内脏型痛风（内脏尿酸盐沉积）	关节型痛风
发病		通常为急性,也可为慢性	通常为慢性
频率		常见	少见或散发
发病年龄		1 日龄或以上	4～5 月龄或以上。先天易感的小鸡可由高蛋白质日粮诱导发生
性别		公鸡、母鸡均易感	多数为公鸡
大体病变	肾	肾通常受累,剖检见因白垩物质沉积而异常	肾往往正常。若发生脱水,可出现白色的尿酸盐沉积而异常
	软组织	常常累及内脏器官（如肝、心肌、脾）和浆膜表面（如胸膜、心外膜、气囊、肠系膜等）	很少累及软组织除滑膜外；冠、肉髯和气管则经常有病变
	关节	关节周围软组织有或无病变。严重时,肌肉表面、腱鞘滑膜、关节面受累	关节周围软组织通常受累,特别是爪的关节。腿部、翼、脊骨、下颌等关节也常累及
发病机理		尿酸盐排泄障碍（肾功能衰竭）	可能是代谢缺陷导致肾小管分泌尿酸盐障碍
病因		①脱水；②中毒性肾损伤：钙,霉菌毒素（赭曲霉素、卵孢霉素、黄曲霉素等）,某些抗生素,重金属（铅）,乙二醇,乙氧喹等；③感染因素：肾型 IBV,禽肾炎病毒（鸡）,PMV-1（鸽）,艾美耳球虫（鹅）；④维生素 A 缺乏；⑤尿石症；⑥肿瘤（淋巴瘤,原发性的肾肿瘤）；⑦免疫介导的肾小球肾炎；⑧畸形	①遗传；②高蛋白质日粮

【预防与治疗】

1. 预防

(1) 合理配制饲料,保证饲料营养的平衡与全价。

(2) 加强饲养管理,饮水要充足,严禁饲喂霉变的饲料。

(3) 做好肾型传染性支气管炎和传染性法氏囊病的预防。

2. 治疗　治疗该病尚无特效药物,对症治疗原则是：使尿液酸化以溶解肾结石,保护肾功能。

(1) 氯化铵、硫酸铵、2-羟-4 甲基丁酸都能使尿液酸化,减少由钙诱发的肾损伤,减少死亡率。

(2) 用肾肿解毒药饮水,每天使用 8～12h,有助于尿酸盐的溶解与排泄。

(3) 添加维生素 A 或鱼肝油。

(4) 多饮水,配以嘌呤醇、利尿药、乙酰水杨酸钠等可抑制尿酸的形成,增加尿酸盐的排出。

思考题

一、填空题

1. 鸡维生素 B_1 缺乏症的特征症状是呈_____姿势；维生素 B_2 缺乏症的特征症状是_____。

2. 钙、磷缺乏及钙、磷失调引起雏鸡_____病,成年鸡_____病。

3. 锰缺乏症的特征是_____。
4. 内脏型痛风的病变是在内脏器官有_____沉积。
5. 鸡高锰酸钾中毒口腔黏膜呈_____。
6. 硒-维生素 E 缺乏症主要表现为_____、_____、_____。
7. 鸡一氧化碳中毒时血液呈_____色。
8. 喹诺酮类药物中毒的特征是_____和_____。
9. 维生素 B_1 又称_____，其功能主要是保证_____的正常代谢和维持_____的正常功能。
10. 肉鸡猝死综合征以_____、_____的肉鸡突然死亡为特征。

二、判断题
1. 一氧化碳中毒时鸡舍内可闻到煤气味。（　　）
2. 内脏型痛风病鸡可见腿、翅关节肿胀，变形。（　　）
3. 脂肪肝综合征是以肝中沉积大量尿酸盐为特征的营养代谢性疾病。（　　）
4. 生物素又称为核黄素。（　　）
5. 维生素 K 缺乏症可引起血液凝固不良和皮下出血。（　　）
6. 维生素 A 可维持上皮组织结构和功能的完整性。（　　）
7. 氟中毒主要表现为关节肿大、腿畸形和运动障碍。（　　）
8. 聚醚类抗生素中毒可使体内阳离子代谢发生障碍。（　　）
9. 鱼粉的含盐量过高或添加过多是鸡食盐中毒最常见的原因。（　　）
10. 鸡赭曲霉毒素中毒可出现共济失调，腿和颈肌阵发性震颤。（　　）

三、选择题
1. 肉鸡长时间缺乏（　　）时会出现肌肉营养不良。
   A. 蛋白质　　　　B. 维生素 D　　　　C. 维生素 E　　　　D. 钙、磷
2. 肾肿大，表面有紫红色出血斑，输尿管内有白色尿酸盐沉积，可能是（　　）。
   A. 磺胺类药物中毒　B. 食盐中毒　　C. 黄曲霉毒素中毒　D. 维生素 A 中毒
3. 雏禽喙、趾变软易弯曲，剖检可见胸骨变形，软硬肋骨交界处呈"串珠"状增生的可能是缺乏（　　）。
   A. 维生素 E　　　B. 维生素 D　　　C. 维生素 C　　　D. 维生素 A
4. （　　）缺乏会出现和缺钙、磷相似的症状。
   A. 维生素 A　　　B. 维生素 D　　　C. 维生素 E　　　D. 维生素 C
5. （　　）缺乏可出现多发性神经炎症状，呈现特征性的"观星"姿势。
   A. 维生素 B_1　　B. 维生素 B_2　　C. 维生素 B_6　　D. 维生素 B_{12}
6. （　　）缺乏会出现特征性的"蜷爪麻痹症"。
   A. 维生素 B_1　　B. 维生素 B_2　　C. 维生素 B_6　　D. 维生素 B_{12}
7. （　　）缺乏可见与锰缺乏相似的"脱腱症"症状。
   A. 生物素　　　　B. 胆碱　　　　C. 核黄素　　　　D. 硫胺素
8. （　　）缺乏会出现贫血症状。
   A. 维生素 A　　　B. 维生素 D　　　C. 维生素 E　　　D. 维生素 B_{12}
9. 家禽长期缺乏（　　）时会出现干眼病。

A. 维生素 A　　　　B. 维生素 D　　　　C. 维生素 E　　　　D. 维生素 K

10. 雏禽缺乏（　　）时羽毛干燥、缺损、无光泽，羽毛末端有不同程度折损，尤其以翼羽和尾羽折损严重。

A. 硒　　　　　　　B. 磷　　　　　　　C. 锌　　　　　　　D. 钙

11. 家禽痛风是由于（　　）代谢障碍和肾受到损伤使尿酸盐在体内蓄积而致的营养代谢疾病。

A. 糖　　　　　　　B. 维生素　　　　　C. 蛋白质　　　　　D. 脂肪

12. 引起雏鸡表现厌食，消瘦，角弓反张，头向后仰呈"观星状"，同时进行性肌麻痹症状比较典型，是缺乏（　　）。

A. 维生素 A　　　　B. 维生素 B_1　　　C. 维生素 B_2　　　D. 维生素 D

13. 5 000 只 30 日龄的肉鸡，2 天前天气突然降温后发病，主要表现为腹部膨大、着地，严重病例鸡冠和肉髯呈红色，剖检发现腹腔中有大量积液，实验室检查未分离到致病菌。该病最可能的诊断是（　　）。

A. 肉鸡腹水综合征　B. 食盐中毒　　　　C. 维生素 E 缺乏　　D. 脂肪肝综合征

14. 有一鸡场饲养蛋鸡 15 000 只，在产蛋高峰期鸡群出现多卧少立，运动困难，产软壳蛋、薄壳蛋。引起鸡群发病可能是日粮中缺乏（　　）。

A. 维生素 B_1　　　B. 维生素 B_2　　　C. 维生素 B_{12}　　D. 维生素 D

15. 有一鸡场饲养 3 000 只蛋鸡，日粮中钙含量为 1%，钙磷比例为 3∶1。在鸡群中最可能出现具有诊断意义的症状是（　　）。

A. 腹泻　　　　　　B. 呼吸增快　　　　C. 体温升高　　　　D. 产软壳蛋

16. 内脏型禽痛风时肾主要病变是（　　）。

A. 出血　　　　　　B. 坏死　　　　　　C. 水肿　　　　　　D. 尿酸盐沉积

四、问答题

1. 喹诺酮类药物中毒的病理变化有哪些？
2. 如何防治肉鸡猝死综合征？
3. 锌缺乏症的特征有哪些？
4. 肉鸡腹水综合征的主要病因及预防措施有哪些？
5. 如何防治钙、磷缺乏症？

禽病综合征与类症鉴别

项目一 禽病综合征

一、鸡呼吸道综合征

鸡呼吸道综合征（CCRD）又称为多因子呼吸道病或多病因呼吸道病（MRD），是一种病程长，病因复杂的呼吸道疾病的统称。因为该类疾病的病因多样，难于从症状和病变上确定其发病原因，常称作鸡呼吸道综合征，呼吸道综合征是一种症候群，凡是表现呼吸道症状的都可归入此类疾病。近年来鸡呼吸道疾病越来越严重，治疗难度和治疗费用越来越大，给养鸡业造成很大的经济损失。

【病因】

1. 呼吸道病原体之间的相互作用 常见的 CCRD 病原体有 MG、APEC、HPG、NDV、IBV、ILTV、AIV 等。其中任何 2 种或 2 种以上呼吸道病原体同时或先后作用于呼吸道，它们之间可产生致病协同作用，比单一病原体所引起的疾病要严重得多。

鸡的 CCRD 主要是由鸡支原体、大肠杆菌以及病毒等共同作用引起的，其中鸡支原体发挥主要作用。这是因为：①支原体最大的危害是破坏呼吸道上皮样细胞，然后导致一些病毒如 NDV、AIV 等直接侵入呼吸道上皮样细胞进行繁殖，当鸡的抗体水平较低时造成发病；②支原体破坏呼吸道黏膜后，体内常在的大肠杆菌会迅速繁殖，经过气囊和血液逐渐发展到全身，造成大肠杆菌病的暴发。所以，一旦发生了支原体病，同时就会激发大肠杆菌病，因此，平时应加强鸡舍的清洁卫生；③雏鸡早期免疫，呼吸道免疫由于免疫受体是呼吸道上皮细胞，感染支原体后呼吸道黏膜的完整性就会遭到破坏，首免的免疫效果较差，加上基础免疫效价本来就很低，抵抗不了病毒的入侵，易造成免疫失败，即出现多种疾病的混合感染，可以导致支原体病、大肠杆菌病、鸡新城疫、传染性支气管炎等多种疾病混合感染的呼吸道综合征。

2. 疫苗反应 免疫活疫苗后，由于免疫本身就是模拟疾病轻微的发病过程，所以会带来或高或低的免疫反应。如商品肉鸡一般在 14 日龄时接种传染性法氏囊病疫苗，免疫后会出现轻微的传染性法氏囊病的症状和呼吸道症状，蛋鸡在小日龄过早接种传染性喉气管疫苗后，就会引发传染性喉气管炎的发生，所以疫苗本身就可以增加呼吸道病的病情。当呼吸道感染了其他病原（如支原体）的鸡群免疫接种呼吸道病毒疫苗时会出现严重的疫苗反应。呼吸道病疫苗病毒与野毒一样，可以与大肠杆菌和支原体产生致病协同作用，这时如有免疫抑制因素存在，则促进病毒的复制，造成严重的疫苗反应。

3. 免疫抑制性病原体的作用 鸡群潜在的免疫抑制病病原也是加重呼吸道系统病的一个重要因素，如 IBDV、MDV、ERV、ALV、CIAV、禽呼肠孤病毒（ARV）等，使鸡对呼吸道感染的易感性增加。过早使用 IBD 强毒株疫苗，破坏了法氏囊的免疫功能后，使其他免疫也受到了抑制，提高了呼吸系统疾病的发病率。此外，呼吸道病原体 NDV、AIV、ILTV 本身也是免疫抑制性的。免疫抑制可使病原的毒力增强而发疾病。

4. 环境及饲养管理因素

（1）环境因素。鸡舍内通风不良，有害气体（氨气）浓度过大、舍内高温且潮湿、冬秋季节天气多变等都会诱发或加重呼吸道综合征的发生。

（2）应激反应。应激反应包括管理应激、营养应激、环境应激、药物应激等，如转群、断喙等应激都会引起 CCRD 的发生或加重。

（3）饲料方面。饲料中必需氨基酸、维生素（尤其维生素 A）及微量元素等的不足，导致呼吸道黏膜抵抗力下降，促进呼吸道病的发生。

（4）人为因素。免疫程序不合理、接种途径及方法不当、饲养管理不规范、消毒不到位等都会造成或加重 CCRD。

【症状】本病一年四季均可发生，以秋、冬季节多发。各年龄的鸡均可发病。但以雏鸡发病率高。病鸡出现打喷嚏、甩鼻、呼噜、喘气、咳嗽、流泪、眼睑肿胀，严重者咳血，用药后呼吸道症状减轻但不能完全消除，生长停滞、蛋鸡产蛋率下降、蛋壳质量下降。随着病情的发展，死亡率逐渐上升。

【病理变化】病鸡喉、气管或支气管内有黏液，气管充血、出血，喉头有出血点，喉头和支气管有黄白色干酪样物堵塞。气囊混浊，增厚，严重时有心包炎、肝周炎。肺水肿并有积液，胰脏有出血，十二指肠溃疡，直肠有弥漫性或条纹状出血。卵巢变性或卵泡坏死，输卵管有炎症、萎缩，子宫水肿有异物。

【诊断】如果鸡群长期存在 CCRD，用药后呼吸道症状减轻但不能完全消除，呈表面康复，易反复发作，加上养殖场存在免疫抑制性疾病和不良的饲养管理和环境因素，可初步诊断。诊断中要注意与其他呼吸道病进行鉴别诊断。

【预防与治疗】鸡的 CCRD 是一类多病因的疾病，因此在诊断和防治时，应注重多种病因的关系认真分析，找出何种是主要的致病因素，何种原因是协同的或诱发的，然后根据主要的致病因素提出综合防治措施。千万注意不能单一依靠某种药物治疗。

1. 杜绝病原传入和加强疫病监测 有些传染病的发生，多由种鸡带菌（毒）或经胚传至下一代，如 MG、ERV、ALV、CIAV、ARV 等，这些病原体可较长时间潜在鸡场内，当遇到其他病原或其他不良因素时，就可出现呼吸道病。杜绝这些病原的传入，关键措施是加强种鸡群的检测，淘汰阳性鸡。

2. 做好免疫抑制性疾病的预防 如 IBD、MD、CA 等，可通过免疫接种来控制疾病的发生，按照这些病的特点制定好免疫程序。对 ER、AL 等目前还没有疫苗预防的，只能通过抗体监测法淘汰阳性鸡。

3. 做好疫苗免疫接种工作 根据当地疾病流行特点制定合理的免疫程序，包括同一类疫苗不同株的选择、基础免疫与加强免疫的安排、母源抗体及疫苗间相互干扰的影响、疫苗剂型、接种剂量、接种途径等。选择优质的疫苗进行免疫，确保免疫效果。重点做好 ND、IB、H9 亚型 AI 的防疫接种。初次接种不用中等毒力疫苗。如 IB 的首免应用 H120，以后再用 H52。不轻易使用 NDI 系活疫苗。不可过于频繁或大剂量使用活疫苗，避免产生严重的疫苗反应和不利因素的作用下形成严重的呼吸道疾病。

4. 重视支原体病和大肠杆菌病控制 因为支原体病和大肠杆菌病没有很好的疫苗可以

应用，药物的效果也不理想，所以，控制呼吸道病必须重点抓种鸡群支原体的净化，降低商品代支原体的感染率。严格控制环境污染，降低大肠杆菌病感染率。

二、家禽多病因肠道疾病

肠道是家禽机体一个非常复杂的多功能系统，具有多种功能，它与机体其他系统（呼吸系统、循环系统）相互协调发挥作用。肠道从环境中摄取营养供给机体，并通过各种机制保护机体，但肠道本身也为多种病原微生物提供了生存环境。肠道疾病的病原相当复杂。不同的病毒、细菌以及其他传染性或非传染性病原的组合或者相互作用，均可诱发不同程度的肠道疾病。肠道和机体其他系统的结合或者相互作用，不但会加重或减轻肠道疾病的严重性，还会在肠道疾病的治疗、缓解或调节中起重要的作用。

【病因】肠道疾病的发生很少由单独病因引起的。也许某个因素是引起某种肠道疾病的主要原因，但通常其他一些因素也会参与这种肠道疾病的发病过程。有时某种病原是肠道疾病的原发性病原，但是其他病原或因素通常会促进肠道疾病的发生。许多病毒能感染家禽，如轮状病毒、细小病毒、冠状病毒、星状病毒等，其中有些与肠道疾病有关。这些病毒能同时或者在很小的年龄段内感染同一个宿主或者同一禽群。至于这些病毒在诱发肠道疾病中究竟是凭其自身之力，还是与其他病毒联合作用，目前还没有精确的了解。

【发病机理】传染性病原引起肠道疾病的机理主要有以下几种。

1. 肠道运动过强，表现为肠道蠕动的强度、频率或速度增加，导致肠内容物迅速通过肠道排出。

2. 腹泻机理是肠道渗透性的改变。肠道渗透性改变后，造成肠道内离子的净分泌量超过吸收量，导致肠腔内的液体增多从而发生腹泻。

3. 腹泻机理是分泌过多。肠的分泌功能增强，肠腔内排出的液体或电解质过多，造成分泌型腹泻。

4. 腹泻机理为吸收障碍。吸收障碍是肠吸收能力发生改变的过程。吸收障碍常常由消化障碍引起，因为未消化的食物是不能被吸收的（即使肠的吸收能力未被损害），当吸收不良或消化不良时，肠腔内养分或许会改变肠内的渗透压而造成腹泻。

【预防与治疗】传染性病原、各种细胞、细胞调理因子及各种系统之间的作用是非常复杂而且是相互交叉的。因此，在控制肠道疾病的措施中，首先要认清引起肠道疾病，其中有哪些因素在起作用，然后采取相应的防治措施。二是除了针对特定病原进行合理的治疗外，还要依赖一些能调节肠道疾病的免疫和神经系统功能的药物或生物制品。

☑ 实训 5-1　禽病混合感染病例的诊断

【目的要求】学会禽病混合感染病例的诊断步骤、思路。

【材料】疑似禽病混合感染病例、细菌分离培养、球虫检查、新城疫血凝试验和血凝抑制试验材料。

【方法步骤】

（一）现场诊断

1. 病史　某鸡场饲养肉鸡 3 500 只，16 日龄时发病鸡群排白色、黄色稀粪便及少量的带血粪便，精神沉郁，每天死亡 60～70 只，用氨苄青霉素和氟苯尼考交替饮水进行治疗，连用 2d 后病情加重，死亡鸡增多，共死亡 583 只。找兽医人员出诊。

兽医人员发现，病鸡表现精神沉郁，垂头缩颈，食欲减退；排白色、黄色、绿色和红色稀便，咳嗽，伸颈张口呼吸，嘴角流出多量黏液，嗉囊肿大，个别病鸡的关节肿大，轻度跛行，有的病鸡头扭向一侧。

剖检 20 只病死鸡，发现皮肤、肌肉瘀血，气管黏膜充血、有黏液、气囊增厚，不透明，内有黏稠的黄色干酪样物；肝肿大，表面附有黄白色纤维素膜，有 3 只病鸡纤维素膜与胸壁、心脏、胃肠粘连；心脏体积变大，心包腔内有大量淡黄色液体，心包膜混浊增厚，有 7 只病鸡（含前述的 3 只）心包膜与心外膜粘连；腺胃乳头、腺胃与肌胃交界处出血；十二指肠、盲肠、直肠黏膜弥漫性出血，内容物有的呈烂番茄样，盲肠扁桃体肿胀出血，肾体积增大，呈紫红色；肺出血、水肿；脾充血、出血。

2. 流行病学调查　根据流行病学调查的基本方法，对病例中的鸡场进行流行病学调查，整理该病例的流行病学特点，运用学习过的相关知识，对病例的流行病学特点进行分析，见表 5-1。

表 5-1　病例的流行病学表现及分析

病例表现	特点概要	分　析
16 日龄时发病鸡群排白色、黄色稀粪便及少量的带血粪便，精神沉郁，每天死亡 60～70 只，用氨苄青霉素和氟苯尼考交饮水进行治疗，连用 2d 后病情加重，死亡鸡增多，共死亡 583 只	①雏鸡发病 ②发病率和死亡率较高 ③有传染性	传染性疾病的可能性较大

3. 临床检查　按照临床检查的基本方法和检查内容，对病例发病鸡群进行检查，运用学习过的相关知识，对病例的病状进行整理分析，见表 5-2。

表 5-2　病例的临床表现及分析

病例表现	特点概要	分　析
病鸡表现精神沉郁，垂头缩颈，食欲减退；排白色、黄色、绿色和红色稀便，咳嗽，伸颈张口呼吸，嘴角流出多量黏液，嗉囊肿大，个别病鸡轻度跛行，有的病鸡头扭向一侧	①沉郁 ②食欲减退 ③绿色稀便 ④伸颈张口呼吸、咳嗽 ⑤嘴角流黏液 ⑥神经症状 ⑦白色稀便 ⑧粪便中带血	症状特点中的①～⑥与新城疫的特征性症状相符合 症状特点⑦提示鸡白痢、传染性法氏囊病、肾型传染性支气管炎、大肠杆菌病 症状特点⑧提示球虫病和组织滴虫病

4. 病理剖检　对病鸡或死鸡进行剖检，找出该病例的特征性病理变化，运用学习过的相关知识，对病例的病理变化进行整理分析。分析情况见表 5-3。

表 5-3　病例的病理变化及分析

病例表现	特点概要	分　析
剖检 20 只病死鸡，发现皮肤、肌肉瘀血，气管黏膜充血、有黏液，气囊增厚，不透明，内有黏稠的黄色干酪样物；肝肿大，表面附有黄白色纤维素膜，有 3 只病鸡纤维素膜与胸壁、心脏、胃肠粘连；心脏体积变大，心包腔内有大量淡黄色液体，心包膜混浊增厚，有 7 只病鸡（含前述的 3 只）心包膜与心外膜粘连；腺胃乳头、腺胃与肌胃交界处出血；十二指肠、盲肠、直肠黏膜弥漫性出血，内容物有的呈烂番茄样，盲肠扁桃体肿胀出血，肾体积增大，呈紫红色；肺出血、水肿；脾充血、出血	①皮肤、肌肉瘀血 ②气管黏膜充血 ③气囊纤维素性炎症 ④肝纤维素性炎症 ⑤心脏纤维素性炎症 ⑥腺胃与肌胃交界处出血 ⑦肠黏膜弥漫性出血 ⑧肠内容物混有血液 ⑨盲肠扁桃体出血 ⑩肾出血、肺出血、脾出血	病变特点概要中的①②⑦⑧⑩判定为败血性疾病 病变特点概要中的⑥⑨为新城疫典型的病理变化，与败血症相结合，疑似为新城疫 病变特点概要中的③④⑤为败血型大肠杆菌病典型病变，疑似为大肠杆菌病 病变特点概要中的⑦⑧⑨为球虫病的典型病理变化，疑似为球虫病

通过现场诊断，初步诊断为鸡大肠杆菌病、球虫病与新城疫混合感染。确诊需进行实验诊断。

（二）实验室诊断及确诊

根据初步诊断，针对大肠杆菌病、球虫病及新城疫进行实验室诊断。

1. 鸡大肠杆菌病的诊断　参照大肠杆菌病的实验室诊断方法，无菌采取心血和肝脏，通过分离培养、染色镜检、生化试验，确定为大肠杆菌感染。

2. 鸡球虫病的诊断　刮取出血明显的盲肠黏膜，镜检，检出球虫卵囊，确定为球虫病。

3. 新城疫的诊断　取病鸡血液，分离血清，进行血凝试验和血凝抑制试验，有血凝现象，HI 抗体滴度几何平均数为 $11\log_2$，确定感染新城疫病毒。

根据病原体分项目检查结果，本病例确诊为大肠杆菌病、球虫病与新城疫混合感染。

思考：写出该病例的诊断过程及体会。

项目二 鸡的类症鉴别与防治

一、免疫抑制性疾病

禽免疫抑制性疾病是由单一或多种致病因素共同作用，导致机体免疫系统受损、免疫功能降低所引起的疾病总称。临床主要表现为鸡群对特定疫苗的保护性免疫反应下降或消失，其他病原的并发或继发感染增多，鸡群生长迟缓、发育不均匀，死亡率及淘汰率增加等。近年来，免疫抑制性疾病在集约化程度高的大型鸡场很普遍，尽管广泛应用各种疫苗对鸡的重要传染病进行了预防，但在生产实践中时常有疾病的发生，导致大批鸡死亡和淘汰，给我国养鸡业特别是肉鸡生产带来严重的经济损失。

【病因】

1. 传染性因素 主要有 MDV、IBDV、ERV、ALV、CAV、ARV 等，这些病毒主要损害鸡的免疫器官如法氏囊、胸腺、脾、哈德尔氏腺、盲肠、扁桃体及肠道淋巴样组织等造成免疫抑制。此外，低致病性 H9 亚型禽流感病毒感染雏鸡也能引发一定程度的免疫抑制。在临床上，预防马立克氏病和传染性法氏囊病的早期感染尤为重要，因为它们引起的免疫抑制损害免疫中枢器官的发育，影响将至终身。另外，更要注意的是预防 ERV、ALV、CIAV、ARV 通过鸡胚垂直感染，因为被这些病毒经鸡胚垂直感染的雏鸡免疫抑制的程度比出壳后早期感染更为严重。其中，以 ERV 最强。而且，这些经胚胎垂直感染的雏禽也更能造成早期的横向感染，特别是对同一批孵化出壳和同一运输箱内的雏鸡。

此外，给雏鸡免疫被免疫抑制性病毒污染的马立克氏病弱毒苗、禽痘疫苗、新城疫弱毒苗及传染性支管炎弱毒苗等也是导致免疫抑制性疾病的重要原因，因为这些疫苗常对 1 周龄内的雏鸡使用，导致早期感染。

2. 霉菌毒素 研究表明，霉菌毒素通过阻断蛋白质的合成机制来实现免疫抑制的作用，因为这一过程削弱了免疫系统网络的完整性和功效。有报道称，许多种黄曲霉毒素会引起免疫抑制，黄曲霉毒素还能增加鸡对盲肠球虫、沙门氏菌、MDV、IBDV 的易感性。

3. 应激 应激导致的免疫抑制可以促使大量疾病的发生。应激可以使家禽对各种传染性病原更易感。饲养密度、鸡舍通风、应激水平、垫料状况等因素均会导致家禽免疫系统受损和增加发生疾病的机会。

4. 药物 某些特定的药物对其他动物或人也具有免疫抑制的作用，如链霉素、金霉素和硫化物等。其他一些对鸡群不具有毒力的药物频繁地和活疫苗混合使用，也经常会由于不相容而降低疫苗的效力。长期或大量应用肾上腺皮质激素，可导致免疫功能全面受到抑制。

5. 营养不良 营养不良造成的危害对机体的淋巴组织最敏感。由于营养缺乏，能量、蛋白质摄入不足，会使淋巴组织发育不良，减弱其吞噬细胞功能，还可使抗体反应和细胞因子反应减弱。

【症状】鸡群发病初期，整体状态正常，鸡群中有数量不等的鸡表现精神沉郁、减食，有的打呼噜、羽毛粗乱、无光泽，生长受阻；有些鸡群出现少量死亡，死亡数量逐渐增多或不断出现新发病例。成年鸡表现为体重差异明显，开产延迟，采食量下降，产蛋减少，畸形蛋增多，无产蛋高峰，不断有死亡鸡只出现。肉鸡表现采食量下降，个体参差不齐，不断有鸡只死亡，不能正常出栏。应用各种药物治疗效果并不理想。

【病理变化】剖检可见肝、脾肿大出血，肠道内容物呈黏液性变化，有的局部点状或片状出血，往往可见到中枢免疫器官胸腺萎缩，这是重要指标。有些病例气囊轻度混浊，严重者十二指肠、空肠、直肠、泄殖腔黏膜及心肌、胆囊、胰等有数量不均、大小不等的突出性结节，法氏囊萎缩变性，有黏液，有的出血，胸肌、腿肌黄染，但不一定出血。如果有继发感染，剖检出现所谓的"包心包肝"病变，实际是大肠杆菌、沙门氏菌和其他细菌的继发感染引起的肝周炎、心包炎、腹膜炎。

【诊断】鸡群使用 ND 或 AI 或 IBD 疫苗免疫后，检测鸡群抗体水平没有达到预期水平，说明鸡群有可能发生了免疫抑制。鸡群中若表现生长迟缓或个体差异显著时，也往往同时会有免疫抑制，对死亡鸡进行剖检可见到胸腺萎缩。胸腺萎缩是一些免疫抑制性病毒早期感染常见的变理变化。确诊需经实验室各种诊断方法。

【预防与治疗】

1. 加强生物安全措施　加强饲养环境的控制，避免环境污染；加强饲养管理，尽量减少各应激因素；供给全价饲料，提高鸡群抵抗力；保持禽舍通风，防拥挤，避免有害气体刺激，减少呼吸道黏膜损害；避免使用发霉饲料等。

2. 加强免疫抑制病预防

（1）疫苗接种。对 IBD、MD、CIA、ARV 进行疫苗接种是控制疫情的主要措施。严格控制一些弱毒苗的外源性病毒的污染，防止由于疫苗因素造成鸡群感染免疫抑制性疾病。

（2）净化种群改善种源，防垂直传播和早期感染。对 AL、ER 等进行检疫，淘汰阳性鸡，防经蛋传播免疫抑制病。

（3）使用提高免疫力的药物。如左旋咪唑、黄芪多糖等，防止免疫抑制性疾病的发生和并发病的发生。

3. 病后处理措施　已经发生免疫抑制性疾病的鸡群，要详细了解整群鸡的状况。消除应激，提高免疫力，控制继发感染。

二、鸡的肿瘤性疾病

鸡肿瘤性疾病是由鸡马立克氏病病毒（MDV）、禽白血病病毒（ALV）、网状内皮组织增生病病毒（ERV）引起的。本病无论其发病原因是否相同，临床都有一个共性，那就是以肿瘤为特征。近年来，我国鸡的肿瘤性疾病的发病率越来越高，从而造成鸡群不同程度的免疫抑制，影响鸡群的生产性能，还更容易导致其他细菌性及病毒性疾病的继发感染和对疫苗免疫反应的抑制，造成免疫失败。随着饲养规模的扩大，在临床上这几种病毒混合感染越来越多，这不仅给鉴别诊断带来困难，也使预防控制变得更为复杂。给养鸡业造成很大的经济损失。

【病因】雏鸡的早期感染是鸡肿瘤性疾病发生的主要原因。首先是 MD 疫苗免疫操作不当或疫苗质量不可靠导致雏鸡早期感染；其次，种鸡的垂直传播，如 ERV 和 ALV 主要是经蛋垂直传播及早期横向感染；再次，雏鸡使用了被 ERV 或 ALV 污染的弱毒疫苗（特别是马立克氏疫苗或禽痘疫苗）等，也可导致雏鸡的早期感染。

【流行病学】不同的病毒诱发的肿瘤在年龄上也有差异，一般 MDV 诱发的肿瘤从 2 月龄开始，在 1 月龄偶尔出现，但肿瘤死亡的高峰多在 3～4 月龄左右。经典的 A、B、C、D

亚型禽白血病诱发的淋巴细胞瘤多在 6 月龄以后才会出现，一般死亡率不超过 5%。J-亚型禽白血病（ALV-J）引发的骨髓样细胞瘤在开产前的 16～18 周龄就可开始，但发病死亡的高峰是在开产后，严重的每周死亡率可达 1%，并持续数周。单纯的 ERV 引发肿瘤的自然发病并不常见，发病多在 6 月龄以后，我国鸡群中近几年见到的多为雏鸡接种的弱毒疫苗中污染 ERV 所致。此时，肿瘤发生比较早，发病率也高，但究竟是 MDV 肿瘤还是 ERV 肿瘤还需实验室检测。

【病理变化】 MDV、ALV、ERV 等病毒诱发的肿瘤均表现为肝、脾、心脏、肺、腺胃、肾等全身各个内脏器官的结节状或弥漫性肿瘤，肉眼很难区别是哪种病毒引起的肿瘤。但是由 ALV-J 型大多数病鸡都表现为肝极度肿大，表面有无数呈弥漫性分布的针尖大小的白色肿瘤结节。ALV-J 引发的肿瘤病病鸡，脾常常肿大并显出肿瘤结节。要注意与鸡戊型肝炎（俗称鸡大肝大脾病）引发的大肝大脾相区别。鸡大肝大脾病是炎性细胞浸润或坏死、充血引起的大肝大脾，严重时还并发肝破裂出血。近几年，在蛋鸡的脚爪、翅等处皮肤常发现一些出血不止的血管瘤，这很可能是不同亚型的 ALV 引起的。

【诊断】 诊断时应根据不同肿瘤病的流行特点及诱发的肿瘤特征进行鉴别诊断。确诊是何种肿瘤病，必须通过专业的实验室进行诊断。

【预防与治疗】

1. 疫苗预防 对 MDV 的预防可采用高质量的疫苗进行免疫，如 CVI988 株细胞结合性疫苗免疫效果较好，可防雏鸡的早期感染。

2. 净化鸡群 对 ERV、ALV 感染，目前还没有疫苗，主要是靠净化种源来减少雏鸡感染。

3. 防疫苗外源性污染造成人为传播 使用无 ERV、ALV 污染的疫苗是预防本病发生的重要措施。ER 的发生主要原因是疫苗污染，因此预防 ERV 的危害要注意以下两方面：一是雏鸡在进鸡舍前要进行彻底消毒，防止雏鸡过早地暴露于被病毒污染的环境污中，引起雏鸡的早期感染而发病；二是制造活毒苗的鸡胚必须来源于 SPF 鸡胚，防疫苗污染。

三、鸡呼吸道病

鸡呼吸道病在养鸡生产中是非常复杂的，疾病的种类也很多，可以由不同的病因引起，如由鸡毒支原体引起的慢性呼吸道病（CRD），由病毒引起的鸡传染性支气管炎（IB）、传染性喉气管炎（ILT），还有 H9N2 禽流感病毒引起的雏鸡呼吸道病以及由鸡副嗜血杆菌引起的鸡传染性鼻炎（IC）。因此，鸡的呼吸道病在养鸡生产中是不容忽视的一类疾病。呼吸道疾病之所以重要，一方面，经常发生，各日龄的鸡均可感染；另一方面，发病率高而且容易引起多种疾病的继发感染，可使雏鸡生长发育迟缓，成年鸡产蛋率下降和各种日龄鸡只死亡。给养鸡业造成重大的经济损失。

【病因】

1. 传染性因素 呼吸道病的病原，如 MG、IBV、ILTV 及 H9N2-AIV 与 HPG 等，在鸡群中常常表现为 2 种或 2 种以上混合感染和继发其他细菌感染。此外，NDV 野毒也常会引发以呼吸道病变为主的非典型新城疫。

2. 非传染性因素 包括免疫因素、不良的饲养管理、应激、环境因素、维生素 A 缺乏等都是鸡呼吸道病发生的重要诱因。特别是在冬季，当鸡舍内通风不良，密闭的鸡舍稀薄缺氧，导致有害气体（如氨气）过多，鸡舍内日夜温差太大等都是本病的直接诱因。

【流行病学】 不同的呼吸道病在易发年龄上也有不同，如 ILT 和 IC，多以成年鸡更易感染，成年鸡表现的症状最为特征，且症状独特。IB、CRD 及 H9N2 主要感染小鸡和青年鸡，IB 以雏鸡严重，死亡率也高；CRD 病程较长，多是慢性，单独感染多呈亚临床感染，易与大肠杆菌并发或继发感染。不良的饲养管理如拥挤、氨气过多、日夜温差大等是呼吸道病的直接诱因。

【症状与病理变化】 鸡呼吸道病主要表现为呼吸道症状，但不同的病原引发的呼吸病表现的症状及病变各有特征：ILT 常咳出带血黏液，喉头、气管黏膜充血、出血，喉、气管内有带血分泌物或血凝块或干酪样物；IC 主要是面部肿大、鼻炎；IBV 感染不仅引起呼吸道的病变，还可以引起肾脏的病变。ND、AI 也能引起呼吸道症状，但往往伴发神经症状、高热等。在临床上，鸡的呼吸道病比较复杂，特别是症状很相似，发病鸡群往往还混合感染其他疾病，很容易造成误诊。

【诊断】 怀疑是细菌引起的如 IC，可以进行细菌分离培养，怀疑是病毒引起的，可以通过病毒分离鉴定和血清学方法检测抗体水平，根据抗体水平高低加以分析，从而进一步进行鉴定。

【预防与治疗】

1. 科学合理的疫苗免疫 临床常见的呼吸道病如 IB、ILT、CRD、AI、ND 等，必须靠免疫来控制，应按照每种疾病相应的免疫程序来进行免疫。免疫时要严格操作，采用优质疫苗进行免疫，确保免疫效果。特别是 ND、AI、IB 等疾病的免疫，禽流感免疫时不可忽视 H9 亚型和 H5N1-Re-4 株的免疫。应加强免疫抑制性疾病的预防，消除影响免疫效果的因素，以免造成免疫失败。

当用实验室方法确定是某种病毒感染后，说明对该病毒的免疫效果不够完全。这时应调整鸡场相应疫苗的免疫程序，包括免疫时间、免疫次数、免疫途径等，但更重要的是保证疫苗质量

2. 加强饲养管理，减少应激 不良的饲养管理及应激是鸡呼吸道病的直接诱因，因此，鸡舍要注意通风换气，防止拥挤，避免忽冷忽热，尽量减少应激因素。加强卫生消毒，杀灭环境中的病原体。

3. 加强种鸡群的检疫，净化鸡群 鸡支原体病可采用平板凝集试验检疫淘汰阳性鸡，防经蛋垂直传播疾病。如果鸡呼吸道感染是并发病，鸡群有可能存在免疫抑制性病毒感染，这时需要检测种鸡是否有 ERV、ALV 及 CIAV 等病毒感染，如果种鸡为阳性的应给予淘汰。

4. 药物防治 预防性使用抗病毒药物，可以减少呼吸道和消化道携带病毒的含量，达到预防的作用。对某些细菌病，预防性应用药物可以控制病原体的异常繁殖，减少发病的次数。对发病鸡群进行治疗时，要分清病因，根据病因选用不同的治疗药物，同时在饮水中添加维生素、黄芪多糖等药物以增加机体抵抗力。

四、鸡群产蛋下降

鸡群产蛋下降是指鸡群在正常产蛋期开始后产蛋率突然下降和鸡群产蛋率达不到特定品系鸡预定达到的产蛋率标准值。该病在我国种鸡群或商品代蛋鸡中常有发生，给养殖场造成较大的经济损失。

【病因】 引起鸡群产蛋下降原因很多，包括疾病、营养、环境、管理等方面。

1. 病毒性感染因素 多种不同病毒的急性感染或亚临床感染均会造成鸡群不同程度的产蛋下降，如 EDS-76 病毒、NDV、IBV、AEV、H9N2-AIV、H5N2-AIV 等。大多数鸡场对这些病毒引起的疾病都已普遍进行了疫苗的免疫注射，从而有效地预防这些病毒感染引起的急性死亡或症状，但不能有效地预防亚临床感染，蛋鸡对这些病毒的亚临床感染仍然非常易感，会造成产蛋下降、畸形蛋等。

2. 非传染性因素 包括不良的饲养环境，如噪声、通风不良，有害气体过浓、温度过高或过低、长时间的断水、饲料中某种必需养分的突然降低或缺乏，正常免疫注射的应激及药物中毒（如磺胺类药物中毒）等都可造成鸡群产蛋下降。

3. 生殖道疾病 鸡群中存在生殖道疾病，如卵巢或输卵管发育不良或有输卵管囊肿等，鸡群产蛋率永远也达不到产蛋高峰。这些患生殖道疾病的鸡外观似健康状，但不产蛋，常称的"假母鸡"，这些鸡要淘汰处理。

【诊断】当发现鸡群产蛋量异常下降时，必须做到全面分析，找出真正的原因，为预防产蛋下降提供科学依据。

1. 鸡新城疫 新城疫是由病毒引起的一种高度接触性、败血性传染病。本病具有很高的发病率和死亡率，是危害养禽业的重要疾病之一，也是造成产蛋下降的重要疾病之一。

该病主要发生于 180~350 日龄的鸡，临床以非典型 ND 多见。产蛋鸡表现产蛋突然下降，产蛋量下降达 50% 以上，而且恢复缓慢。

产蛋鸡发生典型 ND，表现为卵黄滤泡松软或出血，卵泡破裂引起卵黄性腹膜炎，产蛋量下降，甚至停产。蛋壳质量下降，种蛋受精率及孵化率明显下降，产蛋量回升极为缓慢，而且出现部分假母鸡。有些蛋鸡病后外观健康，死亡率很低，但产蛋明显下降，蛋壳变白。

剖检无明显典型病变，眼结膜出血、卵泡充血、出血，小肠黏膜、盲肠、扁桃体、直肠黏膜和泄殖腔周边出血。

制订科学的免疫程序，灭活苗和活疫苗的联合应用，可较好地控制非典型 ND。重视 ND 的抗体监测，监测时间一般在活疫苗免疫接种后的 15~20d，如果免疫后发现抗体滴度参差不齐，灭活苗接种后 30d，应再补免 1 次。产蛋期的蛋鸡抗体水平低于 $8\log_2$ 仍会感染强毒，产蛋大幅度下降，抗体水平低于 $6\log_2$ 就会出现死亡，所以，应将抗本水平保持在 $8\log_2$ 以上。

2. 鸡呼吸型传染性支气管炎 传染性支气管炎是鸡的一种急性、高度接触性的呼吸道疾病。该病不仅发生鸡的呼吸道症状，而且对蛋鸡生殖系统也造成严重的危害。

蛋鸡一生中有 3 个时期对 IBV 特别敏感，即出壳后的第 1 周、卵巢快速发育期和产蛋快速增长及产蛋高峰期。在前 2 个时期如鸡体内抗体不足或其他原因感染 IB 的野毒，就可能造成卵巢和输卵管不发育，最终导致鸡终生不产蛋，成为假母鸡。如果在第 3 个时期感染野毒，则可能造成输卵管积液，非但不产蛋，时间长还会引起母鸡卵黄性腹膜炎而导致母鸡的死亡。

在产蛋鸡群中，IBV 主要是以侵害呼吸道和生殖系统，造成蛋鸡产蛋性能下降为特征。病鸡咳嗽、喘息、喷嚏和啰音。产蛋性能下降，软皮蛋、畸形蛋、小蛋等，蛋清稀薄如水，恢复极缓慢。鸡群死亡率不高，后期有部分鸡闭产。

剖检可见气管末端变硬，卵泡发育不良，输卵管萎缩。产蛋鸡腹腔有液状卵黄。

目前无有效药物防治，只能通过免疫接种来控制。根据发病情况可选择 H120、H52、肾型传染性支气管炎活疫苗及 IBD4/91 等进行免疫。

3. 产蛋下降综合征 产蛋下降综合征是产蛋鸡的一种病毒性传染病。该病特征是发病鸡群群体性产蛋下降，并伴有薄皮、软皮蛋增多，蛋质量降低。没免疫产蛋下降综合征疫苗的鸡群易发本病。

发病主要集中在 26～43 周龄，蛋鸡被感染后，初产的青年蛋鸡不能于开产后 2～4 周达到产蛋高峰。成年鸡感染后，产蛋量突然下降，一般下降为 20%～50%，经 4～10 周后才逐渐恢复，但仍达不到正常水平，产蛋曲线呈典型的"双峰形"，并伴有薄皮、软皮蛋、无壳蛋、粗壳蛋和畸形蛋等。输卵管峡部和子宫有卡他性炎症。

合理的疫苗免疫是控制本病的关键。疫苗使用方法：安全区，于开产前 2～5 周接种鸡新城疫、传染性支气管炎、产蛋下降综合征、传染性法氏囊病四联灭活疫苗；疫区，开产前 2～4 周接种 EDS-76 单苗；重疫区，开产前 4～6 周和 2～4 周各免疫 1 次，均用单价 EDS-76 油乳剂疫苗，在胸肌处每只注射 0.5mL。

4. 禽流感 禽流感是由 A 型流感病毒引起的一种急性、高度接触传染性疾病。A 型流感病毒有很多不同亚型的毒株，其中危害最大的是 H5、H7。

家禽感染后，临床可表现为多种病型，即有的不表现出明显的症状，有的表现为轻度呼吸道症状、产蛋下降、下痢及急性高度死亡等，死亡率可达 100%。该病一般无特征症状，常表现体温升高，精神沉郁，采食下降，消瘦，产蛋鸡产蛋下降。主要表现呼吸道症状，如咳嗽、啰音、喷嚏、鼻旁窦肿胀、鸡冠、肉髯发绀、有神经症状，下痢。这些症状可能单独出现或几种同时出现，死亡率较低，产蛋下降。

目前无特异性治疗药物和方法，本病在防疫上，主要是强化疫苗免疫。

5. 传染性喉气管炎 传染性喉气管炎是由传染性喉气管炎病毒引起鸡的一种急性呼吸道传染病。本病的特征是高度呼吸困难、咳嗽和咳出含有血液的渗出物。

该病以 10 周龄的鸡和初产鸡更易感。产蛋鸡产蛋量下降，蛋壳褪色，软皮蛋多，如果没免疫过传染性喉气管炎疫苗的产蛋鸡，病后如治疗不及时，产蛋下降可达 10%～40%，死亡率 5%～20%，有呼吸道症状，剖检时可见气管血痰。

疫区主要采用免疫接种来预防。

6. 禽脑脊髓炎 成年鸡感染后，通常无明显的症状，表现暂时性产蛋下降，有时见鸡蛋变小。产蛋量下降幅度最高达 40%，时间 1～2 周，以后逐渐恢复，恢复期为 7d，且能恢复到正常水平。发病期间蛋壳质量、蛋内蛋白及卵黄均无异常。

7. 大肠杆菌病 大肠杆菌病是鸡常见、多发的细菌性疾病，在养殖场的整个周期中经常发生。其病型和病变复杂多样。蛋鸡主要是生殖系统发炎型，俗称"蛋子瘟"。

产蛋母鸡最严重的是卵黄性腹膜炎，鸡感染后引起输卵管炎导致管道狭窄并粘连、卵泡不能正常的进入产道而落入腹腔，从而引起卵黄性腹膜炎而死亡。

加强饲养管理，搞好环境卫生是本病预防的关键措施。常发生的鸡场也可用药物预防，也可用疫苗免疫，最好是用自家灭活苗进行免疫。治疗时最好先做药敏试验，选择敏感的药物进行治疗。

8. 鸡白痢 鸡白痢是由鸡白痢沙门氏菌所引起鸡的一种常见细菌性传染病。发病日龄常在出壳后至 2 周，成年鸡多为隐性，但可成为重要的传染源，可经蛋传播给雏鸡。

产蛋鸡感染后一般不表现明显的症状，但产蛋量下降，种蛋受精率、孵化率降低。有下痢、消瘦等症状。剖检表现为输卵管炎、卵巢炎和卵黄性腹膜炎。

防治本病应对种鸡场定期进行白痢检疫，淘汰阳性鸡，防止垂直感染雏鸡。3周龄内的雏鸡用药物控制发病，加强育雏期的管理，搞好环境卫生消毒。

9. 传染性鼻炎 鸡传染性鼻炎是由鸡副嗜血杆菌引起的鸡的一种急性呼吸道传染病。

该病特点是发病率高，但死亡率低。病鸡主要表现鼻腔和窦内有浆液或黏液性分泌物，因而面部水肿，结膜发炎。产蛋鸡群在发病1周左右产蛋量明显下降，最高可下降至30%左右。

疫苗接种是预防本病的有效措施，可用传染性鼻炎A型油乳剂灭活苗进行免疫。磺胺类、喹诺酮类药物等对本病均有很好的疗效。

10. 慢性呼吸道病 本病是由鸡毒支原体引起鸡和火鸡的一种慢性呼吸道疾病。

病程较长，呈慢性经过，在鸡群中可长期蔓延，但死亡率不高。蛋鸡症状不明显，但产蛋率、受精率及孵化率下降，幼鸡生长不良。本病的发生与不良的环境有密切关系，如卫生状况差、饲养管理不良、应激、通风不良、氨气过浓等可诱发本病。

净化种鸡群是防治本病的重要措施。平时应加强消毒，搞好环境卫生。种鸡可用进口的鸡毒支原体灭活苗进行免疫接种。

11. 卡氏住白细胞虫病 俗称"白冠病"。本病的流行与吸血昆虫（库蠓）的生长繁殖季节有密切关系，以春、夏季多发，病初体温升高，食欲不振，甚至废绝；病雏鸡发病急，常因咯血、呼吸困难而死亡；中鸡、成鸡呈现贫血，鸡冠和肉髯苍白，所以称白冠病；患病蛋鸡产蛋量下降，软壳蛋、无壳蛋增多，有的两肢轻瘫、行走困难，严重者死亡。

防治主要是防止库蠓进入鸡舍，消灭库蠓；在发病高峰季节，可用药物预防；淘汰病鸡。该病要及早预防，以免造经济损失。

【预防与治疗】

1. 疫苗免疫 因病毒病引起的产蛋下降，如应做好 EDS-76、ND、IB、AE、AI 等病的疫苗接种，制订合理的免疫程序、选用优质的疫苗进行免疫。

2. 加强饲养管理 提供鸡群良好的饲养环境，保持合适的温度，充足饮水。保证足够的蛋白质，充足的多维素及矿物质等，保证产蛋鸡群营养水平。避免使用磺胺类药。尽量减少应激因素。

五、鸡的腺胃肿大或腺胃炎

鸡的腺胃肿大或腺胃炎是在多种病因的共同作用下导致腺胃功能及结构发生改变的一种临床表现，是临床剖检时经常看到的一种病变。目前病因尚未确定。发病鸡群以生长不良、消瘦、鸡大小、体重参差不齐，死淘率高，腺胃肿大如乳白色球状、腺胃黏膜溃疡、脱落、肌胃糜烂为主要特征。

【病因】 引起鸡的腺胃肿大或腺胃炎的病因很多，有报道称与某些病毒有关，如 MDV、腺胃型 IBV、ERV、CAV、ARV、ALV-J 等，其中有可能是不同免疫抑制性病毒多重感染的结果。此外，其他非传染性因素也可诱发鸡腺炎或腺胃肿大。

1. 传染性因素

（1）垂直传播的某些免疫抑制病病毒或污染了特殊病原的 MD 疫苗，很可能是引起鸡腺胃肿大或腺胃炎的主要病原。如 REV、CAV、ARV、ALV-J、MD 等。病鸡感染后不但表现腺胃肿大，还表现胸腺、脾、法氏囊等免疫器官的出血、萎缩或坏死，若免疫器官表现不明显，可能是非传染性因素引起。在疑似鸡戊肝病毒引发的大肝大脾病例中，也可见到一定比例的腺胃肿大。

（2）鸡痘是腺胃炎发病的重要原因，尤其是眼型鸡痘。临床发现，很多鸡群都是先发生了鸡痘，后又继发腺胃炎，死亡率高，且用药物治疗没有效果。

（3）不明原因的眼炎，如腺胃型 IB、ILT、各种细菌病、维生素 A 缺乏或通风不良引起的眼炎等都会诱发腺胃炎。

2. 非传染性因素 非传染性因素可单独引起腺胃肿胀，也可作为传染因素的诱发条件，尤其以夏秋季节多见。

（1）日粮中所含的生物胺对机体有毒害作用，会诱发鸡腺胃炎，如品质差的鱼粉、肉粉、肉骨粉等含有高水平的生物胺。

（2）饲料营养不平衡，蛋白质含量低、维生素缺乏等都是引起鸡腺胃炎的原因。

（3）霉菌毒素，如镰孢霉菌产生的 T2 毒素具有腐蚀性，可造成腺胃、肌胃黏膜坏死。

【流行特点】各种日龄、品种的肉鸡和蛋鸡均可感染，以 20～60 日龄肉鸡多发，蛋鸡发病也有报道。

一年四季均可发生，但以秋、冬季最为严重，多呈散发。鸡腺胃炎的病原多是垂直传播，或使用了污染马立克氏病疫苗或鸡痘疫苗而人为传播。鸡群饲养管理好，则不表现症状或发病轻微，当饲养管理差，有发病诱因时，鸡群则表现出腺胃炎的症状，诱因越多则腺胃炎也就越严重。发病后期可继发新城疫、大肠杆菌、支原体等而导致死亡率上升。

【症状】病鸡初期精神沉郁，缩头垂翅、畏寒，羽毛蓬乱不整，采食量及饮水量减少，有轻微呼吸道症状；有些病鸡流泪、眼肿、肿头；免疫抑制，鸡群生长不良，整齐度差，极度消瘦，贫血、腹泻、排白色或绿色稀粪，粪中常常有未消化的饲料。鸡群生产水平降低，少量病鸡可发生跛行，最终衰竭死亡。病程一般为 10～15d，长的可达 35d，死亡高峰在症状出现后 5～8d。耐过鸡大小、体重参差不齐，死淘率高，产蛋达不到高峰。

【病理变化】特征性病变为腺胃肿大如球状，剪开外翻，胃壁增厚，水肿，指压可流出浆液性液体，乳头肿胀、出血、溃疡，部分乳头界限融合，轮廓不清。肌胃明显缩小，角质层易剥离。腺胃与食管交界处和腺胃与肌胃交界处有带状出血，重者形成黑褐色溃疡。病鸡肌肉苍白、脱水，脾、胸腺、法氏囊明显萎缩。肠道有不同程度的出血性炎症。

【诊断】鸡腺胃肿大或腺胃炎是临床剖检时经常看到的一种病理表现，它不是一种独立的疾病，因此，在兽医临床诊断中，如发现有鸡腺胃肿大或腺胃炎时，必须了解和熟悉在哪些疾病会出现腺胃炎，然后再进一步去寻找和确定真正的病因，采取有针对性的防治措施。

【预防与治疗】由于鸡腺胃肿大或腺胃炎病因复杂，病原无统一定论，生产实际很难区别开来，因此其防治方法应以综合性措施为主。

1. 搞好鸡场生物安全措施 鸡场发病的主要原因是没有搞好生物安全，IBV 或免疫抑制性病毒水平扩散传播到鸡场引发疾病。因此，平时做好鸡场环境卫生及消毒工作，避免从外面引入病原。

2. 严格检疫和做好免疫接种 严格控制和检测种鸡垂直传播的疫病，如 ER、AL 等，定期检测淘汰阳性鸡。针对主要病原做好相应的免疫接种，如做 IB、MD、CAV 等的免疫接种，免疫时加入黄芪多糖，加强对这些疾病的控制，有助于将鸡腺胃肿大的发病率降到最低。引进种苗应选择饲养管理好的种鸡场。

3. 加强饲养管理 避免日粮中含有生物胺等物质，营养要平衡；防止日粮发霉变质，避免各种霉菌、真菌及其毒素的污染饲料。饲养密度要合理，保证温度，合理通风。

4. 治疗 可用抗病毒药物与抗生素进行治疗，如用黄芪多糖，配合头孢噻呋钠、安普霉素、氟苯尼考等抗菌消炎，治疗中配合益生素、电解质和多种维生素等，以提高病鸡的抗病能力。

实训 5-2　禽病症状及病理变化的识别

【目的要求】通过看图识别禽病症状及病理变化，掌握家禽常见疾病的特征。

【材料】各种禽病症状及病理变化图片，制作多媒体课件。

【方法步骤】

教师：通过多媒体显示家禽常见疾病的症状与病理变化。

学生：观看图片、并回答教师提出问题。

教师：置疑

1. 引起家禽呼吸道症状的禽病有哪些？
2. 引起家禽神经症状的禽病有哪些？
3. 引起家禽免疫抑制的禽病有哪些？

学生：分组讨论，然后根据教师提出的问题对禽病进行归类、分析、讨论、总结。

教师：检查各组学习情况，到每组进行巡查和指导。通过置疑让学生学会对不同的禽病进行归类、为临床对禽病的诊断提供可靠的依据。

学生：各小组请学生代表说出本组对常见的禽病归类分析情况，然后进行自我评价、小组评价。

教师：对每组进行点评，对做得好的小组给予表扬，指出问题并给予纠正，最后给各小组进行评价。

思考：据实训写一份实验报告（要求写出实训过程、实验结果及实训体会）。

思考题

一、填空题

1. 引起免疫抑制的病毒有_____、_____、_____、_____、_____。

2. 鸡肿瘤性疾病无论其发病原因是否相同，临床都有一个共性，那就是以_____为特征。

3. 列举 3 种重要的鸡呼吸道传染病：_____、_____、_____。

4. 引起鸡群产蛋下降的病毒性传染病主要有：_____、_____、_____、_____。

5. 大肠杆菌病是鸡常见多发的细菌性疾病，蛋鸡主要是_____发炎型，俗称"蛋子瘟"。

二、判断题

1. 雏鸡早期感染马立克氏病毒、禽白血病病毒等是导致鸡肿瘤性疾病发生的主要原因。（ ）
2. 疫苗接种是预防禽白血病的主要措施之一。（ ）
3. 给雏鸡接种被免疫抑制性病毒污染的马立克氏弱毒苗或禽痘疫苗等是导致免疫抑制性疾病发生的重要原因。（ ）
4. 胸腺萎缩是一些免疫抑制性疾病早期感染常见的病理变化。（ ）
5. 诊断产蛋下降综合征，只是凭鸡群发生产蛋下降即可诊断为该鸡群已经被产蛋下降综合征病毒所感染。（ ）
6. 家禽肠道疾病的发生大多是由不同的病毒、细菌及其他诱发因素共同作用的结果。（ ）
7. 鸡群中一旦发生了支原体病，就会激发大肠杆菌病的发生。（ ）
8. 鸡群潜在的免疫抑制病病原可使鸡对呼吸道感染的易感性增加。（ ）

三、选择题

1. 能够通过种蛋传播的免疫抑制性疾病为（ ）。
   A. 产蛋下降综合征、传染性贫血、网状内皮增生病
   B. 马立克氏病、传染性法氏囊病、网状内皮增生病
   C. 传染性贫血、网状内皮增生病、禽白血病
   D. 传染性贫血、禽脑脊髓炎、禽流感
2. 可引起严重免疫抑制的禽病有（ ）。
   A. 禽大肠杆菌病   B. 鸡白痢
   C. 禽白血病   D. 产蛋下降综合征
3. 以下哪种疾病不引起禽病毒性肿瘤（ ）。
   A. 马立克氏病   B. 禽白血病
   C. 网状内皮增生病   D. 鸡传染性贫血
4. 下列哪种疾病可导致法氏囊萎缩（ ）。
   A. 马立克氏病   B. 禽白血病
   C. 新城疫   D. 传染性法氏囊病
5. 可引起严重免疫抑制的禽病有（ ）。
   A. 禽大肠杆菌病   B. 传染性法氏囊病
   C. 鸡毒支原体感染   D. 产蛋下降综合征
6. 下述疫病叙述，符合鸡肿瘤性疾病的是（ ）。
   A. 肝肿大，表面有大小不等的肿瘤结节
   B. 肝肿大，表面有灰白色、针尖大小的坏死点
   C. 肝肿大，表面大量纤维素性渗出物覆盖
   D. 脾肿大，有散在的灰白色点状坏死灶
7. 剖检鸡时发现胸腺萎缩，应考虑下列哪些疾病（ ）。
   A. 免疫抑制性疾病   B. 鸡呼吸道综合征
   C. 鸡产蛋下降类疾病   D. 多病因肠道疾病

8. 下列疾病中，呈急性经过、以产蛋下降为主的疾病是（　　）。
   A. 产蛋下降综合征　　　　　　　　B. 禽脑脊髓炎
   C. 传染性喉气管炎　　　　　　　　D. 鸡毒支原体感染
9. 下列（　　）可能出现呼吸症状。
   A. 新城疫　　　　　　　　　　　　B. 马立克氏病
   C. 传染性法氏囊病　　　　　　　　D. 产蛋下降综合征
10. 下列疾病中，能引起鸡腺胃肿大或腺胃炎的是（　　）。
    A. 产蛋下降综合征　　　　　　　　B. 鸡大肝大脾病
    C. 鸡大肠杆菌病　　　　　　　　　D. 鸡毒支原体感染

四、问答题

1. 列出 5 种以产蛋下降为主要症状的鸡的传染病及病原。
2. 列出 5 种以呼吸道症状为主的鸡的传染病及病原。
3. 鸡的肿瘤性传染病主要有哪几种？如何鉴别诊断？
4. 列举 5 种可引起鸡免疫抑制的传染病及病原。

附录1 鸡的类似疾病的鉴别诊断

鸡的类似疾病的鉴别诊断见附表1至附表4。

附表1 鸡肿瘤性疾病的鉴别诊断

病名	马立克氏病	禽网状内皮增生病	禽白血病
病原	马立克氏病病毒	禽网状内皮增生病病毒	禽白血病病毒
发病年龄	4周龄以上	4周龄以上	16周龄以上
病死率	10%~80%	1%	3%~5%
症状	肢翅麻痹，瘫痪或经瘫，翅膀下垂，步态不稳，有时两腿呈劈叉状。常见瞳孔边缘不齐，缩小	生长受阻，体重减经，羽毛发育不良、病鸡矮小，淘汰率高	贫血、消瘦和发育不良，发病率很少超过5%
特征病变	坐骨神经常单侧性肿大，消化道、性腺常有肿瘤，心脏常见肿瘤，法氏囊、胸腺通常萎缩。肝、脾肿瘤为浸润性增生	肝、脾急性肿大，法氏囊、胸腺萎缩及腺胃炎，外周神经肿大，常见肠道有病变	法氏囊有结节状肿瘤肝、脾肿瘤一般呈结节状膨胀增生，常见肠道有病变
实验室诊断	病毒分离 PCR试验	病毒分离 血清学试验 PCR试验	鸡或鸡胚接种 荧光抗体试验 PCR试验等

附表2 鸡常见呼吸道病的鉴别诊断

疾病分类	病名	病原	发病日龄	临床症状	剖检变化	实验室诊断
病毒性呼吸道病	传染性支气管炎	冠状病毒	雏鸡、育成鸡多见	流鼻液，咳嗽，气管啰音。排白色稀便。成鸡呼吸道症状不明显，但产蛋率下降，产畸形蛋、蛋白稀薄	鼻、气管、支气管炎症，肺水肿，气囊炎。输卵管发炎，肾型肾肿大，尿酸盐沉积	病毒分离 血清学诊断
	传染性喉气管炎	疱疹病毒	各种年龄的鸡，以成年产蛋鸡群多	传播快，坐式、伸颈张口呼吸，咳出带血黏液，附于笼具和饲槽上，产蛋下降	喉头出血，有大量渗出物，气管内有血样渗出物，有时有伪膜，伪膜易剥离	病毒分离 血清学诊断
	新城疫	副黏病毒	各年龄鸡均可感染发病	呼吸困难、咳嗽；嗉囊积液，口角流出多量黏液、常做吞咽动作，倒提时流出大量酸臭液体，常排绿色稀粪，后期有头颈扭曲等	喉头充血、出血，气管黏膜出血、黏液增多、黏膜增厚，腺胃乳头、泄殖腔黏膜、盲肠扁桃体出血，小肠等处有枣核形出血、溃疡	病毒分离与鉴定、血清学试验和分子生物学技术

（续）

疾病分类	病名	病原	发病日龄	临床症状	剖检变化	实验室诊断
病毒性呼吸道病	禽流感	A型流感病毒	依据毒力而易感	轻度至严重呼吸道症状，如咳嗽、喷嚏、流泪；头颈部、眼睑水肿，鸡冠、肉髯发绀；普遍腹泻，绿色或水样粪便。鸭鹅常有摇头、水中转圈等神经症状	口腔、腺胃、肌胃角质层和十二指肠出血；肝、脾、肾、肺、心及胰坏死；脚鳞出血；气囊炎。鸭常见心肌条纹状坏死	病毒分离及测定和血清学试验
	黏膜型鸡痘	鸡痘病毒	各种年龄均可感染，雏鸡易发	口腔、咽喉、气管或食道有痘斑，呼吸困难，吞咽困难	喉和气管黏膜初期见有湿润隆起，以后见有干酪样伪膜，伪膜不易剥离	病毒分离及鉴定
细菌性呼吸道病	禽霍乱	多杀性巴氏杆菌	3~4月龄以上鸡易发	最急性型无明显症状；急性型呼吸急促；慢性呼吸道症状明显，有黏性鼻液，鼻旁窦肿大，喉部有分泌物蓄积，常有恶臭	腹膜、皮下、腹部脂肪、心冠脂肪等有出血点，十二指肠出血性炎症，肺充血、出血，肝肿大、质脆、表面有针头大小的坏死灶	病料涂片镜检和分离培养与鉴定
	传染性鼻炎	鸡副嗜血杆菌	各年龄均可发生，但育成鸡、产蛋鸡多发	打喷嚏，流鼻液，颜面浮肿，眼睑和肉髯水肿，结膜发炎	鼻腔和鼻旁窦充血、肿胀，有黏液脓性分泌物，严重时鼻旁窦、眶下窦和眼结膜囊内有干酪样物	病原学检查和血清学方法
	大肠杆菌病	大肠杆菌	各种日龄，以6~9周龄鸡多见	呼吸困难，黏膜发绀，下痢等	纤维素性肝周炎、气囊炎、心包炎、腹膜炎及肠炎	细菌分离鉴定、致病力实验和血清学试验
	鸡白痢	鸡白痢沙门氏杆菌	2~3周龄雏鸡	呼吸困难而急促，腹泻引起肛炎，疼痛，发出尖叫声	肺瘀血、出血、有多个灰褐色或灰白色的坏死小点或小结节，灰色肝变，肝质脆，有针尖样白色坏死灶	全血平板凝集试验和细菌的分离鉴定
真菌性呼吸道病	霉菌性肺炎	霉菌	1~3周龄雏鸡	呼吸困难、咳嗽，伸颈张口喘气及呼吸迫促，鼻、眼发炎，眼睑肿胀	肺、气囊、胸腹腔浆膜现有黄白色粟粒大小结节，气管上有时也有小结节	微生物学检查和病原分离鉴定
支原体感染	慢性呼吸道病	鸡毒支原体	4~8周龄雏鸡多发	呈慢性经过，病程长，流鼻液，咳嗽，气管啰音，窦部肿大	气囊膜增厚、混浊，表面有结节状病灶，外观念珠状，内含干酪样物。鼻腔黏膜充血、增厚。严重有肝周炎、心包炎和结膜炎	血清凝集试验
混合感染	鸡呼吸道综合征	病毒、细菌、支原体、免疫抑制性病原体及不良饲养环境因素相互作用	各种年龄	比单一感染更多见，呼吸道症状及病情比单一感染更为严重，出现多种呼吸道疾病感染的症状	出现多种呼吸道疾病感染的病变	病原检查

附表3 鸡产蛋下降类疾病的鉴别诊断

病程	病名	病原	发病日龄	主要症状	剖检变化	实验室诊断
急性经过、以产蛋下降为主的疾病	鸡传染性支气管炎	鸡传染性支气管炎病毒	160日龄以上	产蛋量下降10%~30%，恢复期出现软皮蛋、畸形蛋、小蛋等，蛋清稀薄如水，后期部分停产	卵泡发育不良，输卵管萎缩。蛋雏鸡感染发生输卵管永久性病变，伴有气管病变	病毒分离血清学诊断
急性经过、以产蛋下降为主的疾病	产蛋下降综合征	EDS-76病毒	26~43周龄	初产蛋鸡产蛋达不到高峰。成年蛋鸡产蛋量突然下降20%~50%，产蛋曲线呈典型的"双峰形"，并伴有薄皮蛋、软皮蛋、无壳蛋、粗壳蛋和畸形蛋等，孵化率降低	输卵管峡部和子宫有卡他性炎症	病毒分离血清学诊断
急性经过、伴有产蛋下降的疾病	禽霍乱	多杀性巴氏杆菌	3~4月龄以上鸡易发	鸡群产蛋减少或停止，伴有禽霍乱的症状	特征病变是肝肿大、质脆、表面有针头大小的坏死灶	病料涂片镜检和分离培养鉴定
急性经过、伴有产蛋下降的疾病	传染性鼻炎	鸡副嗜血杆菌	产蛋鸡群	产蛋鸡群在发病1周左右产蛋量明显下降，最高可下降至30%左右	卵泡变形、鼻黏膜水肿、充血	病原学检查和血清学方法
急性经过、伴有产蛋下降的疾病	新城疫	新城疫病毒	180~350日龄	产蛋鸡表现产蛋突然下降，产蛋鸡群在10~20d内，产蛋量下降达50%以上，而且恢复缓慢	卵黄性腹膜炎，卵泡充血、出血，小肠黏膜、盲肠、扁桃体、直肠黏膜和泄殖腔周边出血	病毒分离与鉴定、血清学试验和分子生物学技术
急性经过、伴有产蛋下降的疾病	禽流感	A型流感病毒	依据毒力不同而异	产蛋下降（康复鸡的产蛋率为70%左右），是目前该病在世界各地流行的新特点	气管出血、腺胃肿胀、乳头出血，卵泡变形、易破裂，肝瘀血、质脆、肾肿	病毒分离及测定和血清学试验
急性经过、以产蛋下降为主的疾病	大肠杆菌病	大肠杆菌	蛋鸡多发生于开产后产蛋上升阶段（140~160日龄）	病鸡精神、采食、产蛋和蛋壳质量基本正常。但每天都有一定数量的死亡，死亡的鸡一般体重良好，有应激死亡更高	卵黄性腹膜炎，输卵管发炎、管道狭窄并粘连，卵泡不能正常的进入产道而落入腹腔，引起卵黄性腹膜炎而死亡	细菌分离鉴定、致病力实验和血清学试验
急性经过、以产蛋下降为主的疾病	禽脑脊髓炎	禽脑脊髓炎病毒	各种日龄的产蛋鸡群	成年鸡感染不表现症状，唯一异常是1~2周内产蛋量明显下降，幅度最高达40%。除畸形蛋稍多外，蛋壳质量、蛋内蛋白及卵黄均无异常	无明显病变	病原分离及检查和血清学试验
急性经过、以产蛋下降为主的疾病	鸡白痢	鸡白痢沙门氏菌	1~2周龄雏鸡，成年鸡多为隐性	成鸡感染后，产蛋下降，种蛋受精率、孵化率下降并发卵巢炎。下痢、消瘦	输卵管炎、卵巢炎和卵黄性腹膜炎	种鸡定期检疫和细菌的分离鉴定

（续）

病程	病名	病原	发病日龄	主要症状	剖检变化	实验室诊断
慢性经过、伴有产蛋下降的疾病	传染性喉气管炎	疱疹病毒	10周龄的鸡和初产母鸡	高度呼吸困难，咳出血痰，产蛋量下降，流泪，没免疫过传染性喉气管炎疫苗的产蛋鸡，病后如治疗不及时，产蛋下降可达10%～40%，产蛋恢复较慢	喉、气管内有血痰	病毒分离和血清学诊断
	慢性呼吸道病	鸡毒支原体	病程较长，呈慢性经过，在鸡群中可长期蔓延，但死亡率不高	蛋鸡症状不明显，但产蛋率、受精率及孵化率下降，幼鸡生长不良	鼻腔、气管、支气管有黏液性分泌物。气囊炎	血清凝集试验
	住白细胞虫病	住白细胞原虫	各种日龄的产蛋鸡群	中鸡、成鸡呈现贫血，鸡冠和肉髯苍白，所以称白冠病；患病蛋鸡产蛋量下降，软壳蛋、无壳蛋增多，有的两肢轻瘫、行走困难，严重者死亡	内脏器官和肌肉有出血，或有突出于表面的小结节（裂殖体结节）	虫体检查

附表4　鸡传染性腺胃肿大/腺胃炎与类似病的鉴别诊断

病名	病原/病因	发病日龄	主要症状	剖检变化	实验室诊断
鸡传染性腺胃肿大/腺胃炎	鸡传染性腺胃炎病毒	以蛋雏鸡和青年鸡发病较多且较严重，发病鸡群大多来源同一个种鸡场或同一品系的鸡种	初期主要表现为呼吸道症状。中后期呼吸道症状基本消失，个别病鸡眼结膜炎/失明。腹泻，粪便中有未消化的饲料和黏液。渐进性消瘦	特征性病变为腺胃肿大如球状，腺胃壁增厚，腺胃黏膜出血溃疡，腺胃乳头平整融合，轮廓不清，可挤出脓性分泌物	根据肉眼和光镜下组织学病变可做出初步诊断
肾型传染性支气管炎	传染性支气管炎病毒	多发生于10～50日龄的鸡	与鸡传染性贫血发病初期症状基本一致	肾肿大苍白，外表呈槟榔花斑状，输尿管变粗，切开有白色尿酸盐结晶	病毒分离和鉴定及血清学试验
新城疫	新城疫病毒	各种年龄鸡均可感染	病鸡有神经症状，往往不表现生长迟缓等症状而突然死亡	除腺胃乳头有出血外，喉头、气管、肠道、泄殖腔及心冠脂肪均见出血，气囊混浊，多呈急性、全身性败血症	病毒分离和鉴定及血清学试验

（续）

病名	病因	发病日龄	主要症状	剖检变化	实验室诊断
马立克氏病	马立克氏病病毒	发生于性成熟前后	病鸡以呆立、厌食、消瘦、死亡为主要特征，鸡群中或许有眼型、皮肤型、神经型的病鸡出现	腺胃型马立克氏病腺胃肿胀一般超出正常的2～3倍，且腺胃乳头周围有出血，乳头排列不规则，内膜隆起	病毒分离和PCR试验
维生素E、硒缺乏症	维生素E、硒缺乏或不足	7～60日龄	病鸡营养不良	小脑软化、渗出性素质、胰腺萎缩纤维化等	通过对饲料中维生素E、硒的分析进行鉴别

附录2　参考免疫程序

蛋鸡、肉仔鸡免疫程序见附表5、附表6。

附表5　蛋鸡免疫程序（仅供参考）

日龄	疫苗名称	接种方法	备注
1~3	新城疫肾型传染性支气管炎苗或肾型传染性支气管炎苗	点眼或滴鼻	进口苗1倍量
10	法氏囊苗	滴口	进口苗1倍量，国产苗按说明量或不超过1.5倍
15	克隆-30或新城疫传染性支气管炎H120苗	点眼或滴鼻	进口苗1倍量，国产苗按说明量或不超过2倍
15	新城疫传染性支气管炎禽流感（H9）油苗	颈部皮下注射	按说明量，注射正规疫苗，加大维生素用量，抗应激
20	法氏囊苗	滴口	进口苗1倍量，国产苗按说明量或不超过2倍
24	鸡痘苗	翅翼膜刺种	1~1.5倍量，一般用1倍量，刺种后10d左右检查效果
30	法氏囊苗	滴口	进口苗1倍量，国产苗按说明量或不超过2倍
35	克隆-30或新城疫传染性支气管炎H52苗	点眼或滴鼻	进口苗1倍量，国产苗按说明量或不超过3倍
40	禽流感油苗	颈部或胸肌注射	按说明量，注射正规疫苗，加大维生素用量，抗应激
45	传染性喉气管炎苗	点眼	1倍量，非污染场不免疫，免疫前后3~5d用抗菌药
60	克隆-30或Ⅳ系苗	点眼或滴鼻	进口苗1~1.5倍量，国产苗按说明或不超过4倍
95	传染性喉气管炎苗	点眼	1倍量，非污染场不免疫，免疫前后3~5d用抗菌药
100	禽流感油苗	颈部或胸肌注射	按说明量，注射正规疫苗，加大维生素用量，抗应激
115	克隆-30或Ⅳ系苗	点眼或滴鼻	进口苗1~1.5倍量，国产苗按说明或不超过4倍
115	新城疫传染性支气管炎产蛋下降综合征油苗	胸肌注射	按说明量，注射正规疫苗，注意不与禽流感苗同侧注射

注意事项：

①传染性喉气管炎慎防并及时处理眼结膜炎症，35日龄以下或免新城疫活苗前后10d内一般不免疫。

②传染性法氏囊的三免不一定必须防疫，但前2次防疫必须做好。高发区可注射油苗。

③鸡痘在开产前根据季节和当地流行情况可在100日龄左右加强防疫。

④新城疫可在90日龄前后根据流行情况和鸡群情况加强防疫，尽量用点眼和滴鼻的方法。

⑤禽流感的防疫要接种正规疫苗，尤其防好H5和H9，如有情况及时处理。

⑥产蛋前做完所有的免疫，产蛋期每隔2个月左右加强一次克隆-30或Ⅳ系免疫，35周龄左右进行一次新城疫、传染性支气管炎、禽流感的常规加强免疫。有条件的可进行抗体跟踪检测，有目的地计划防疫。

⑦7~9日龄断喙，应激小、效果好，争取一次成功，以免错过时机影响免疫。断喙前后3~5d用抗菌药物防细菌感染，用维生素抗应激。75日龄左右及时修喙。

⑧免疫前后加大维生素和电解质用量抗应激，避免温度和通风突然变动引起应激，防疫时不换料。

⑨大肠杆菌病、传染性鼻炎、慢性呼吸道病、禽脑脊髓炎等疫苗根据各地情况酌情防疫。

⑩实践证明能起到防病作用的程序一般不做大的调整，尽量减少不必要的免疫和免疫失败。

2. 肉仔鸡免疫程序（仅供参考）

附表6 肉仔鸡免疫程序（仅供参考）

日龄	疫苗名称	接种方法	备注
1~3	新城疫肾型传染性支气管炎苗	点眼或滴鼻	进口苗1倍量（新城疫支气管炎H120苗可以5日龄后用）
8	法氏囊苗	滴口	进口苗1倍量，国产苗按说明量或不超过1.5倍量
12	克隆-30或新城疫传染性支气管炎H120苗	点眼或滴鼻	进口苗1倍量，国产苗按说明量或不超过2倍量
12	新城疫传染性支气管炎禽流感油苗	颈部皮下注射	在新城疫高发区和多病区按说明量，注射正规疫苗
20	法氏囊苗	滴口	进口苗1倍量，国产苗按说明量或不超过2倍量
25	鸡痘苗	翅翼膜刺种	1~1.5倍量，一般用1倍量，刺种后10d左右检查效果
30	法氏囊苗	滴口	进口苗1倍量，国产苗按说明量或不超过2倍量
35	克隆-30或新城疫传染性支气管炎H52苗	点眼或滴鼻	进口苗1倍量，国产苗按说明量或不超过3倍量
35	禽流感油苗	颈部或胸肌注射	按说明量，注射正规疫苗，加大维生素用量，抗应激

注意事项：

①首免日龄确定依当地疫病流行情况而定，免疫日龄按上表程序相对应。
②传染性法氏囊的三免不一定必须防疫，但前2次防疫必须做好，高发区可注射油苗。
③鸡痘根据季节和当地流行情况可在25日龄左右防疫。
④新城疫根据流行情况和鸡群情况加强防疫，尽量用点眼和滴鼻的方法。
⑤禽流感的防疫要接种正规疫苗，尤其防好H5和H9。50日龄左右出栏的35日龄可以接种禽流感疫苗。
⑥出栏前按程序做完所有的免疫，没有特殊情况或严重情况不可推迟防疫或减少防疫。
⑦免疫前后加大维生素和电解质用量抗应激，避免温度和通风突然变动引起应激，防疫时不换料。
⑧大肠杆菌病、传染性鼻炎、慢性呼吸道病疫苗根据各地情况酌情防疫。
⑨实践证明能起到防病作用的程序一般不做大的调整，尽量减少不必要的免疫和免疫失败。

主要参考文献

崔治中. 2009. 鸡病 [M]. 北京：中国农业出版社.

杜元钊，朱万光. 2005. 禽病诊断与防治图谱 [M]. 济南：济南出版社.

李生涛. 2009. 禽病防治 [M]. 2版. 北京：中国农业出版社.

塞弗. 2005. 禽病学 [M]. 11版. 苏敬良，高福，索勋，主译. 北京：中国农业出版社.

王功民. 2010. 规模化养殖场重大动物疫病综合防控技术集成与应用 [M]. 北京：中国农业出版社.

王新卫，刘建华，陈玉霞. 2011. 禽病诊治与合理用药 [M]. 郑州：河南科学技术出版社.

邹洪波. 2011. 禽病防治 [M]. 北京：北京师范大学出版社.

图书在版编目（CIP）数据

禽病防治/李生涛主编. —3版. —北京：中国农业出版社，2015.9（2022.6重印）
中等职业教育国家规划教材　全国中等职业教育教材审定委员会审定　中等职业教育农业部规划教材
ISBN 978-7-109-20808-7

Ⅰ.①禽… Ⅱ.①李… Ⅲ.①禽病－防治－中等专业学校－教材　Ⅳ.①S858.3

中国版本图书馆CIP数据核字（2015）第191990号

中国农业出版社出版
（北京市朝阳区麦子店街18号楼）
（邮政编码100125）
责任编辑　杨金妹
文字编辑　耿韶磊

北京中兴印刷有限公司印刷　新华书店北京发行所发行
2000年12月第1版　2016年1月北京第3版
2022年6月第3版北京第6次印刷

开本：787mm×1092mm 1/16　印张：11.75　插页：2
字数：295千字
定价：38.00元

（凡本版图书出现印刷、装订错误，请向出版社发行部调换）

彩图1 新城疫（一）
病鸡腺胃乳头出血（李祖文提供）

彩图2 新城疫（二）
腺胃及肠壁出血

彩图3 新城疫（三）
小肠淋巴滤泡肿胀出血

彩图4 禽流感（一）
病鸡鸡冠、肉垂发绀，脚鳞出血（韦桂进提供）

彩图5 禽流感（二）
病鸭头部肿大（韦桂进提供）

彩图6 禽流感（三）
病鸭心肌条纹状坏死（韦桂进提供）

彩图7 禽流感（四）
病鸭胰腺变性、坏死（韦桂进提供）

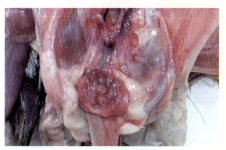
彩图8 传染性法氏囊病（一）
法氏囊黏膜出血（韦桂进提供）

彩图9 传染性法氏囊病（二）
腿肌出血斑（韦桂进提供）

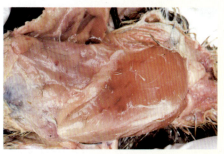
彩图10 传染性法氏囊病（三）
胸肌出血（韦桂进提供）

彩图11 传染性法氏囊病（四）
法氏囊黏膜出血，呈紫葡萄样（韦桂进提供）

彩图12 马立克氏病
"劈叉"姿式

彩图13 传染性支气管炎（一）
病鸡呼吸困难（韦桂进提供）

彩图14 传染性支气管炎（二）
气管黏膜出血，气管内有黏性分泌物（韦桂进提供）

彩图15 传染性喉气管炎
病鸡气管黏膜充血、出血，喉头有干酪样
分泌物堵塞（李祖文提供）

彩图16 禽痘（一）
病鸡喙及眼出现痘疹（韦桂进提供）

彩图17 禽痘（二）
病鸡爪出现痘疹（韦桂进提供）

彩图18 禽脑脊髓炎
雏鸡瘫痪、头颈震颤

彩图19 病毒性关节炎（一）
病鸡肌腱肿胀、发炎、出血（韦桂进提供）

彩图20 病毒性关节炎（二）
病鸡肌腱肿胀、发炎（韦桂进提供）

彩图21 病毒性肝炎（一）
病鸭角弓反张（韦桂进提供）

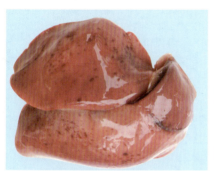
彩图22 病毒性肝炎（二）
病鸭肝肿大、出血斑（韦桂进提供）

彩图23 小鹅瘟
病鹅小肠局部膨大，小肠黏膜大片坏死、脱落，积集成香肠状（李祖文提供）

彩图24 大肠杆菌病（一）
病鸡心包炎、肝周炎和腹膜炎，肝表面被有黄白色纤维素性膜（李祖文提供）

彩图25 大肠杆菌病（二）
病鸭气囊膜变厚、混浊，有纤维素性渗出（李祖文提供）

彩图26 大肠杆菌病（三）
病鸭发生心包炎、肝周炎（李祖文提供）

彩图27 禽霍乱
肝肿大，表面有大量灰白色针尖大小坏死点（李祖文提供）

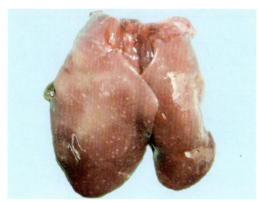
彩图28 鸡白痢
肝坏死灶

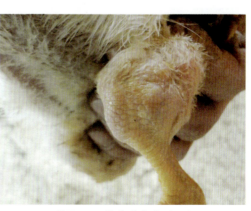
彩图29 葡萄球菌病（一）
病鸡关节红肿（韦桂进提供）

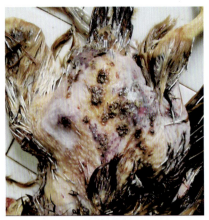
彩图30 葡萄球菌病（二）
病鸡背部皮肤发炎，有渗出物

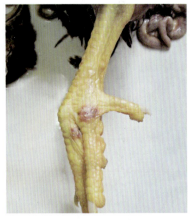
彩图31 葡萄球菌病（三）
病鸡脚趾部发炎，结痂

彩图32 葡萄球菌病（四）
病鸡胸肌发炎，有渗出物

彩图33 坏死性肠炎
病鸡肠黏膜表面坏死

彩图34 鸡曲霉菌病
锁骨间、胸腹气囊及肺均见霉菌结节

彩图35 球虫病（一）
病鸡小肠高度肿大出血（李祖文提供）

彩图36 球虫病（二）
病鸡小肠严重出血（李祖文提供）

彩图37 球虫病（三）
病鸡盲肠肿大出血（李祖文提供）

彩图38 球虫病（四）
病鸡盲肠肿大严重出血（李祖文提供）

彩图39 住白细胞虫病（一）
病鸡口腔有大量鲜血（韦桂进提供）

彩图40 住白细胞虫病（二）
病鸡腿肌有出血点（韦桂进提供）

彩图41 组织滴虫病
病鸡盲肠肿大，肝表面有"菊花样"病灶（李祖文提供）